U0004561

台灣自然圖鑑012

臺灣海濱植物圖鑑

【增訂版】

晨星出版

目次
Contents

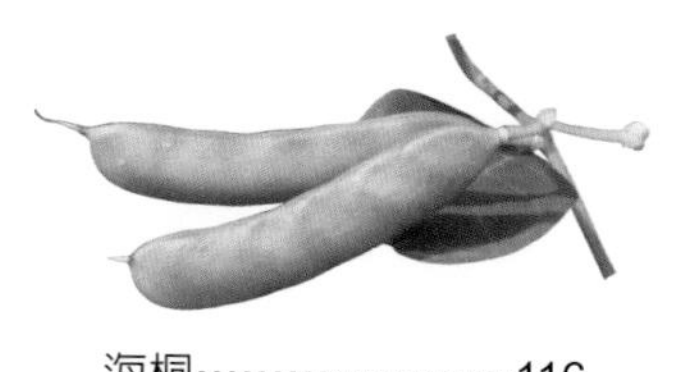

草本

藤本

海漂種實

作者序

由於臺灣島嶼的地質、地理、河流、高山、氣候等條件交互影響，環境孕育出豐富的生物多樣性；雖是蕞爾小島，但海岸線綿長又多變化，曲折蜿蜒的海岸線長約一千兩百公里（含離島則超過一千五百公里），不同類型的微環境及生育地孕育出興盛繁茂的植物群落類型，沙灘、岩岸、海岸溼地、紅樹林、海岸林等等，各有其特色與相對適應的植物種類，也因為地理距離短，同一物種會出現在多種的生育地類型，這是臺灣海岸植物的特色，也是趣味迷人之處。

臺灣位於北太平洋的西緣，四面臨海，由於政治之歷史因素，島上人民對海洋卻不甚熟悉，一般人到海邊多從事釣魚、游泳、衝浪與品嚐海鮮等遊憩活動，缺乏對海洋環境的熟悉與重視。近年來政府、學校與諸多非政府組織團體的推行，大衆對自然與生物的認識與關注度也逐漸增加，圖書市場出版許多各類的自然觀察圖鑑，喜好自然的朋友也能隨手可得參考相關書籍。《臺灣海濱植物圖鑑》一書出版已有十餘年，作為媒介濱海植物與科普知識的初衷雖不變，但十餘年已有物換星移、人事已非的感觸，一方面如海岸環境的變遷與惡化、植物分類的進程與變動等，適逢本書有幸能獲得修訂與再版的機會，除納入讀者回饋，校訂錯誤，亦有許多新增物種的介紹。另一方面也遺憾作者之一高瑞卿的離世，未能持續讓他的學識涵養灌注在此，但此書若不是有他的發起糾集不能成功，他依然是本書的最大貢獻者。

爲讓愛好植物的新手入門者更易上手使用，修訂版本茲將植物個論改以植物的四種生活型 —— 喬木、灌木、草本以及藤本植物來區分介紹。喬木與灌木是形貌結構上相似的類群，尤其是幼樹階段，有些種類並不容易區分，建議在野外進行觀察時，若看見有興趣的植物，不妨多找找附近同一種的個體，除了植物本身的樹形、花、葉、果實、種子的形態與細微變化，也進一步觀察該植物所在的微環境特徵，例如：光照或遮陰、乾燥或潮溼、土壤的質地與顆粒、常見的伴生種類，甚至伴生類群植物的生活型與離海的遠近等等，加上季節的變化而累積的紀錄，相信每位讀者都會有自己獨特的理解與心得，成爲某一類群或特定區域的資深植物觀察家。

希望藉由本書的引導，讓不管是想認識植物的初學者，或是對特定植物有興趣者，都能從本書中得到一些收穫，同時希望本書的出版，讓長久以來一直被忽略、犧牲的海岸環境與海濱植物能夠受到較多的重視，得到更好的保護。

伍淑惠

如何使用本書

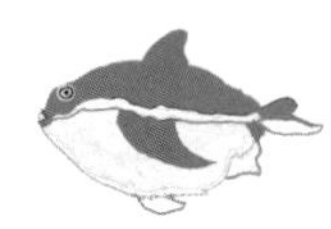

本書精選247種臺灣常見海濱植物以及44種海漂種實，除了介紹它們的形態特徵外，亦說明其地理分布。另外，在總論內容中，我們也完整介紹了海濱植物的定義、特性及分布，並於本書最末提出海岸保護與海濱植物保育之單元，以讓讀者對海濱植物有一完整認識。

資訊欄

說明該物種的科名、學名、別名、英名及原產地，以便讀者查詢。

形態特徵

包括植物的生長方式、葉形、花序、花色及果實外觀特徵說明。

地理分布

概述該物種的世界分布情況，並說明臺灣目前的分布區域。

濱當歸

VU

Angelica hirsutiflora T. S. Liu, C. Y. Chao & T. I. Chuang

繖形科

科名｜ 繖形科 Apiaceae　　別名｜ 濱獨活、毛當歸

原產地｜ 日本、臺灣

形態特徵

多年生草本，莖明顯。葉具柄，膜質或半革質，三出二回羽狀複葉，小葉闊卵形，鋸齒緣或裂片，葉脈皆被毛。複合繖形花序，最小單位的繖形花序20-30朵；總苞苞片全緣；花白色，花瓣被毛。離果，腹面膨大。

地理分布

日本奄美群島之与論島以南及臺灣。臺灣分布於北部海濱地區。

▲成群生長的濱當歸，是早春時節礫石灘獨特的地景。

202

依據「2017臺灣維管束植物紅皮書名錄」評估類別。

極危

瀕危

易危

接近受脅

暫無危機

資料缺乏

不適用（本書指外來種）

科名側欄

提供該種所屬科名以便物種查索。

濱當歸僅分布於臺灣北海岸與東北角，爲多年生植物。地上部枝葉每年枯落，初春時宿存於土壤中的地下莖悄悄開始萌芽生長，待春季時，就可長成高大的草本植物，抽長的花序可高於2公尺。

粗大的莖枝，油亮且大型的三出二回羽狀複葉，讓人一眼就能辨識出濱當歸，此外，其羽葉愈接近地表則愈大，並和其他繖形科植物一樣，葉柄基部呈鞘狀膨大，並緊緊地包住莖幹。

春末，莖頂會長出大型的複繖形花序，此時一把把的白色小花傘吸引著無數昆蟲停駐，還可觀察到黑條紅椿象成群停棲於花朵上取食的畫面，是北臺灣海岸獨有的一幅畫，也是每年春季必定舉行的盛宴。

夏初，花序結成扁橢圓形具縱稜的黃綠色果實，形態與日本前胡相似；夏末，植株逐漸凋萎，僅餘枯黃的枝幹挺立於翠綠的草地中。

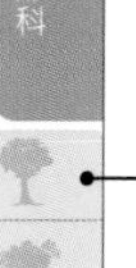

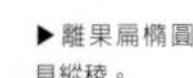
▶離果扁橢圓形，具縱稜。

▲濱當歸這類繖形的花序，會有許多昆蟲拜訪。

▲濱當歸的花序高於 2 公尺，引人駐足。

203

生活型

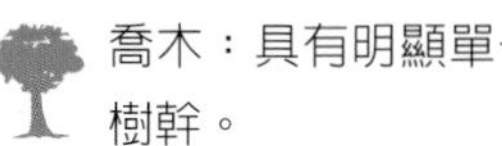

喬木：具有明顯單一樹幹。

灌木：靠近基部處有數個樹幹。

藤本：不能直立，只能倚附其他物體生長。

草本：草本植物的莖較柔軟，橫切面沒有年輪。

主文

介紹該植物族群的分布環境、形態、開花特徵，並說明果實形態及種子傳播方式。

【植物的演化】

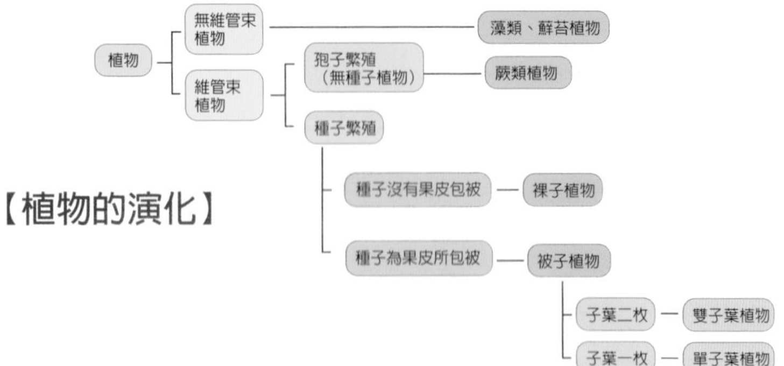

植物的演化歷史從海洋開始，由藻類至蘚苔逐漸登上陸域環境，直到出現具維管束構造的蕨類植物而後漸興盛。由於維管束兼具運輸水分、養分與支持作用的功能，讓植物離開水域至陸地生長，進而發展出裸子植物、雙子葉植物與單子葉植物等繁大的維管束植物家族。

維管束植物的分布範圍十分廣泛，由南北極地終年結冰的凍原環境到長年高溫的熱帶地區，從氣候乾旱的沙漠到長期或週期浸水的河流、湖泊或海岸環境都有分布。然而，各地區因環境不同，其適合生長的植物種類也有所不同。

植物相（flora）是指某地區的所有植物種類組成。從較大範圍的地區來看，影響一地區植物相的因素有板塊漂移、氣候變遷與植物傳播等歷史因素；從較小的尺度來看，土壤、地形與微氣候的差異會使得植物的組成更多樣化。此外，各地的植物社會在不同的時間軸上，也會有不同演替階段的物種出現。

臺灣位於歐亞板塊交接處，鄰近菲律賓、琉球等島嶼，東西兩邊有臺灣海峽海流與太平洋洋流交會。處於這樣四通八達的地理位置，臺灣植物的來源相當多元，加上島上海拔由海平面至近4,000公尺的高山，氣候與環境變化大，形成了各種豐富的植物社會，維管束植物超過4,000餘種，植物形態變化萬千。

海岸是植物生長眾多環境類型之一，由於氣候環境嚴苛，海濱植物發展出各種特殊的形態構造及生理機制來適應環境，不僅形態繁複繽紛，且各有特色，饒富趣味，透過觀察與瞭解，更能體會造物者的巧思。此外，由於各種海岸地形、土壤的差異或人類對海岸環境利用方式的不同，臺灣海邊有各種不同的植物生育地，如：沙岸、岩岸、海岸林、紅樹林、鹽田、魚塭與海岸溼地等環境，這些地區也各自分化出適合該地生長的植物種類，是臺灣珍貴的自然資產，值得大家一起親近、認識與愛護。

海濱植物的定義

海濱植物，顧名思義，是指生長在海濱的植物，然而對海濱植物的生長範圍，各家學者見解不同。此外，因為有一些相近名詞，例如：海邊植物、海岸植物、沙灘植物、岩生植物、海岸林與海濱植物群落等名稱的差異，更容易造成觀念上的混淆。

本書綜合過去許多學者的研究，將海濱植物定義為：「能適應生長於海邊，位於海水與陸地交界處，即由海平面算起至離海數百公尺左右的陸地範圍內；偶爾或常常受到海水浸泡，並受海風及海鹽吹拂影響，而能存活且適應的植物。」

植物對於各種環境因子（如氣溫、雨量、風、土壤養分、鹽度）的適應範圍寬窄不一，某些植物對環境條件有其特殊需求，因此僅出現或分布於特別的生育地。例如：水芫花在臺灣僅於東部、南部與綠島等海岸突起的珊瑚礁岩上生長，而紅樹林植物如水筆仔、紅海欖與海茄冬等樹種，僅分布於淡鹹水交會處水流平緩的河口或海岸溼地，且有腐植質與淤泥堆積的環境。然而，有些植物的分布卻十分廣泛，例如：臺灣蘆竹，從海濱地區到臺灣各地山區，甚至海拔2,000多公尺山區都可以看到它的身影。另外，野牡丹、九節木、山素英與拎壁龍等植物不僅在臺灣各地低海拔山區相當常見，在東北部等地的海岸地區數量也很多，但是為了要適應多風、多鹽且土壤層較淺的海岸環境，植株多顯得矮小、節間長度變短、葉片較小、質地也較厚，與生長在山區環境者形態上略有差異。

臺灣的海濱生育地環境多樣，因此生長在海濱地區的植物種類繁多，本書所介紹物種的選擇考量，在筆者與編輯討論過後認為以較為典型或稀有的海濱植物為依據，主要選擇對象為在臺灣僅分布於海岸地區的植物；其次，對於分布範圍廣泛，例如在內陸山上與海岸地區都有分布的物種，僅選取在許多地區的海邊均有分布，且常形成優勢族群，或內陸地區與海岸族群形態上有分化之種類；此外，對於某些在臺灣地區狹隘呈零星分布的稀有植物，有部分生育地位於海岸環境者亦選錄之。

▲從海濱地區到臺灣各地山區，甚至海拔2,000多公尺的山上都可以看到臺灣蘆竹的身影。

海濱環境特性與植物適應

海濱地區土壤含鹽分高，保水力差，風力較內陸強勁且終年不止，風中還帶有鹽粒，加上陽光極爲充足，造成極爲特殊的乾燥環境，植物組成及形相與內陸植物相相當不同。海濱植物的形態構造及生理特性充分反應海濱環境的特殊性。

下文就海濱環境的特殊性以及植物爲因應特殊環境所呈現的特徵介紹如下：

多鹽

海水中含鹽量高，因爲海濱近海的環境，受風力及降水影響，這些鹽分會聚積到海濱陸地附著於土壤及植物體上。鹽分會在礁岩或沙礫、沙灘上持續累積，偶受降雨沖刷稀釋，但鹽分的累積是不斷的，因此這些微環境上的鹽分濃度相當高。

植物對於鹽分的耐受性有其限制，土壤中含鹽量若高於2%以上即會致使植物生長不良或無法生長，僅有少數植物如水芫花及乾溝飄拂草等植物可耐此限度，然而其生長勢仍受鹽分的影響而較弱。鹽量過多對植物造成傷害，植物對於高鹽分的反應會產生抗鹽現象，因此植物長期適應下來會有避鹽及耐鹽的機制產生。

在避鹽方面，植物透過被動拒鹽及主動排鹽、稀釋鹽分等途徑，使周遭的鹽分濃度降低到鹽害濃度以下。有些植物的葉片上具有鹽腺及排鹽細胞，經由泌水系統將過量的鹽分排出植物體外；或者透過維管束運送至植物根部和土壤中。不具排鹽構造及機制的植物則在葉片或枝條上長出絨毛層，有些則是葉肉細胞增大，尤其是海綿狀的薄壁組織細胞，另外細胞間隙相對也會變小，葉背的氣孔也會變小，單位面積氣孔數量減少等各種形態上的對應改變。

在耐鹽方面，植物透過生理或代謝作用的適應，忍受已進入細胞體內的鹽分，透過滲透調節的反應，提升代謝穩定性並忍耐營養缺乏而生長。

植物根部對水分的吸收是靠擴散作用來進行，因此植物體細胞內之細胞質的濃度不能低於周邊土壤的鹽分濃度，否則水分無法進入植物體內，會造成植物脫水死亡。高鹽環境下，植物細胞常累積一些小分子有機物，例如輔氨酸、甜菜以及多種無機鹽離子等，以維持高細胞質滲透壓，以便讓植物在高鹽條件下可持續對水分的吸收。

▲蠟燭果葉片上的鹽分是植物經由泌水系統將過量鹽分排出植物體外的機制。

多風

風是指空氣的流動，空氣的流動對植物生長來說有其必要性，但是風力過大對植物來說也會產生物理及化學上的傷害。風在海濱地區是必然及重要的環境因子，由於白天吹陸風，晚上吹海風，因此海濱地區不僅日夜受風影響，加上臺灣因地理位置緣故，春夏有西南氣流，秋冬有東北季風，全年受風不斷。

風對植物的影響不完全是負面的，吹動植物葉片及枝條使光線進入林內，也會在植物繁殖期間幫助植物授粉及傳播。許多菊科、紫葳科或夾竹桃科等植物的果實種子輕小、有易受風力吹送的冠毛等，風力有助於這些植物遠距離傳播。

風力會影響植物生理及外觀形態，來自同一方向不斷吹拂的風，讓樹枝偏斜，形成所謂「風剪」現象。爲適應強勁的風力，植物匍匐生長，形成矮盤灌叢。在颱風或者強風過後，多鹽霧的風常使得迎風的樹體落葉，形成一邊無葉一邊有葉的半邊樹，或者面海的樹木葉子落光等現象；落葉後有些植物迅速長出新的枝葉，有些則待雨季來臨，才又生長旺盛。此種落葉現象有學者稱爲「假落葉」。風對植物體直接的影響除了樹形的改變外，對植物頂芽的磨損也會造成植物多分枝的形態，因此許多矮盤灌叢中的植物低矮，枝條分化多，主幹不明顯。

▲不斷吹拂的風會使樹枝偏斜，即所謂的「風剪」現象。

▲臺東三仙台地區的海岸灌叢，毛苦參、草海桐等樹形是低矮多分枝的形態。

風力也帶來其他微環境的變化：風的吹拂讓土壤的水分蒸發量增加，而海濱土壤的基質多爲沙粒或砂石組成，顆粒孔隙大，保水力弱，土壤較爲乾旱，甚至沒有土壤基質；而大雨所帶來的水多成逕流，無法長時間保存於土壤內，植物無法利用；由於水的沖刷及風力吹襲，土壤常被移走，土壤層淺薄不利於植物生長。植物根系對礁岩有分解作用，定殖繁盛後會改變周遭的微環境條件，如光線及溼度，有利於其他植物的進駐及生長，土壤也因爲植物的定殖生長而有所累積。

風力也會讓植物的蒸散作用增加，海濱地區土壤的淺薄及含水力低，對植物生長來說是不利的，因此適應發展出葉片蠟質層增厚、枝葉密布絨毛或鱗片、氣孔減少等特性，來因應海邊多風、多鹽的環境。

乾旱

除了風害、鹽害之外，乾旱也是影響海濱植物生長的重要原因。植物的生長過程對水分的缺乏最爲敏感，輕微的水分不足就會導致生長緩慢或停止的現象，因此水是植物生長不可或缺的因子。水是光合作用的原料，生理上水分一旦降低，光合作用效率也隨之下降；當葉片接近水分飽和時，光合作用最適宜，缺水會造成植物葉片氣孔關閉，二氧化碳來源減少，光合作用效率下降，進而導致植物生長不良或死亡。

海濱環境土壤保水力差，缺乏植物可利用的有效水分，鹽分高，植物的根無法從土壤中吸收到水分；陽光充足多輻射，使得空氣中相對溼度較低，植物的蒸散量因此增加，土壤、風力及陽光輻射等因子的強化使水分成爲植物在此生育環境中生長的限制因子。

◀土丁桂枝葉密布白色絨毛來適應海邊多風、多鹽的環境。

水分供應不定，土壤保水力差，蒸發量大，風力強勁，植物的蒸散量增加等，使得植物對水分的需求及適應有其特殊的機制，因而發展出避旱或耐旱的形態及生理。

有些植物的細胞較小，缺水時細胞收縮小也較不易對植物造成傷害；有些則維管束組織發達，水分輸送效率高。有些植物的葉片角質層或蠟質層增厚以避免水分散失；或者莖葉構造肥厚，以抵擋過度的蒸散作用，並維繫植物體內正常的生理機能。有的植物根系發達，在沙地裡生長的又深又廣，根莖完全埋沒在沙土堆中，常只見到花及葉片，植物體根部與地上部的比例（稱爲根冠比）較大，植物可有效利用土壤中水分，特別是土壤深處。

這些在海濱地區生長良好的植物具有以上某個或數個特徵及功能，能夠耐乾旱，又被稱爲「旱生植物」。

▶小海米的根系發達，根系在沙地上可以伸得又深又廣。

▲濱剪刀股根莖完全埋沒在沙土堆中，可避免水分散失，常只見到花及葉片。

海濱植物的種實傳播

植物傳播的方式可大致區分爲風力傳播、水力傳播、自力傳播以及生物傳播等。遠距離的傳播方式又以風力、水力以及鳥類的傳播最有可能。風力傳播在臺灣地區則以颱風、季風爲主要方式；水力傳播則有利用溪流及海洋潮流的方式；動物傳播較容易觀察到的是經由鳥類協助，另外，有文獻紀錄蝙蝠也能將少數種類的果實或種子進行二次或多重的傳播，例如：欖仁、瓊崖海棠等。

海濱地區植物的傳播，以上所提的各種方式皆有，較爲特別的是因應水力傳播而特化出有利於洋流漂送的形態或構造。許多種類可藉由浮水方式進行，爲使種實（指果實和種子）能漂浮於水面之上，種子或果實會有些特化構造，如林投、棋盤腳、穗花棋盤腳、欖仁、葛塔德木、海檬果、水黃皮、柿葉茶茱萸等，其外果皮由纖維或木栓質構成，重量輕且內部充滿空氣；或者如銀葉樹、欖樹、土沉香、繖楊、瓊崖海棠、大血藤等植物，種子內有氣室，可使種子漂浮於水面上；再者如蓮葉桐，其果實總苞特化成中空亦可漂浮於水面；白水木、海米、濱萊菔的種子是由海綿狀的柔軟組織包覆而能漂浮；馬鞍藤種子外層亦包覆厚厚一層絨毛，內部亦有氣室。

臺灣的海濱植被以恆春半島的多樣性高，且海漂特性顯著，許多種類因海流傳播，因此有許多與菲律賓、印尼、太平洋諸多島嶼以及琉球等泛熱帶地區之共有種。

▲墾丁海邊潮池中的海漂種實，有本地海濱的，也可能有來自於遠方的國家。

臺灣海濱植物的分布

如前所述，海濱植物分布的範圍由海平面附近至離海數百公尺的地區，一般以面海第一道主稜作為與內陸植物的分界。由於距離海岸遠近的不同，受海水潮流、地形、地質與海風等環境因素的綜合影響，植物組成也會有所不同。

以下簡單將臺灣海岸分為北部、西北部與西部、西南部、東部、恆春半島與離島海岸，簡述各分區的海濱植物概況，與值得推薦的海岸環境及海濱植物種類。

北部海岸

北部海岸範圍由淡水河口北岸油車口到宜蘭的三貂角，其中金山以西多為陽明山火山岩所形成的安山岩海岸；金山以東可以稱為東北角岬灣海岸，而在許多溪流出海口地區有沙灘分布。

臺灣北部海岸地質上屬侵蝕海岸，地形起伏較大，由於地勢崎嶇因此人口較為稀疏，相對的海岸受到人為開發影響較小。本多屬岩岸植物，部分河口地區的沙地上則以沙灘植物較盛行。

此外，由於北部地區冬季東北季風盛行，夏秋時節又有颱風，雨水豐沛，全年降雨日常多達200天以上，許多內陸植物也可生長於近海環境，因此與許多海濱植物生長範圍相近或重疊，如紅楠、稜果榕、九節木等山區植物，在海邊也相當常見。

▲北部海岸麟山鼻有火山形成的安山岩地形，海濱植物相豐富。

北部地區的海岸植物社會以岩岸植物分布最廣，溪流出海口處則有部分沙岸植物，少數地區具有與內陸森林差異較大的海岸林物種。較典型的岩岸植物多出現在凸出岬角或面海山壁上，這類環境因受海風、海鹽影響較大，土壤層較淺，僅有對嚴苛環境耐受力較大的植物可以生存，內陸植物的競爭也會較少，麟山鼻、富貴角、野柳岬、和平島、八斗子、鼻頭角、三貂角等地，凸岬與陡峭的面海山壁都是岩岸植物多樣豐富的好地方。

就整段北部海岸線的植物種類而言，岩壁植物以臺灣蘆竹、石板菜、闊片烏蕨與全緣貫衆蕨等較常見，岩壁與大石塊附近的沙地上則有濱當歸、濱防風、海埔姜、番杏、茅毛珍珠菜、粗莖麝香百合、臺灣狗娃花與百金等物種。

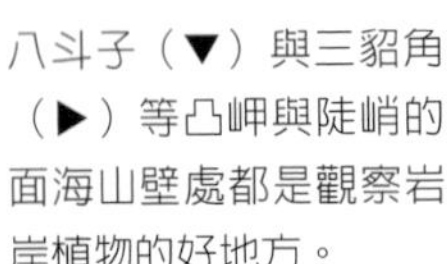

八斗子（▼）與三貂角（▶）等凸岬與陡峭的面海山壁處都是觀察岩岸植物的好地方。

麟山鼻、富貴角與石門附近海岸是火山形成的安山岩地形，較特別的海岸植物有矮筋骨草、基隆筷子芥、石蓯蓉與蘄艾等。野柳岬與基隆和平島周圍有少數殘存的海岸林，樹種有海桐、臭娘子、厚葉石斑木與樹青等。鼻頭角與三貂角地區的面海山坡上則有翻白草、土丁桂、綿棗兒、金花石蒜與矮形光巾草等分布範圍較狹隘的物種。另外，在澳底附近有較大族群的岩大戟與細葉剪刀股。

沙岸植物較豐富的地點在金山中角、鹽寮、龍門一帶。金山中角海灘春季時花團錦簇，有成群的天人菊、馬鞍藤、茅毛珍珠菜與海埔姜，細心的人還可以發現基隆蠅子草、濱剪刀股、小花倒提壺等植物；鹽寮、龍門至福隆一帶是東北角最大的沙灘，常見的海濱植物有濱刺草、馬鞍藤、雙花蟛蜞菊、天蓬草舅、變葉藜、舖蕾草與茵陳蒿等物種，另有海米、濱旋花、濱萊菔等分布較狹隘的物種，短短的一段沙灘，也是許多瀕危植物和其他生物的重要生育地。。

▶北部海岸麟山鼻附近的矮筋骨草族群。

▼臺灣北部海岸屬侵蝕型海岸，地形起伏較大。圖為由鼻頭角步道往鼻頭角漁港方向觀望之景觀。

西北部與西部海岸

西北部與西部海岸大致可分爲林口臺地斷層海岸、桃竹苗沙丘海岸、中彰雲灘地海岸。其中林口臺地主要由礫石灘組成，只有少數河口地區才有沙岸；桃竹苗地區海岸，多爲海風風吹作用所沉積的沙丘；而中彰雲海岸多爲沙泥質灘地，主要是由於許多大河川的堆積作用所造成。

西北部與西部海岸因地形平坦，受到人爲開發利用最爲嚴重，整段海岸線海濱植物以常見的沙岸植物爲主，如馬鞍藤、濱刺草、番杏與變葉藜等，並有多數外來植物如裂葉月見草；防風林則以外來樹種木賊葉木麻黃較常見，部分地區有留存的林投灌叢。新竹縣新豐鄉紅毛港有較大的紅樹林保護區，混生水筆仔與海茄冬，是臺灣海茄冬分布的最北界。紅樹林周圍的泥灘地上可以看到蘆葦、鹽地鼠尾粟、彭佳嶼飄拂草、裸花鹼蓬等植物；鄰近海岸林則有黃槿與苦林盤等樹種。中彰雲地區開發較嚴重，部分地區留有海岸草澤與小面積的紅樹林與海岸林。

西南部海岸

西南部海岸包括雲林南部、嘉南海岸與高屏弧狀海岸。西南部嘉南地區與雲林南部屬沙洲海岸，與西北部海岸一樣是由河口沉積和沙洲形成，這些沙洲往往跟陸地很接近而形成潟湖。潟湖常因淤積而變成新生地，有許多淡鹹水混合的草澤溼地與密集的魚塭，部分地區有廢棄鹽田、防風林跟紅樹林。

本區最值得推薦的是海岸溼地植物與紅樹林植物。海岸溼地中的植物以鹽地鼠尾粟、蘆葦、流蘇菜、裸花鹼蓬、海雀稗、水燭等較爲常見，魚塭、鹽田與溼地邊緣則以鯽魚膽、海馬齒、假海馬齒、石蓯蓉與馬氏濱藜等較爲優勢，少數地區可以看到海南草海桐、光梗闊苞菊與假葉下珠等較

▲西部海岸的海濱植物社會以沙岸植物為主，圖為新竹縣海濱。

▲新竹縣新豐鄉紅毛港有較大的紅樹林保護區，混生水筆仔與海茄冬。

爲罕見的物種。此外，本區許多溪流出海口、潟湖與溝渠環境有紅樹林樹種分布，可以看到臺灣現存所有的紅樹林樹種，包括紅樹科的水筆仔與紅海欖、使君子科的欖李、爵床科的海茄冬與大戟科的土沉香等。

高屏海岸，主要從二仁溪口到楓港這段弧狀海岸，地質上屬於侵蝕海岸，北段有少數大河流沉積所形成的潟湖，如高雄港及大鵬灣。高雄港附近人爲強烈開發，海濱植物資源並不豐富，在高雄市以北的茄萣區、永安區、彌陀區、梓官區等地河口、魚塭、排水道等地區有紅樹林，以海茄冬最多，紅海欖和欖李則較少見。相傳在高雄港鄰近地區，日治時期有大片紅樹林分布，有細蕊紅樹、紅茄冬、紅海欖、欖李與海茄冬等種類，如今，細蕊紅樹與紅茄冬已相繼滅絕，如今僅剩旗津半島中洲里有一些殘存者。

▲東石附近的廢棄鹽田有許多海岸溼地植物，並有許多水鳥等動物棲息。

▲西南部海岸金湖地區魚塭土堤上的海濱植物主要為海馬齒與馬氏濱藜等。

▲旗津地區巨大的海茄冬老樹。

▲臺南四草附近是臺灣紅樹林樹種種類最豐富地區之一。

高雄港以南在高屏溪、東港溪與林邊溪出海口附近的河口、魚塭或排水溝渠沿岸，可以看到海茄冬與欖李形成的紅樹林，以及伴生的黃槿與苦林盤等。枋寮到楓港溪海岸，因海岸緊鄰中央山脈南稜，濱海公路蜿蜒在山海之間，臨海公路兩旁開闢蓮霧、芒果的果園，海濱植物不多，多爲木賊葉木麻黃防風林，鄰海山坡亦多爲外來入侵樹種銀合歡所占據。

東部海岸

東部地區海岸，以三貂角爲界，以南主要分爲礁溪斷層海岸、宜蘭沖積平原、蘇花斷層海岸、大武斷層海岸。最北端的礁溪斷層海岸延續了北海岸侵蝕地形，遍布單面山（指一邊陡峭一邊平緩的不對稱山）及海蝕平臺，海濱植物的種類與北海岸相近，以岩岸植物爲主，但該地濱海公路與海洋的距離很近，植物生育帶狹窄，巨石峭壁上可見石板菜、臺灣蘆竹等植物。北關海潮公園附近有小面積海岸林，生長有榕樹、印度鞭藤、樹青與臭娘子等海濱植物。

往南的宜蘭沖積平原是一處陷落地塊，被蘭陽溪堆積成廣大的沖積扇三角洲。該地主要以沙岸植物與沿海溼地植物爲主。沙地植物有濱刺草、茵陳蒿、馬鞍藤、天蓬草舅、雙花蟛蜞菊、硬短莖宿柱薹與小海米等，其他地方較爲少見的基隆蠅子草與列當在冬山河流域南方也有相對較大的族群。沿海溼地則以蘆葦與單葉鹹草等單子葉植物爲主。

▼北關海濱公園附近有小面積的海岸林，有印度鞭藤、樹青與臭娘子等海濱植物。

南下至蘇花斷層海岸，由蘇澳至花蓮溪口，全長90餘公里，主要由片麻岩與大理石組成，岩質堅硬。全線除少數地方有岬灣地形，大部分地區爲斷崖，懸崖底部常有崩石形成的小礫灘，本段海岸多數地區爲峭壁，海拔陡升，往往在臨海1～2公里處就上升爲海拔1,000多公尺的山區環境，因此，許多山區植物可以垂直散播至海岸附近，海濱植物帶也相對被壓縮。岩岸植物較發達處多位凸岬環境，如蘇澳、烏石鼻等地，蘇澳附近人煙罕至的海邊，花蓮澤蘭、粗莖麝香百合，以及不少的疏花佛甲草、基隆蠅子草族群。而蘇花公路峭壁上的海濱植物以花蓮澤蘭、蘄艾、臺灣蘆竹與細葉假黃鵪菜較爲常見。

過了花蓮溪，則爲花東海岸山脈海岸與大武斷層海岸，花東海岸山脈屬菲律賓板塊，爲一斷層海岸；知本溪以南則屬大武斷層海岸。該兩處海岸雖分屬不同板塊但環境相似，多爲礫石灘與岩岸地形，這段海岸雖然綿長，但因海岸離內陸山區近，且有濱海公路貫穿，因此海濱植物的種類並不是非常豐富。

▲蘇澳附近人煙較罕至的海邊，夏季時壯觀的基隆蠅子草花海。

▲蘇花斷層海岸，由蘇澳至花蓮溪口，全長 90 餘公里，主要由片麻岩與大理石組成，岩質堅硬。

▲宜蘭沖積平原沿海溼地植物組成以蘆葦等單子葉植物為主，圖為蘭陽溪口。

◀列當在冬山河流域南方有相對較大的族群。

少數的岬角地形有較豐富的岩岸及海岸林植物，如臺東成功三仙臺海岸，海岸林植物有林投、樹青、苦林盤、蘭嶼木藍、白水木、草海桐、林投與臺灣海棗等，沙、岩岸植物有細葉假黃鵪菜、芻蓄草、扭鞘香茅、毛苦參、鵝鑾鼻蔓榕、茅毛珍珠菜、乾溝飄拂草、彭佳嶼飄拂草、馬鞍藤、水芫花、土丁桂、海埔姜、蘭嶼小鞘蕊花、雙花蟛蜞菊與日本前胡等。

有許多植物學者將臺灣本島與恆春半島劃分爲不同的植物區系，認爲恆春半島的植物相與臺灣本島不同；對於恆春半島範圍的界定許多學者也有不同意見，在植物分布研究上恆春半島是一個較被關注的地區，研究也較爲透徹，但也因地處偏遠且幅員廣大，採集記錄雖多但仍不完整。

恆春半島海岸

恆春半島海岸主要由珊瑚礁所構成，不但有各種珊瑚礁地形，許多地區的海灣是由珊瑚與貝殼碎片所堆積而成。

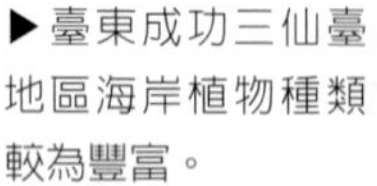

▶臺東成功三仙臺地區海岸植物種類較為豐富。

▲後壁湖的沙灘。

恆春半島由楓港溪往南至車城一帶，山勢較陡且公路濱海而建，海岸皆爲礫石灘，植物稀疏、植物種類較爲單調，濱海山坡多爲外來的銀合歡所占據；西海岸由車城至貓鼻頭，南海岸由貓鼻頭至鵝鑾鼻及東海岸由鵝鑾鼻至南仁鼻，這三處所連接起來的海岸線是恆春半島海濱植物最精采豐富的地區。

整體來說，此區多爲珊瑚礁岩所構成的海岸線，僅有六、七處小面積沙灘，以南灣及風吹沙的面積較大。海岸的寬度則視地形起伏變化而定，較窄者如恆春西臺地以及龍坑由大塊岩石破裂形成的崩崖。全區可概分爲三種植被類型，沙礫灘植物、珊瑚礁岩植物以及海岸林植物。

珊瑚礁岩岸是本段分布最廣的海岸類型，西海岸沿線後壁湖附近、南側（除南灣及小灣是沙灘外）貓鼻頭至鵝鑾鼻間岩岸植物相當多，水芫花爲代表性植物，另外，如乾溝飄拂草、脈耳草、沙生馬齒莧、小葉括根也很常見，濱斑鳩菊、安旱草、烏芙蓉、貓鼻頭木藍、石蓯蓉、臺灣假黃鵪菜等則爲較稀有種類。此外，龍坑生態保護區內也有豐富的海岸岩生植被。

▲恆春半島的西海岸銀合歡林。

▲恆春半島風吹沙海岸因受墾丁國家公園保護，開發及干擾較少，海濱沙岸植物種類豐富。

▲佳樂水海岸及海岸林。

沙礫灘中石塊顆粒較大者可稱爲礫灘，主要分布於佳樂水以北至九棚灣一帶，此段地區多爲巨大岩塊或石礫地，小型植物生長在岩縫或石礫堆砌處，以草海桐、林投、田代氏乳豆、肥豬豆、海埔姜等較爲常見，此外，此地區有大面積的臺灣海棗分布。

沙灘植物主要以風吹沙爲代表，該地因受墾丁國家公園保護，開發及干擾較少，此地沙灘植物的多樣性高，族群也豐富，其中馬鞍藤與海埔姜數量最多，另外，茵陳蒿、天蓬草舅、濱刺草、變葉藜、芻蕾草、臺灣灰毛豆、土丁桂、香茹、文珠蘭也十分普遍。比較特殊的海濱植物有鵝鑾鼻野百合、鵝鑾鼻決明、早田氏爵床、蒟蒻薯、海牽牛等，另外，沙丘上露出的珊瑚礁岩塊上則可見礁岩植物，如：鼠鞭草、鵝鑾鼻燈籠草、烏柑仔、北仲、鵝鑾鼻大戟、山豬枷、白花草等。

恆春半島因板塊推擠，將原本沉沒於海底的珊瑚礁推擠上岸，形成高位珊瑚礁地形，位於此地形上的植物經長時間後逐漸發育演替爲灌叢與森林，即成爲海岸林，主要分布於香蕉灣至鵝鑾鼻之間。隨著珊瑚礁岩岸往內陸地區植物的高度漸增，矮小的前灘植物，如水芫花之後接著爲一過渡的海岸灌叢植物帶，此過渡帶可同時具有岩岸及海岸林的植物，有許多喜歡陽光、不耐陰、可耐旱僅存於過渡環境的灌木，如山豬枷、白水木、草海桐、土沉香、苦林盤、毛苦參、蘭嶼木藍等，皆爲本區較特別的物種。

▲墾丁國家公園龍坑生態保護區內也有豐富的海岸岩生植被。

海岸灌叢之後爲高大喬木的森林，其中許多具海漂傳播特性的物種，主要是棋盤腳、蓮葉桐、欖仁、白榕、大葉山欖、銀葉樹等大喬木，林緣的物種有黃槿、葛塔德木、臭娘子、海檬果、止宮樹、過山香等，林內有山柚仔、樹青、毛柿、紅柴、欖仁舅、橄樹等。

東海岸的南仁鼻以北至港仔一段多爲沙丘，被稱爲九棚大沙漠或港仔大沙漠，該區吉普車飆沙盛行，因此海濱植物種類不多，主要以林投灌叢、馬鞍藤與茵陳蒿等較爲常見。港仔以北至阿朗壹古道一段，海岸地形高低起伏，許多山地植物與海濱樹種混生，海岸樹種以林投和臺灣海棗較爲常見，混生的山地植物種類有大葉楠、大頭茶、奧氏虎皮楠、九芎、大葉樹蘭與金平氏冬青等。

離島海岸

澎湖群島、龜山島與小琉球等離島海濱植物相與臺灣島近似。蘭嶼與綠島有組成豐富的海岸林植物社會，爲臺灣本島並無分布的熱帶物種，如蘭嶼秋海棠、蘭嶼山柑、蘭嶼血藤與蘭嶼紫金牛等。金門與馬祖的植物相則與大陸相近，和臺灣本島差異頗大，本書未予討論。

就上述各種海濱植物社會的分布而言，紅樹林植物在東部海岸並無分布，北部淡水河口與新竹地區爲水筆仔爲主的紅樹林植物社會，西南部海岸的感潮地帶紅樹林物種組成多樣，主要以海茄冬爲主，欖李、土沉香、紅海欖較少。海岸溼地散布於北部與西部海岸，多數地區由蘆葦、單葉鹹草與水燭等單子葉植物組成。西南部雲嘉南海岸的瀉湖、魚塭與廢棄鹽田有較獨特的植物社會組成，如鯽魚膽、海馬齒、假海馬齒、石蓯蓉與馬氏濱藜等。沙岸地形則廣布於全島各地溪流出海口，海濱植物多爲全島廣泛分布的植物種類，例如：濱刺草、馬鞍藤、雙花蟛蜞菊與海埔姜等物種。岩岸植物則主要分布於北部海

▲香蕉灣海岸林。

▲九棚大沙漠。

岸、恆春半島東岸及東部地區的少數凸岬地形，這些地方因為地形崎嶇，且多位於燈塔、軍營等公務用地或風景區與國家公園中，因而受到保護，人為干擾較少，有較高多樣性的海濱植物可以觀察。

由於海濱地區通常為開闊環境，人為活動對植物傳播常造成影響，故有許多外來的陽性植物進駐，亦雜有因建構防風林而從其他地區引進的海岸防風樹種。臺灣外來的防風林造林樹種為木賊葉木麻黃、無葉檉柳、白千層與巴西胡椒木等，而其他的外來物種如銀合歡與裂葉月見草都在臺灣海岸地區建立龐大的族群，占據了許多原生海濱植物的生育地。許多在海岸地區生長的外來植物適應力極強，可於各種開闊環境生長繁衍，例如：皺葉菸草、印度草木樨、南美獨行菜、毛車前草、牛筋草、紅毛草、大花咸豐草等，因為生育地範圍極為廣泛，臺灣各地開闊環境都可以生長，坊間有許多書籍都有介紹，本書就不予收錄。

◀蘭嶼有複雜的海岸林植物社會，部分海邊植物種類屬熱帶物種，臺灣本島並無分布。

▼龜山島的海濱植物相與臺灣島近似。

臺灣
海濱植物圖鑑

臺東漆

Semecarpus gigantifolius S. Vidal

科名 | 漆樹科 Anacardiaceae

英文名 | Giant-leaved Markingnut

別名 | 仙桃樹、臺東漆樹

原產地 | 菲律賓、臺灣及離島

形態特徵

常綠喬木。葉柄粗，革質，橢圓狀披針形，叢生枝端，兩端銳，全緣，葉表深綠，葉背灰白，平行側脈，約 20 對。圓錐花序，頂生；花小；萼鐘形，5 裂，花瓣 5，闊披針形，白色；雄蕊 5，與花瓣互生。核果橢圓形，熟時暗紅或黑紫色。種子橢圓形。

地理分布

原產菲律賓及臺灣。臺灣分布於臺東、恆春、龜山島及蘭嶼等離島。

▲果實與果托因成熟程度的不同而有多變色彩，顏色越深越成熟。

◀橢圓披針形的葉片叢生在枝條頂端，遠望就像是放大版的芒果樹。

臺東漆原產菲律賓和臺灣臺東大武山以南地區至恆春海岸，以及龜山島、蘭嶼等地。屬漆樹科常綠喬木，枝條粗壯，橢圓狀披針形的葉片叢生於枝條頂端，遠望像是放大的芒果樹，樹皮汁液可當漆料或作為黑色的染料，但毒性甚強，不小心接觸會造成皮膚紅腫、奇癢、灼熱；誤食後則造成嘔吐、腹瀉等症狀。

秋季開花，花朵也像芒果一樣，是頂生圓錐花序，花朵細小，果實卻相當醒目，橢圓形的核果具膨大果托，像是個大頭的不倒翁，同一個花序上果實與果托因為成熟程度不同而有多變的色彩，果托由綠色變為紅色，最成熟者為深褐色；果實則由綠色轉轉褐色，最後轉變為黑褐色，其繽紛的色彩、特殊的形態，令人驚嘆。臺東漆色彩繽紛的熟果不但吸引行人的目光，也受白頭翁等鳥類的青睞。白頭翁是雜食性鳥類，有時會以昆蟲等小動物為食以補充動物性蛋白質，臺東漆果熟時則享受滋味不同的水果大餐。

▲臺東漆的雄花。

▲臺東漆的雌花。

▲臺東漆的頂生圓錐花序。

鈍葉大果漆

Semecarpus cuneiformis Blanco

科名 | 漆樹科 Anacardlaceae

英文名 | Ligas

別名 | 小果臺東漆

原產地 | 印尼、菲律賓、蘭嶼

漆樹科

形態特徵

喬木。葉革質，長披針形。圓錐狀花序頂生於枝條上；小花黃白色，花瓣 5-6；雄蕊 5-6，與花瓣互生。核果扁圓形，生長於紅熟的肉質果托上。

地理分布

分布菲律賓及菲律賓南方的西伯里島。臺灣僅見於蘭嶼地區海岸林或向陽的坡地。

▲紅色部分為果托，綠色部分則為成熟的果實。

▲鈍葉大果漆頂生的圓錐形總狀花序。

▲黃白色的小花。

▲未成熟的核果及果托皆為淡綠色。

小葉南洋杉

Araucaria columnaris (G.Forst.) Hook.

科名｜ 南洋杉科 Araucariaceae

英文名｜ Coral Reef Araucaria, Cook Pine

別名｜ 南洋杉

原產地｜ 南太平洋新喀里多尼亞

形態特徵

常綠喬木，樹冠圓錐形；側枝輪生，水平狀伸展；小枝 2 列排列，互生水平伸展或略下垂。葉形小而質硬，鮮綠色；營養枝上的葉針狀扁 4 稜形，鐮刀狀彎曲，先端柔軟；果枝上的葉卵圓形，背面具稜，覆瓦狀密生，略向內彎曲。雌雄異株，雄花由多數雄蕊構成，雄蕊覆瓦狀而呈螺旋狀排列，每 1 雄蕊具花藥 5 枚。毬果球形，果鱗先端具反捲尖刺；每 1 果鱗具種子 1 顆。

地理分布

原產南太平洋新喀里多尼亞。臺灣引進為庭園觀賞用。

◀小葉南洋杉的側枝呈水平狀伸展。

▶小葉南洋杉因具防風、耐鹽、樹形佳等特性，在澎湖海岸被大量栽植為海岸防風林。

海檬果

Cerbera manghas L.

科名｜ 夾竹桃科 Apocynaceae

英文名｜ Cerberus Tree

別名｜ 牛心茄子、海檨仔、山檨仔、水漆、海芒果

原產地｜ 亞洲、澳洲

形態特徵

常綠小喬木，具白色乳汁，有毒；小枝輪生，葉痕明顯。葉互生，革質，叢生枝端，倒披針形，全緣。聚繖花序頂生；花冠長漏斗形，白色，中央淡紅色，先端 5 裂。核果橢圓形，初時綠色，熟時變紅色，內具種子 1 顆。

地理分布

產於臺灣南部、東部及北部海岸地區。分布於中國大陸廣東、廣西、海南島及亞洲、澳大利亞熱帶地區。

▲樹形、葉形皆似芒果的海檬果。

海檬果樹姿潔淨、樹形優雅，輪生的枝椏頂端滿掛倒披針形、油油亮亮的葉片。從春季到秋季持續地開著純白的5瓣花朵，花心細細的一輪紅色，雅潔中不失可愛。橢圓形的果實如雞蛋般大小，剔透晶瑩，未熟時爲綠色，成熟時轉變爲紫紅色。

海檬果因爲樹形、葉片與果實，都與芒果相似而得名，但它全株的乳汁與果實卻含有劇毒，若不小心誤食，嚴重時甚至會致命。海檬果多生長在海岸林，抗風、耐寒，常用於海岸防風樹，亦栽植供爲園景樹或行道樹。纖維質果皮、質輕等特性，可漂浮於海水中四處傳播，許多海岸林植物也有類似的果實傳播機制。

▲海檬果的果實似芒果，但卻具劇毒；未成熟的果實呈綠色，成熟後轉紫紅色。

▲聚繖花序，白色的花冠中間帶點淡紅色。

▲海檬果是典型的熱帶植物，樹形與開花都十分美麗，常見用於庭院和行道樹。

臺灣海棗

Phoenix loureiroi kunth

棕櫚科

科名｜ 棕櫚科 Areacaceae

英文名｜ Date Palm

別名｜ 臺灣糠榔、桄榔、姑榔木、海棗、麵木

原產地｜ 亞洲南部

形態特徵

常綠小喬木，莖幹直立，具密生葉痕。偶數羽狀複葉，小葉與總柄成直角，革質，線形，具溝，先端漸尖，基部摺而向內鑷合，全緣。雌雄異株；肉穗花序，初包於長橢圓形佛燄苞內；花黃色；雄花花被片 3，雄蕊 6；雌花子房 3 室，柱頭 3 裂。果實橢圓形，黃色，熟時黑色。

地理分布

分布於印度、中南半島、中國南部與臺灣等地。臺灣以海邊丘陵較常見。

▲耐鹽、耐旱、抗風，樹形又美觀的臺灣海棗。

▶臺灣海棗成群地生長於海濱山坡上。

臺灣海棗爲冰河時期孑遺植物，經過幾千萬年自然界的物競天擇，堅毅地生存至今。海岸或者近海的草坡環境可見，厚實的樹皮耐火燒。

臺灣海棗爲棕櫚科植物，樹幹高可達6公尺，外部具密生似龜甲的葉痕。油亮的羽狀複葉，堅硬、長披針形的暗綠色小葉成直角射出，在陽光豔麗的海邊展現著熱帶風情。它是雌雄異株的植物，春季時開出肉穗狀的黃色花序，初時包在長橢圓形的佛燄苞內，雌花授粉後結成橢圓形的果實，形似棗，中有一核，果肉甜美、肉軟爛，味極甜，可生食，味道像是棗乾。海邊的居民經常將其成熟果實拿來當零食吃，是相當可口的野生植物。

▲厚實的樹皮與堅韌的葉片，火燒時保護了臺灣海棗的頂芽，假以時日便能恢復生機。

▲臺灣海棗的雄花序。

臺灣海棗俗稱「椰」，與臺灣島上的先住民有很密切的關係。西部沿海如屏東東港附近、苗栗等海邊地區有許多以椰爲名的村落，臺中清水地區即有大椰、二椰、三椰三個聚落，可見早期臺灣海棗就普遍分布在臺灣沿海地區。臺灣海棗喜歡高溫、潮溼、陽光充足的環境，耐鹽、耐旱、抗風，樹形美觀，是許多海岸地區相當重要的景觀樹，也是紫蛇目蝶、黑星挵蝶的食草之一，目前因海岸地區的開發，導致野生的臺灣海棗分布數量日漸稀少。

舊時家中掃地用的掃把大多是取材自大自然的植物纖維。臺灣海棗的老葉所做成的掃把稱爲「椰帚」，是十分耐用的清潔工具，目前只有在風景區的特產店裡，偶爾還可以看到一些小型的椰帚擺飾。

▲成熟的果實呈黑色。

蒲葵

Livistona chinensis R. Br. var. *subglobosa* (Mart.) Becc.

科名｜ 棕櫚科 Areacaceae

別名｜ 扇葉葵

英文名｜ Taiwan Fan Plam

原產地｜ 東北亞

形態特徵

高大木本，樹幹單生不分叉；莖上節與節間不明顯。葉扇形深裂，裂片先端下垂；葉柄具刺。腋生圓錐狀肉穗花序，直立；花黃白色；苞片多數，筒狀。核果橢圓形，成熟後呈黑褐色。種子 1 顆，橢圓形。

地理分布

分布於中國大陸南方與日本南方、琉球和小笠原群島。臺灣原本僅產於龜山島，現廣泛栽培於全臺各地。

▲蒲葵的果實呈橢圓形，成熟時為黑褐色。

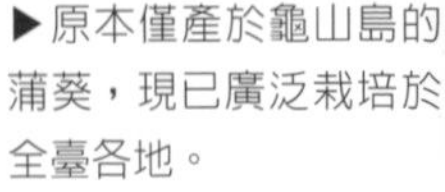

▶原本僅產於龜山島的蒲葵，現已廣泛栽培於全臺各地。

柿葉茶茱萸

Gonocaryum calleryanum (Baill.) Becc.

科名 | 心翼果科 Cardiopteridaceae

別名 | 臺灣瓊欖

英文名 | Luzon Gonocaryum

原產地 | 印尼、菲律賓、臺灣

形態特徵

常綠小喬木。單葉互生，厚革質，橢圓形。數朵小花集生為總狀花序，小花花梗很短，花萼 5 片，無花瓣；雄蕊 5 枚。核果卵形或長橢圓形，內具種子 1 顆。

地理分布

分布於印尼、菲律賓與臺灣。臺灣僅產於恆春半島，為自然分布界限，呈小群落狀分布。

柿葉茶茱萸屬於心翼果科，在臺灣僅有一屬一種，僅見於恆春的海岸林及高位珊瑚礁森林內，目前族群數量稀少，由果實特徵及生育地來推測，應該也是屬於海漂傳播的樹種。成熟的紫黑色長橢圓形果實內具有氣室，果皮是一層厚厚的纖維質，與棋盤腳、水黃皮等樹種的果實有同樣特性。

柿葉茶茱萸爲小中喬木，位於第一層或第二層樹冠，胸徑可達30公分，樹高可達10公尺。花期長，開白綠色花朵，花後結果，由於果實雖大但無多汁果肉，未見動物取食，成熟後僅在母樹附近落地發芽，樹下可發現大量的幼苗。柿葉茶茱萸小枝下垂，葉形酷似柿葉，姿態頗美，耐陰，可栽植供觀賞。

▲柿葉茶茱萸為海岸林內的中小喬木。

▲成熟的深紫色核果，中果皮是一層堅硬的纖維質。

▼花為短短的總狀花序。

瓊崖海棠

Calophyllum inophyllum L.

科名 | 胡桐科 Calophyllaceae

別名 | 紅厚殼、胡桐、君子樹

英文名 | Alexandrian Laurel

原產地 | 非、亞、太平洋、印度舊熱帶地區

胡桐科

形態特徵

常綠喬木，樹冠圓形，樹皮厚，灰色，平滑。葉柄短而堅硬，對生，厚革質，橢圓形。總狀花序；花瓣4，白色，具長梗，有香味。核果球形，綠色，熟時赤褐色，內具種子 1 顆。

地理分布

分布廣泛，非、亞洲、東亞、東南亞、印度、日本、澳洲、太平洋群島。

◀瓊崖海棠粗壯堅挺的枝幹及深灰色的樹皮，給人相當厚實的感覺。

瓊崖海棠爲臺灣原生樹種，生長於花蓮、臺東、恆春與蘭嶼海邊，粗壯堅挺的枝幹，深灰色的樹皮，給人相當厚實的感覺。革質、橢圓形、對生的葉片和福木非常類似，然而福木的葉脈並不明顯，而瓊崖海棠的葉背側脈非常特殊，細長而平行密集地排滿整個葉背。

夏季開花，白色總狀花序散發出濃濃的花香。花謝後樹上掛滿了一顆顆圓滾滾粉綠的球形核果，成熟時爲赤褐色。渾圓的果實加上細長的果梗，模樣可愛，像小孩在過年時玩的煙霧彈，有甜味，會漂浮水上，屬海漂植物。

瓊崖海棠有許多海岸植物的特徵，如：大型的葉片能增加吸收光能的面積，增加光合作用量，而葉片厚、葉表面有蠟質可以防止鹽沫的侵害，是典型的海岸樹種。抗風、耐旱、耐陰、耐鹽，爲極佳的海岸防風樹種，亦可作爲盆栽樹、庭院樹、行道樹，樹齡愈久者愈顯蒼勁。果實在秋季成熟，發芽率高，生長緩慢，但壽命長，樹幹通直，木材堅硬耐蛀，常被作爲樑柱、杵臼、農具，也可用做船艦用材及家具。另外，樹皮可作爲染料用，種子可榨油充當染料、醫藥用和潤滑油等用途，是一種美麗又具多用途的原生植物。

▲圓滾滾的果實加上細長的果梗，模樣像極了小孩在過年時玩的煙霧彈。

◀白色總狀花序散發出濃濃的花香。

木賊葉木麻黃

Casuarina equisetifolia L.

科名 | 木麻黃科 Casuarinaceae

英文名 | Polyensian Iron Wood

別名 | 牛尾松、木麻黃、木賊樹

原產地 | 澳洲、東南亞、印度

木麻黃科

形態特徵

常綠大喬木，樹皮淡褐色，長片狀剝落，具結合小枝；小枝線狀，細而多節，淡綠色。葉退化成鞘齒狀，鞘齒 6-8，輪生於小枝。雌雄同株，雄花數枚輪生小枝先端；雌花頭狀花序，具短梗；花柱 2 裂，紅色。聚合果長橢圓形，木質化，果苞 12-15 列。瘦果有翅。

地理分布

澳洲、東印度、馬來半島、印度及緬甸。臺灣引進廣植於海濱地區作為防風林之用。

▲木賊葉木麻黃在臺灣常被種植成防風林。

▲木麻黃的雄花。

▲木麻黃的雌花。

木麻黃原產於澳洲及東印度一帶，該屬有60餘種，多生於海岸沙地，可防風沙，材質堅硬，為良好之薪炭材。臺灣於1910年前後引進約達20種，目前僅存約4、5種之純種成熟植株及部分天然雜交之中間型，其中以木賊葉木麻黃栽植最普遍。

一般人常誤以為木麻黃那綠色柔軟的細枝條是葉子，仔細觀察後會發現木麻黃的細枝上有節，把細枝一節節拔開，每節上有6至8片的輪生細齒狀鱗片，那才是真正的葉子。木麻黃的葉子會這樣特別，是適應原生地乾燥氣候所演化而來。它細絲狀枝條上沒有葉片阻擋風勢，不致造成樹木的壓力，即使生長在常年風力強勁的海邊，木麻黃也能長成高大的喬木，在臺灣常被種植成防風林。

木賊葉木麻黃是雌雄同株、單性花的樹種。春季時，滿樹繁花，黃褐色細穗狀的雄花序，一條條地高掛在小枝先端；豔紅色橢圓形的雌花序則生長在枝條中段部位。透過風將雄花的花粉帶到雌花序上，雌花序便逐漸發育，長成橢圓形毬果狀的果實。

木麻黃的樹姿和松樹有些相似，但松樹多不能適應海濱環境，因此在海邊看到松樹的機會微乎其微，此外松樹的葉子為針狀，可與木麻黃細齒狀葉區別。

由於木麻黃喜愛陽光，耐鹽、耐旱與抗風等特性，因此多用在綠籬、行道樹、防風樹，尤其臺灣海岸地區被大量造林，改變了海岸地區的微環境，林下陰暗又乾燥，枝葉分解慢，其他植物也不易生長，而降低了臺灣海岸植物多樣性。

木麻黃為少數具有根瘤的非豆科植物，由於根瘤裡的根瘤菌可以固定空氣中的氮，因此在貧瘠的土壤地也能生長適應，其材質堅硬，為良好之薪炭材。

▲橢圓形毬果狀的果實，種子細小有翅，可隨風散播。

◀木賊葉木麻黃木質化的聚合果。

欖仁

Terminalia catappa L.

科名 | 使君子科 Combretaceae　　**英文名 |** Indian Almond

別名 | 大葉欖仁樹、枇杷樹、涼扇樹、雨傘樹　　**原產地 |** 舊熱帶地區

使君子科

形態特徵

落葉大喬木，側枝輪生，平展。葉具短柄，革質，螺旋排列叢生枝端，倒卵形，先端鈍圓，基部多具 1 對密槽，全緣，落葉前變紅。雌雄同株；總狀花序腋生；無花瓣；雄花在上部，雌花在下部；萼瓣狀 5 裂，白色，內具絨毛，雄蕊 10，2 輪。核果扁球形，具稜，熟時褐色。

地理分布

廣泛分布於舊熱帶地區，如太平洋諸島、東南亞、中國大陸西南沿海及海南島。原產臺灣蘭嶼、綠島與恆春地區，推廣栽植於平地、校園、公園等地。

◀葉片叢生於枝條頂端。

欖仁因果實形狀似橄欖的核而得名，其枝條粗壯，輪生向上生長，葉片叢生於枝條頂端。春季開花，夏季枝葉茂密像把大傘，秋季葉片轉紅，冬季凋落，只留下光禿的樹枝，四季極富變化，是臺灣平地樹種中，既具亞熱帶風情又可表現出四季變化者。

和許多生長在海邊的植物一樣，它的果實也具有隨海漂流的能力。核果具堅韌纖維質的果皮，果實兩面有突起的稜，就像是船隻的龍骨構造，能漂浮於水面上，藉水傳播。

欖仁樹冠平展，葉大濃密，由於樹形優美、富季節變化與栽植容易等特性，被廣泛栽植爲海岸行道樹，或作爲校園與停車場的遮蔭樹種，但原生的欖仁僅產於恆春半島及綠島、蘭嶼的海岸林內。相傳屏東縣滿州鄉的南仁山、南仁湖等地便是因爲從前生長許多欖仁而得名。

▲總狀花序腋生，無花瓣，萼片瓣狀 5 裂、白色。

▲冬季葉片凋落，只留下光禿樹枝的欖仁。

▲核果兩側具龍骨狀突起，可隨海水漂流。

白樹仔

Suregada aequorea (Hance) Seem.

科名｜ 大戟科 Euphobiaceae

英文名｜ Swamp Gelonium

原產地｜ 臺灣

形態特徵

小喬木；節上托葉痕明顯。單葉互生，葉橢圓或倒卵狀長橢圓形，全緣，具透明腺點；托葉合生成鞘。花簇生，與葉對生，無花瓣。果球形，光滑。

地理分布

臺灣特有種。分布於南部海濱地區。

▲白樹仔過去是園藝界紅極一時的樹種，在野外被盜挖嚴重。

白樹仔是南部海岸林的樹種，樹皮灰白因此而名之。花期在4-5月間，雄花12-25朵簇生，開放時細長的雄蕊突出花瓣，似一朵朵小煙火聚成大火球似的，常見吸引了許多昆蟲前來採食；雌花就不若雄花那樣亮麗引人注意，淡綠色小花3-8朵集生於葉腋。

白樹仔是雌雄異株植物，雌、雄花分別生長在不同的個體上，減少花朵近親交配的機率，避免自交衰敗，這種生殖方式相對是較爲罕見的，想必也是爲了在特別環境下，以最佳的生殖策略繁殖下一代。全世界的開花植物中，約僅有6%是雌雄異株，地形變化較大的海洋性島嶼、熱帶性森林都有較高比例的此類型植物，根據研究統計，臺灣本島的雌雄異株植物比例約8.2%。

◀蒴果表面有3條溝紋，成熟時會由此溝開裂。

▲白樹仔的雌花。

▲白樹仔的雄花。

土沉香

Excoecaria agallocha L.

科名｜ 大戟科 Euphorbiaceae

英文名｜ Blinding Tree, Milky Mangrove

別名｜ 山賊仔、水賊、海漆、水漆

原產地｜ 太平洋熱帶地區

形態特徵

灌木或小喬木，光滑，具白色乳汁。葉互生，薄肉質，卵形或橢圓形，全緣。單性花；穗狀或總狀花序，腋生或頂生；花無花瓣；雄花萼片 3，雄蕊 3；雌花於花序基部，萼 3 裂，子房 3 室。蒴果球形，具 3 深溝，熟時暗褐色。

地理分布

亞洲、澳大利亞及波里尼西亞西部的熱帶海濱地區。臺灣分布於西南部海岸溼地，也見於恆春半島珊瑚礁海岸林緣。

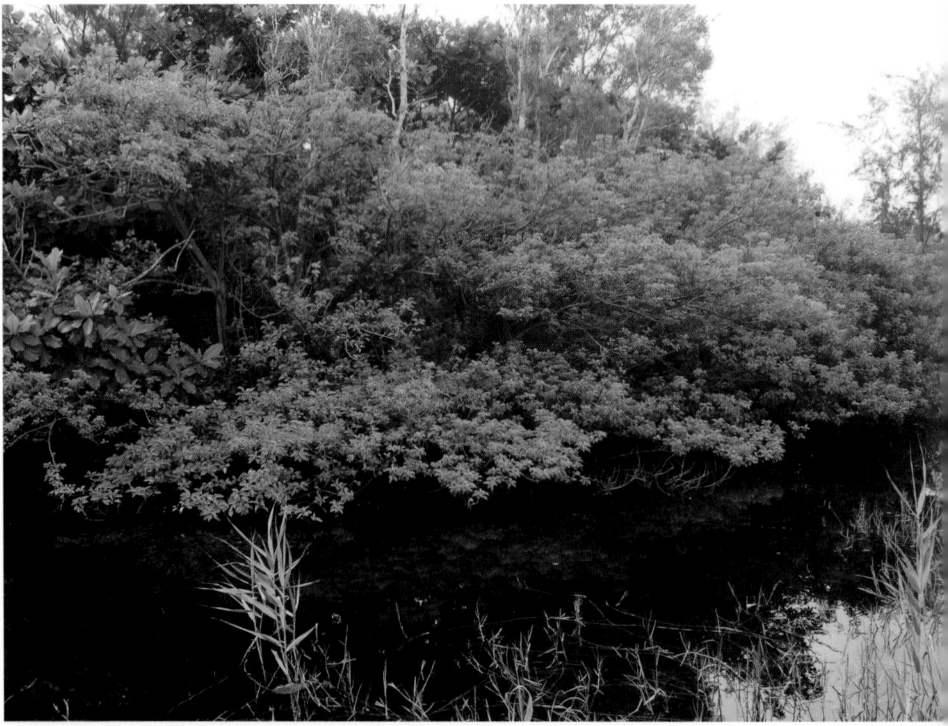

▲土沉香常生長於海岸溼地環境。

土沉香全株具乳汁，常與紅樹林混生，又因木材燃燒時會散發出沉香味，可爲沉香代用品，故名土沉香。

春季時，土沉香滿樹新綠，無論樹形與葉形都像榕樹，常被誤認。開花時節，仔細觀察便可發現它跟榕樹有很大的差別，土沉香爲穗狀或總狀花序，不同於榕樹無花果狀的花序（隱頭花序），土沉香爲雌雄異株植物，沒有花瓣，雄花序鮮黃下垂，雌花序短而上揚，淡綠色。夏末，授粉後的雌花化爲果實，圓形的綠色蒴果3裂，成熟時轉爲褐色，開裂後散播出圓形的種子。

土沉香因具耐旱、耐鹽、抗風、防潮、樹形優美等特性，很適合作爲海岸地區的景觀綠化樹種，但因乳汁具刺激性，沾觸皮膚會引起紅腫，栽植時應愼選地點。

▲盛開的雌花。

▲盛開的雄花，吸引許多昆蟲聞香而來。

▲土沉香的果序，蒴果具有 3 條深溝。

▶結實纍纍的土沉香。

黃心柿

Diospyros maritima Blume

科名｜ 柿樹科 Ebenaceae

英文名｜ Coast Persimmon

別名｜ 黃心仔、濱柿、黃心仔

原產地｜ 太平洋地區

形態特徵

常綠小喬木，樹皮深褐色，小枝幼嫩被柔毛。葉互生，長橢圓形或倒卵狀，全緣。雌雄異株；小花腋生，近無梗；花乳白色，下垂；雄花細圓；雌花較為圓胖。漿果扁球形，初生被毛後脫落，熟時黃褐色，宿存花萼多反捲，內具種子 4-5 顆。

地理分布

澳洲、新幾內亞、菲律賓、琉球及臺灣。臺灣主要分布於北部、南部與恆春半島海岸地區及蘭嶼、龜山島等外島。

◀屬於中小喬木的黃心柿，其樹皮是較為暗沉的黑褐色。

黃心柿在恆春半島高位珊瑚礁森林內的族群特別茂盛，100棵樹木中有超過50株的黃心柿；在臺灣地區少有種類能在一植物社會內占有如此大的數量優勢，推測應爲黃心柿種子結實量多，林下小苗相當耐陰，且適合於高石灰質的土壤生長。

黃心柿在臺灣地區呈南北兩端分布，除恆春地區外，東北部及龜山島分布於避風的森林中。海岸林內還可見到其他柿樹科的種類，如象牙柿、毛柿等，柿樹科的深黑色樹皮質感粗糙，樹幹常是不規則的圓柱形，因此粗黑的樹皮在林內相當容易辨識。黃心柿與其他柿樹科種類一樣生長緩慢，材質堅硬。上乘用材的黑檀即爲本科植物，但是黃心柿心材少且易腐爛，因此少有人利用。

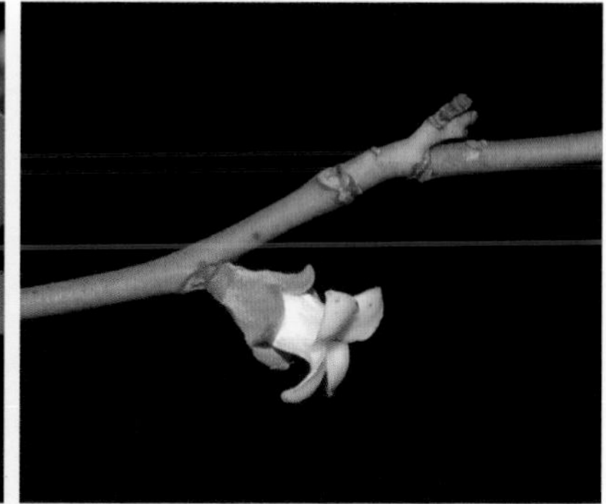

▲雌雄異株的黃心柿。雄花花朵小且位於深綠色的葉片下方，因此不易被發現。

▲結實纍纍的黃心柿。

毛柿

Diospyros philippensis (Desr.) Gurke

科名｜ 柿樹科 Ebenaceae

英文名｜ Taiwan Ebony, Velvet-apple, Mabolo

別名｜ 臺灣黑檀、毛柿格

原產地｜ 菲律賓、臺灣及離島

形態特徵

常綠大喬木，除葉表外全株布有密黃褐色毛。葉具短柄，革質，長橢圓形或披針形，先端銳尖，基部鈍或圓，葉表深綠具光澤。雌雄異株；花單生，腋生；黃白色；萼 4 裂，裂片橢圓形；花冠壺形，4 裂，裂片反捲。漿果扁球形，熟時暗紫紅色，外密布長絨毛。

地理分布

原產菲律賓、恆春、蘭嶼、綠島。臺灣於南部平地栽植為造林木或行道樹。

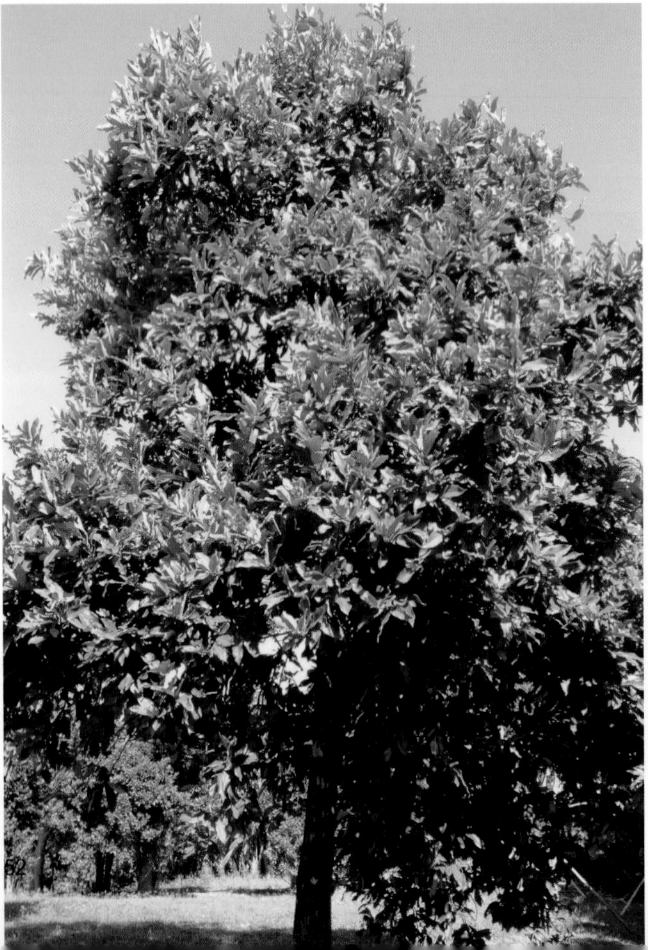

◀毛柿枝葉蒼鬱濃密，樹幹黝黑粗糙。

毛柿因果實形狀與食用的柿子相似，且布滿紅褐色絨毛而得名。它的邊材淡黃，心材漆黑，材質堅重，所以又被稱爲「黑檀」。

毛柿生長緩慢，黑褐色樹皮有縱灰色條紋，枝葉蒼鬱濃密，頗具古意，粗壯的枝條與大型的革質葉片，給人厚實穩重的感覺。

和許多柿樹科植物一樣，毛柿爲單性花，雌雄異株，春季開花，小花黃白色，雌花的花冠筒較雄花大，授粉後，雌花漸漸發育爲果實，花萼也逐漸增大宿存於果實基部，也就是所謂的「柿蒂」。秋季果熟，橘紅色大型肥美的果實掛滿枝頭，壓得粗壯的枝條垂得低低的，果甜且帶香味。

毛柿爲熱帶樹種，原產於菲律賓和臺灣、恆春、蘭嶼、綠島等地，適合生長在高溫、潮溼、半遮蔭的環境。在臺灣，毛柿分布最多的地方是屏東恆春地區的高位珊瑚礁森林中。因其材質佳、樹形美、果實可食用，且爲原生樹種等特性，因此廣受人們喜愛，在許多地區栽植爲造景樹或行道樹。其心材爲黑檀的一種，爲名貴木料，從前常被用來製造各種小型用具，如鏡臺、屏風、筷子、手杖等。

▲果實與食用的柿子相似且布滿紅褐色絨毛，故稱為「毛柿」。

▲毛柿雌花的花冠筒圓胖，與雄花有所區別。

▲毛柿黃白色的壺形小花（雄花）。

水黃皮

Millettia pinnata (L.) Panigrahi

科名｜	豆科 Fabaceae	英文名｜	Poonga-oil Tree
別名｜	九重吹、水流豆、臭腥仔、掛錢樹、鳥樹、野豆	原產地｜	太平洋熱帶地區

形態特徵

半落葉小喬木。一回奇數羽狀複葉，互生；小葉 5-7 對，具柄，對生，革質，長橢圓形或卵形，兩面平滑。總狀花序腋生，較葉短；花冠蝶形，淡紫色，各瓣基部癒合；雄蕊單體。莢果扁平，木質化，內具種子 1-2 顆。

地理分布

分布於印度、馬來西亞、中國大陸廣東、菲律賓、琉球、北澳洲及臺灣。臺灣分布於全島海岸林及外島小琉球、蘭嶼等地。

▶生長於海岸林中的水黃皮。

▲水黃皮的小苗在嚴酷的海濱環境下生長著。

▲盛開的水黃皮相當討喜，因此被廣植於公園或作為行道樹。

水黃皮具有多樣的名稱，如野生的水黃皮多沿著河流等水邊生長，由於葉形狀似芸香科的「黃皮」因而得名。此外，因水黃皮的果實具漂浮性可藉水流傳播，因此又被稱爲「水流豆」。水黃皮的果莢成熟時呈黃褐色，因形狀猶如清代銅幣，所以又稱爲「掛錢樹」。也因對環境適應力極強，根系深入土中，能抵抗強風吹拂，因此又有「九重吹」的美譽，再加上它的葉子經揉搓後會有臭味產生，所以又稱爲「臭腥仔」。

早春的水黃皮，裝扮了不同顏色的綠：新芽嬌嫩害怕太陽紫外光，塗上防晒油，加了點暗紅的綠；新葉漸長，嫩嫩的光亮，帶有清新的淡綠；成長後的葉片，加深了成熟，呈現古瓷的釉綠；度冬後的老葉，經歷冷冽的東北季風後，帶點黑色油光的墨綠。水黃皮一年有春、秋兩次花期，通常花期都只有兩週左右，粉紅帶紫的蝶形小花會邊開邊凋落。

▲水黃皮的莢果呈扁平狀。

▶水黃皮盛開的花序。

花朵凋謝後會長出特別的果莢，其形狀似又扁又寬的四季豆，木質化的扁平莢果中間微凸，落到水面並不會立即下沉，而是隨水漂流散播，適當環境才會著地萌芽。

水黃皮的根系發達，耐水、耐鹽、抗風、抗旱、耐汙染，是優良的海岸樹種，被栽植於公園、校園或當行道樹、防風林。木材質地緻密，過去臺灣農家把它的木材拿來製作牛車車輪和農具，非常堅固耐用。種子可榨油，外用可治皮膚病；樹皮含丹寧，可做鞣皮染劑；葉可充綠肥或飼料等。全株具毒，以種子和根部的毒性較大，因此以前會將種子拿來作爲催吐及毒魚等用途。

銀合歡

Leucaena leucocephala (Lam.) de Wit

科名｜ 豆科 Fabaceae　　**英文名｜** Horse Tamarind, White Popinac

別名｜ 白合歡、白相思仔、臭樹仔、臭菁仔　　**原產地｜** 熱帶、亞熱帶地區

豆科

形態特徵

小喬木，莖直立，嫩莖被毛，老枝灰褐色。二回羽狀複葉，互生，葉 3-10 對羽片，每 1 羽片 5-20 對小葉；小葉長橢圓形，先端銳，葉背被白粉，無毛。頭狀花序；花萼筒狀鐘形，5 裂；花瓣 5，白色，離生；雄蕊 10，離生。莢果扁平，開裂，種子 10-20 顆。

地理分布

廣泛分布於熱帶及亞熱帶地區。臺灣歸化於中、低海拔地區。

▲每一朵小花其花柱及雄蕊非常細長，萼瓣略小不明顯。

▲白色圓形的頭狀花序形似毛球，常可吸引許多昆蟲替它授粉。

▲銀合歡生長快速且具嚴重入侵性，是臺灣海岸林最大的威脅之一。

銀合歡原產中南美洲，十七世紀由荷蘭人帶進臺灣，日治時代的紀錄也常見於四處鄉野。在工業未發達前，人們以其嫩莖葉餵食牲畜，樹枝作爲薪炭材。1960年代臺灣推廣經濟造林，砍除雜木林，改種銀合歡製漿，但其成本高於進口紙漿，未被妥善利用的銀合歡，逐漸在開闊地區蔓衍，其頑強的萌櫱性及大量的種子，入侵許多開闊地形成純林。

銀合歡被視爲世界百大危害生態的入侵物種，它的一身本領不容小覷：在貧瘠的土地上，可藉由根瘤菌固定空氣中的氮補充養分；乾旱時，以暫時性的落葉來度過旱季；枯枝、落葉分解時會排出「含羞草毒」讓其他樹種難以存活。此外，銀合歡四季都會開花結實，以每年11月至隔年3月間最豐。如白色毛球的圓形頭狀花序常吸引許多昆蟲；花後果莢逐漸長大，成熟後由背腹兩側開裂，藉由捲曲時的彈力將種子彈出，種子落地後隨著枯葉埋入土裡。大量種子藏在土壤裡形成種子庫，待林地有空隙時逐次發芽。根據估計，每年一株銀合歡約可產生一至兩萬粒種子。此外，銀合歡具有超強的萌蘗特性，即使受風折損，亦能在短時間冒出新枝。

銀合歡在臺灣各地的山區、海邊持續地擴散生長，只要是干擾後開闊破空的土地，很快就會被銀合歡給占據，砍了它又萌蘗出更多的枝芽。其實不僅銀合歡，越來越多的外來種入侵，我們正大量失去原生植被的質與量，這也是全球性的議題，但臺灣小而脆弱，生物多樣性的消失更快。

▲銀合歡種子在恆春半島地區被作成精緻的手工項鍊。

▶成熟的莢果轉為褐色。

白水木

Heliotropium foertherianum Diane & Hilger

科名｜ 天芹菜科 Heliotropiaceae

英文名｜ Silvery Messerschmidia

別名｜ 白水草

原產地｜ 泛熱帶地區

形態特徵

常綠喬木，樹皮灰褐色。葉近無柄，肉質，叢生枝條上端，倒卵形或匙形，先端鈍，基部漸狹，密被灰白色絹絨毛。兩叉狀蠍尾形聚繖花序；花小；雄蕊 5；子房 4 室；柱頭 2 裂。核果球形。

地理分布

原產熱帶亞洲、太平洋諸島、馬達加斯加島及澳洲。臺灣分布於海岸地區，如富貴角、恆春半島、蘭嶼、綠島、小琉球等地。

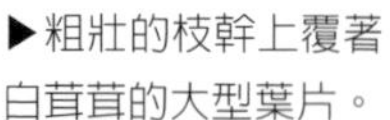
▶粗壯的枝幹上覆著白茸茸的大型葉片。

▲泛熱帶分布的白水木，在海岸珊瑚礁岩與沙灘上都生長良好。

白水木是泛熱帶分布的海岸植物，從非洲東岸的馬達加斯加島、澳洲、太平洋諸島、臺灣、東南亞等地都有分布。臺灣產於南、北兩端的海岸地區以及蘭嶼、綠島，在海岸珊瑚礁岩與沙灘上都生長良好。

白水木雖不高大，但枝條粗壯。白茸茸的大葉片集中生長於枝條頂端，在陽光下閃閃發亮。全緣的肉質葉片上附滿絨毛，觸感極佳。春季時，花序自頂芽冒出，一條條似蠍子尾巴般的捲曲花序排列成聚繖狀。花朵雖細小，造型卻相當別緻，且色澤淡雅，呈白色或淡粉紅。花謝後，蠍尾上長出一粒粒剔透飽滿如小珍珠般的球形果實，小而渾圓，內有空腔，褪去外果皮露出木栓質層，混在細沙裡堆積，當浪潮襲來便隨著海水四處散播。

白水木造型特殊，灰褐粗壯的枝幹上覆著白茸茸的大型葉片，無論是生長在臺灣北端富貴角黑色安山岩上，或是挺立於南端墾丁的純白沙灘上，都美麗得像是一幅圖畫。

白水木的小枝條、葉片、花序皆被有銀白色絨毛，不但可以預防陽光的傷害，也可避免海風帶來的鹽害及防止水分過度蒸散。

▲花序末端的小花還在盛開，先開的已經長出一顆顆飽滿有如珍珠般的果實。

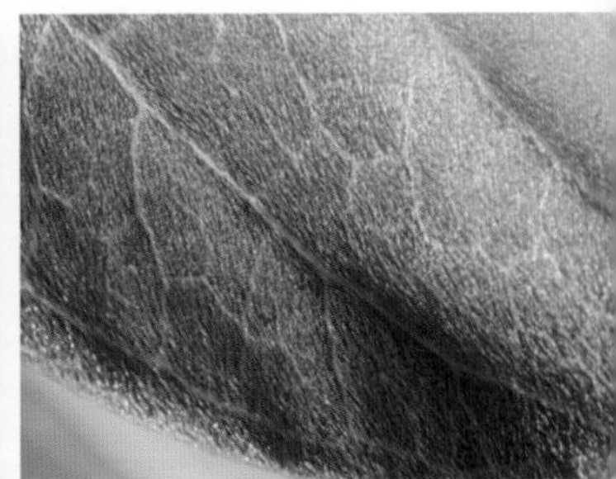

▲肉質葉片密被白色絨毛。

▲花朵細小，呈白色或淡粉紅。

蓮葉桐

Hernandia nymphaeifolia (C. Presl) Kubitzki

科名 | 蓮葉桐科 Hernandiaceae

英文名 | Sea Cups, Sea Hearse

別名 | 臘樹

原產地 | 熱帶地區

蓮葉桐科

形態特徵

樹皮平滑。單葉互生，葉盾狀基部心形，具長柄。雌雄同株，花單性，繖房花序腋生；雌花於中央，雄花於兩側，花乳白色；花被片 6-8 枚；總苞於花後發育成肉質的外殼，先端有 1 圓孔。核果包覆於總苞內。

地理分布

廣泛分布於熱帶地區。臺灣產於南部、蘭嶼及綠島。

▲蓮葉桐在海岸林中的身影不難辨認，白色的樹幹相當顯眼。

▲小水缸狀的果實，白色的外殼是總苞特化而來的。

遠望香蕉灣海岸林生態保護區，蓮葉桐灰白色的粗大樹幹在林中相當明顯易見，與棋盤腳同爲熱帶海岸林的主要樹冠層樹種。華人慣稱葉片大的樹爲桐，例如梧桐、血桐、野桐等，蓮葉桐以擁有大型且像蓮花的葉片而得名。

蓮葉桐的雌花與雄花不在同一花朵上，但著生於同一花序，一花序有三朵花，雌花生長於兩朵雄花的中間。蓮葉桐的開花模式相當特別，一類爲雌花先開，兩側雄花後開；另一類爲雄花先開，後爲雌花，再爲另一朵雄花，此種機制可避免自花授粉。蓮葉桐此種特殊的花序稱爲聚繖花序。乳白色的小花具有特殊的香味，需有昆蟲協助授粉。

由於組成海岸林的許多樹種其種實乃依靠海流傳播，因而海岸林又被稱爲「海漂林」；物種的分布很少爲臺灣特有之物種，多廣泛分布於東南亞、中國大陸及太平洋群島，甚至印度等地。蓮葉桐也是海漂林的重要組成樹種，從樹下仰望，成串的果實像一個個超迷你小水缸，果實外層的中空肉質構造爲總苞特化而來，一層層的木質纖維果皮包覆種子，質輕可漂浮也耐海水浸泡，能進行遠距離傳播。

▲具有特殊開花習性的蓮葉桐，花季來臨時有許多昆蟲訪花。

臭娘子

Premna serratifolia L.

科名｜ 唇形科 Lamiaceae

英文名｜ Headache Tree Premna

別名｜ 壽娘子、牛骨仔、厚殼仔

原產地｜ 熱帶亞洲、澳洲

形態特徵

常綠喬木，小枝近無毛。葉對生，長橢圓形或長橢圓狀卵形，先端鈍或短漸尖，基部圓形，全緣，罕具不明顯齒緣，葉背密生腺點，無托葉。花兩性，聚繖花序，頂生；花萼鐘狀，二唇形，具 4-5 小裂片，宿存；花冠管狀，淡綠白色，5 裂，外側無毛，內側被絨毛；雄蕊 4，2 強；花絲離生，與花冠裂片互生；子房上位，4-5 室；花柱 2 裂。核果球形，暗紫色。

地理分布

熱帶亞洲及澳洲。臺灣分布於全島沿海地區。

▶在海邊的臭娘子看起來潔淨亮麗，且葉片相當翠綠油亮。

臭娘子四方形的莖上對生著葉片，葉搓揉後會聞到強烈的異味。喜愛陽光、耐旱、抗鹽的特性令它在全島的海岸環境都能生長。

海邊的臭娘子總是潔淨美麗，葉片油亮翠綠，春、夏之交開花，白色的花朵開滿枝頭讓樹冠像是覆蓋著一層白雪，左右對稱的唇形花朵引來了形形色色的蝴蝶、蜜蜂、菊虎、鹿子蛾等昆蟲，堪稱是最好的蜜源植物。

夏末，花朵結成果實；核果呈圓球形，成熟時由黃綠轉黑紫色，綿延聯結，像一大串綠紫相間的葡萄。

臭娘子耐旱、耐瘠、抗風、抗潮、抗鹽，生長快速，木材可供建築，更具有誘蝶、誘鳥的功能，是良好的鄉土樹種，可提供作爲防風林、綠籬、行道樹等用途。

▶黑色成熟與綠色未成熟的球形核果，像是一串綠紫相間的葡萄。

▲左右對稱的唇形花朵會吸引許多昆蟲，是很好的蜜源植物。

恆春臭黃荊

Premna hengchunensis S. Y. Lu & Yuen P. Yang

科名 | 唇形科 Lamiaceae　　**原產地 |** 臺灣

唇形科

形態特徵

小喬木，小枝漸無毛。葉對生，葉卵形至橢圓形，先端略呈波狀或疏齒緣，脈上被短毛；葉柄被毛。繖房狀聚繖花序頂生。花萼鐘狀，二唇形，4-5 裂；花冠淡綠白色。核果球形，熟時暗紫色。

地理分布

臺灣特有種。生長於恆春半島海岸礁岩及近海的森林中。

▲頂生的繖房狀聚繖花序上開滿著白色小花。

▲恆春臭黃荊的球形核果；初為淡綠色，成熟為暗紫色。

▲恆春臭黃荊生長在恆春半島的珊瑚礁岩上，枝葉柔軟下垂。

土樟

Cinnamomum reticulatum Hayata

科名 | 樟科 Lauraceae

英文名 | Reticulate-veined Cinnamon Tree

別名 | 網脈桂、香桂

原產地 | 臺灣

形態特徵

常綠小喬木，全株具芳香，小枝粗大且光滑。葉近對生或互生，光滑，革質，倒卵形至長倒卵形，先端鈍或圓，基部楔形，3出脈。腋生繖房狀花序，花序光滑，著3至5朵小花。果橢圓形，果托膨大，先端截形。

地理分布

臺灣特有種。生長於恆春半島的灌木林、臨海峭壁、海濱與低地森林。

◀土樟為腋生繖房狀花序。

▶土樟果實成熟時為黑紫色。

▲經常性修剪成為灌木圍籬的土樟。

棋盤腳樹

Barringtonia asiatica (L.) Kurz

科名 | 玉蕊科 Lecythidaceae
英文名 | Beach Barringtonia, Sea Putat, Sea Poison Tree
別名 | 魔鬼樹、墾丁肉粽、濱玉蕊
原產地 | 印度洋、太平洋地區

形態特徵

常綠大喬木。葉近無柄，互生，長橢圓形，叢生枝條頂端，先端寬大圓鈍，全緣。總狀花序，頂生；花瓣 4，白色；雄蕊可達 400 以上；花絲細長，淡紅色，基部合生成圓狀。果實陀螺形，具多稜，兩萼片宿存於果實。

地理分布

廣泛分布於印度洋及太平洋地區。臺灣分布於恆春半島及蘭嶼。

▲形如古時棋盤基腳的棋盤腳果實，乃為臺灣最大的原生植物果實。

▶棋盤腳是海岸林的冠層樹種。

熱帶海岸林主要組成樹種如棋盤腳、欖仁、瓊崖海棠、林投，其果實可以靠海流廣泛傳播，因此以此類樹種爲優勢組成的森林即稱爲「漂流林」。棋盤腳爲漂流林的大喬木，目前在恆春半島地區僅剩零星個體分布於南端及東海岸沿線的海岸林內，在蘭嶼地區對海岸林的開發較少，且其傳統文化上對此植物有所禁忌，因而保有較大的族群量。

棋盤腳具有大而寬的葉子、碩大的白色花朵以及造型特殊的果實。核果明顯呈4稜狀，狀似古代圍棋棋盤桌的桌腳而得名。又因形如肉粽，可見於恆春半島的船帆石、香蕉灣及砂島等地，因此棋盤腳又有「墾丁肉粽」之稱。棋盤腳的中果皮具有厚厚一層纖維質，可使果實輕易飄浮於水面，又可保護內層的種子不致受到海水侵蝕傷害，以藉由洋流行遠距離傳播。

棋盤腳花期甚長，每年夏季是盛花時節，因其夜間開花的特性，想要一睹風采需要耐心等候，否則觀看清晨散落一地仍保有清香的「雄蕊花裙」也是一種賞花方式。

▲棋盤腳通常於夜間開花，但光線若是足夠亦可在清晨或黃昏開放。

黃槿

Hibiscus tiliaceus L.

科名｜ 錦葵科 Malvaceae

英文名｜ Cuban Bast, Linden Hibiscus

別名｜ 河麻、粿葉樹、鹽水面頭果

原產地｜ 泛熱帶地區

形態特徵

常綠喬木。葉具長柄，心形，全緣或不明顯波狀齒緣，掌狀脈，托葉三角形，早落。花頂生或腋生；萼5裂；花冠鐘形，黃色，花心暗紅色；苞片1對，小苞7-10，下半部合生。蒴果闊卵形。

地理分布

泛熱帶地區。臺灣分布於海濱地區。

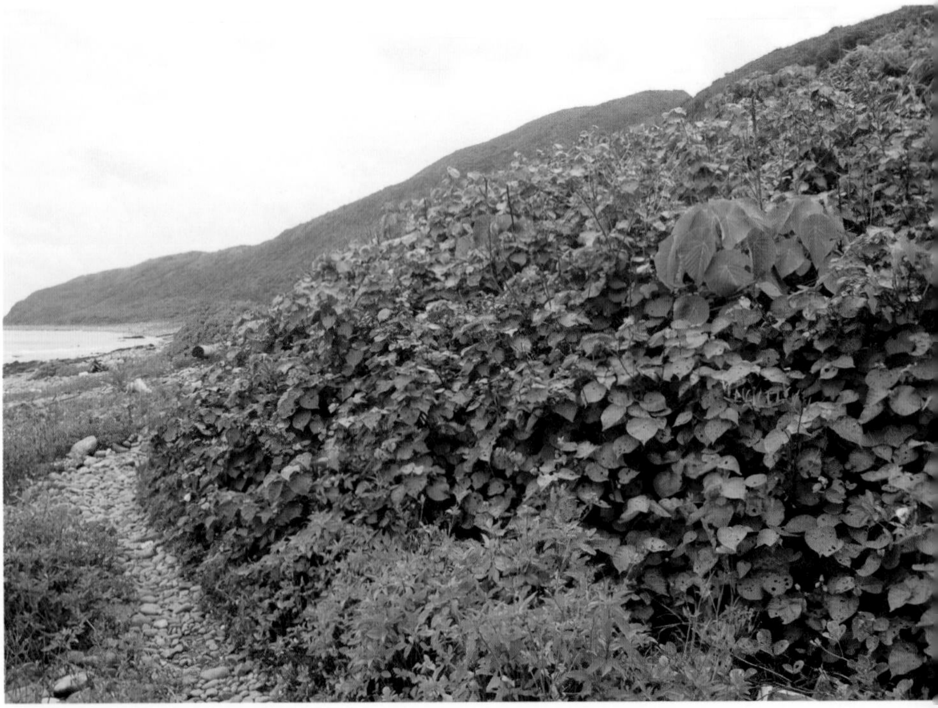

▲具有防風及定沙功能的黃槿。

黃槿是海邊長大的人最熟悉的樹種，過去鄉間婦女常利用黃槿的葉片來做粿墊，蒸出來的粿具有特別的香味，而有「粿葉樹」之稱。夏季時，大型潔淨的葉片生長茂密，覆蓋出一片蔭涼，此時可見汗流浹背的漁民或農夫喜歡乘坐在黃槿樹下下棋或聊天。由於黃槿的樹幹多彎曲，且在很低的地方就有分枝，也常招來小孩們爭相攀爬。

夏季是黃槿花盛開的季節，潔亮的心狀葉叢中綻放出朵朵鮮黃色的花兒，而大型的黃色花朵往往也吸引滿樹的蝴蝶與甲蟲前來，可見鄉下小孩子們爬到樹上捕捉金龜子的畫面。

黃槿的花朵是舊時孩童玩扮家家酒的好材料，鐘形的黃花，暗紅色的花心，揉搓後可當孩子的指甲油。秋季，花朵化爲闊卵形蒴果，種子隨風飄散。黃槿花大型豔麗、花期長且枝葉茂盛，是優良的觀賞、遮蔭樹種，常栽植於海邊，具有防風、定沙的功能。木材質輕且富彈性，可作家具、各種器具或當薪炭材使用，樹皮多纖維可製繩索。

▲開放後的黃槿花朵有時會轉為深紅色。

▲在心狀葉叢中綻放出朵朵鮮黃色的花朵。

▲秋季，花朵化為闊卵形的蒴果。

▲開裂的蒴果，內具許多黑褐色的種子。

銀葉樹

Heritiera littoralis Aiton

科名｜ 錦葵科 Malvaceae

別名｜ 大白葉仔

英文名｜ Looking Glass Tree

原產地｜ 熱帶亞洲、太平洋諸島

形態特徵

常綠喬木，樹冠大，樹皮灰色呈鱗片狀，多具明顯板根。葉柄兩端膨大，革質，長橢圓形，先端銳或鈍，基部圓形，全緣，背面密被銀白色鱗片，托葉小，早落。花單性，圓錐花序；無花瓣；萼鐘形，4-5裂。堅果長橢圓形，具龍骨狀突起，木質。

地理分布

原產熱帶亞洲、太平洋諸島等地。臺灣分布於海岸地區，如宜蘭、基隆、恆春半島、蘭嶼等地。

▲恆春熱帶植物園中此株銀葉樹因擁有巨大的板根，該景點被稱為銀葉板根，卻讓不少人誤會為是樹種名。

◀風吹動樹梢時陽光下閃閃發亮的銀白色葉背就是「銀葉樹」名稱的由來。

乍看之下，銀葉樹的葉片和其他樹木差別並不大，全綠的厚革質葉，表面深綠色；但當風吹動樹梢，在陽光下閃耀著銀白色的葉背，就可以了解它名稱的由來。

春季時，銀葉樹枝條上竄出密密麻麻的灰綠色小花有些紅色，並不特別亮眼，但其特殊之處在於雌雄同株異花，花瓣退化，先端開裂成4至5片鐘形的部分其實是它的花萼，仔細觀察便可以看出雄花和雌花的區別。初秋，銀葉樹的雌花部分凋落，子房長成橢圓形的果實，具有龍骨狀突起，內有很厚的木栓狀纖維層，可漂浮在海上。

銀葉樹爲典型的紅樹林物種，由於熱帶地區雨量多，土壤沖刷嚴重且地下水位高，根部無法深入土壤深層。爲了適應這種環境，銀葉樹發展出的根部呈扁平狀水平擴展，用以支撐植物體，並增加根部可供氣體交換的面積，這種構造被稱爲板根。臺灣與日本的西表島是其分布的北界。

銀葉樹是臺灣海岸地區原生植物。近年來，環境綠化強調使用本土樹種，銀葉樹因植株優美，耐鹽、抗旱，廣受大眾所喜愛，在許多海岸附近的綠地或道路旁就可以欣賞到其迷人的風采。木材堅硬耐久，是建築、家具、造船的好材料。

▲銀葉樹的花瓣退化，先端開裂的部位其實是它的花萼。

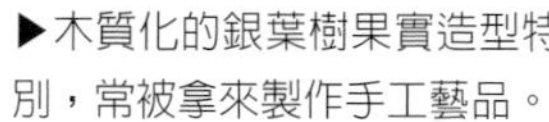

▶木質化的銀葉樹果實造型特別，常被拿來製作手工藝品。

纖楊

Thespesia populnea (L.) Sol. ex Corrêa

科名｜ 錦葵科 Malvaceae

英文名｜ Portia Tree, Bhendi Tree

別名｜ 截萼黃槿、恆春黃槿、桐棉

原產地｜ 泛熱帶地區

錦葵科

形態特徵

常綠喬木。葉具長柄，革質，心形，先端成尾狀銳尖，全緣；托葉狹披針形，早落。花單生於葉腋，初為黃色，後轉為淡紫紅色；萼杯形，先端截形。蒴果梨形，果皮木質化。

地理分布

廣泛分布於世界性熱帶區域。臺灣分布於恆春半島沿海地區。

▶形似黃槿的美麗花朵。

▲纖楊又名截萼黃槿，可看到其開口平整的筒狀萼片。

▲纖楊的扁球形蒴果成熟時不開裂。

▲屬於海岸林樹種，臺灣僅見於恆春半島。

大葉樹蘭

Aglaia elliptifolia Merr.

科名｜ 楝科 Meliaceae　　**英文名｜** Large Leaf Aglaia

別名｜ 橢圓葉樹蘭　　**原產地｜** 菲律賓、臺灣、蘭嶼

形態特徵

常綠小喬木，小枝條上滿布紅褐色鱗片。奇數羽狀複葉；小葉倒卵形至橢圓形，粗紙質，對生或近對生，上表面光滑，下表面覆有鱗片；小葉柄短胖。腋生圓錐花序。果實橢圓形，布滿紅褐色鱗片。

地理分布

分布於菲律賓北部。臺灣產於恆春半島與蘭嶼的低海拔地區。

▲大葉樹蘭的果實呈橘黃色，中果皮是層海綿狀的鬆軟組織。

▲大葉樹蘭花朵細小不明顯張開。

▲大葉樹蘭是臺灣南部及蘭嶼的海岸林樹種。

紅柴

Aglaia formosana (Hayata) Hayata

科名｜ 楝科 Meliaceae

英文名｜ Taiwan Aglaia, Formosan Aglaia

別名｜ 臺灣樹蘭

原產地｜ 菲律賓、臺灣

形態特徵

常綠喬木，樹皮紅褐色，呈鱗片狀剝落。奇數羽狀複葉，互生，密布銀白色的痂鱗，小葉 3-7。圓錐花序，頂生；花瓣 5。果實球形，熟時鮮紅色。

地理分布

菲律賓及臺灣。臺灣分布於恆春半島及綠島、蘭嶼等地。

◀盛夏時節花朵盛開的紅柴。

屬名*Aglaia*原指花朵芳香之意，本屬植物開花時皆有淡淡香味，而大家所熟悉的香花樹種──樹蘭就是本屬植物。每年5月是紅柴盛開的季節，此時路經海岸林灌叢或者礁岩較多的樹林裡，可見滿樹淡黃色的小花，以及葉片如銀白色波浪隨風搖曳的景象。其密密麻麻的花朵十分細小，呈圓球形，若不細看還以為是未開的花苞。紅柴除了花朵具有淡香外，成熟鮮紅的果實剝開來亦可聞到芳香的檜木味道。

紅柴葉片兩面布滿銀灰色的痂鱗及蠟質層，可耐強勁的風力及乾旱，因此常見生長於珊瑚礁岩頂端，與樹青伴生。恆春半島西海岸有一處叫做「紅柴坑」的地方，即因此地過去到處生長著紅柴而得名。

▲紅柴成熟的果皮有芳香味道。

▲紅柴十分細小，花序上有許多的痂狀鱗片。

榕樹

Ficus microcarpa L. f.

科名｜ 桑科 Moraceae

英文名｜ Chinese Banyan

別名｜ 正榕

原產地｜ 東亞、澳洲

形態特徵

常綠大喬木，具下垂氣生根，觸地可長粗成樹幹狀的支持根。葉互生，光滑革質，倒卵形或橢圓形，全緣。隱頭花序似果實，又稱為榕果，腋生，無柄，熟時紅或紫黑，內藏瘦果眾多。

地理分布

日本南方至南中國、印度、斯里蘭卡、東南亞、澳洲東北部等地。臺灣全島低海拔及蘭嶼分布。

▶將成熟的隱花果。

▲海岸岩壁上的榕樹，其強韌的根穿越並穩穩扎根於石縫中。

▲普遍栽植於園藝用途的榕樹，也見於海岸環境。

白榕

Ficus benjamina L.

科名 | 桑科 Moraceae

英文名 | Benjamin Tree, Java Tree, White Bark Fig-tree

別名 | 垂榕、白肉榕

原產地 | 東亞

形態特徵

常綠大喬木，具許多氣生根。葉互生，卵形至卵狀橢圓形，先端具突尖；全緣。雌雄同株，隱花果球形，腋生，熟時紫紅或紫黑色；種子細小。若為蟲癭果則果實較大，但內部無種子。

地理分布

中國大陸、菲律賓及臺灣。臺灣分布於屏東、花蓮、臺東及蘭嶼、綠島等外島。

說起白榕，大家很容易聯想到澎湖廟口經過形塑的大白榕，或者是屏東滿州鄉港口一樹成林的白榕景觀。白榕原生在熱帶地區的森林裡，在海岸林也常見，個體數量不多，但是所占據的面積相當可觀，其生長氣勢經常令人感到驚嘆。

白榕所以優勢的主要原因是它發達氣生根與支柱根，和我們常在鄉間看到榕樹（正榕）一樣，氣生根很多，可藉以吸收空氣中的水分，當氣生根慢慢往下生長，碰到地面吸收土壤裡充足的養分及水分後，可快速長粗形成支柱根。支柱根不但提供白榕支撐的功能，也占據更大面積以爭取更多資源。

白榕種子數量非常多也非常細小，但是很少見到小苗，因爲小苗發芽及成長需有一定的溼度及光線，林下很難生存，即使發芽也無法順利成長，因此常見小苗生於林下破空的枯木上，或活樹上有枯死枝幹之小坑洞內，因爲這類微生育地水分較多，且光線也較充足，小苗存活機會大。成長後的小樹可迅速長出氣生根及支柱根占據森林一方。

▶雌雄異株的隱花果。

◀許多的支柱根形成一樹如林的景象。

皮孫木

Pisonia umbellifera (J.R. Forst. & G. Forst.) Seem.

科名｜ 紫茉莉科 Nyctaginaceae　**英文名｜** Malay Catch-bird Tree

別名｜ 水冬瓜　**原產地｜** 泛熱帶分布

紫茉莉科

形態特徵

常綠喬木，無刺。葉對生或輪生，橢圓形，先端銳形至漸尖，基部銳形或楔形，兩面平滑無毛，側脈 8-10 對。聚繖花序頂生，鏽色毛；花被漏斗狀，4-5 裂；雄蕊 8-11；花藥近球形。果圓柱形，光滑具黏性。

地理分布

澳大利亞、爪哇、馬來西亞、臺灣、馬達加斯加、密克羅尼西亞及夏威夷。臺灣以恆春半島及蘭嶼海岸林最為常見，並零星分布於北部與東部低海拔近海溪谷。

▲皮孫木是海岸林的冠層樹種，幼苗在林下相當耐陰。

皮孫木爲成熟海岸林冠層的主要樹種之一，高大的樹幹基部有明顯的板根現象。在多雨、土壤基質淺薄的環境條件之下，板根是植物體維持自身穩固的特殊結構。

皮孫木的葉片寬大，在海岸林樹種中僅次於棋盤腳，然而其花朵細小。皮孫木是較爲耐陰的樹種，林下常見小苗。長管狀的果實具明顯5稜，表面具有多黏的腺體組織，成熟時布滿黏液，體型小的鳥被果實黏住後便無法展翅飛行，因此在馬來西亞地區又有「捕鳥樹」的稱呼。

除了恆春及蘭嶼地區，在花蓮匯源的臨海溪谷、新北市萬里海岸，甚至遠離海岸的臺北市芝山岩也都有皮孫木的分布。芝山岩遠離海岸，之所以會有這種海岸植物的分布，可能是因爲大約在300多年前臺北盆地是一個由淡鹹水相混的臺北湖，湖水與海洋相通所造成。

▲成熟時會布滿黏液，以讓果實可沾黏於動物身上，達到傳播的目的。

▲頂生的聚繖花序。

臺灣海桐

Pittosporum pentandrum (Blanco) Merr.

科名｜ 海桐科 Pittosporaceae

英文名｜ Fragrant Pittosporum

別名｜ 七里香

原產地｜ 菲律賓、東印度群島、臺灣

形態特徵

灌木或小喬木，樹皮淺綠至白色；小枝有毛。葉倒卵狀披針形或橢圓狀披針形，全緣至圓鋸齒緣。圓錐花序密生於枝頂，白色；小花密集。蒴果熟時橘黃色，2 瓣裂，種子 5-6 枚，有角。

地理分布

分布菲律賓及東印度群島的西里伯島北部。臺灣產於恆春半島與蘭嶼低海拔山區或近海森林中。

▲臺灣海桐油亮的葉片與花序叢生於枝條頂端，是非常有造型的樹。

▲成熟的果實，種子外層具有黏稠的紅色假種皮。

◀臺灣海桐未成熟的果實。

▲臺灣海桐花香數里，是原生樹種中受歡迎的樹種。

鐵色

Drypetes littoralis (C. B. Rob.) Merr.

科名 | 非洲核果木科 Putranjivaceae

英文名 | Philippine Drypetes

別名 | 鐵色木、鐵色樹、濱環蕊木

原產地 | 菲律賓、臺灣

形態特徵

常綠小喬木，小枝圓形，平滑。葉具短柄，互生，革質，長橢圓形，呈鐮刀狀彎曲，先端鈍，基部銳，全緣而略帶波狀，光滑。花簇生；無花瓣；雄花萼片4-6，雄蕊少至多數，退化雌蕊小或無；雌花萼片4-6，子房2-4室。核果卵圓形，橙黃色，熟時轉紅；果皮革質，光滑。

地理分布

菲律賓及臺灣。臺灣分布於恆春半島、蘭嶼、綠島等地的高位珊瑚礁。

▲葉形不對稱，歪斜如鐮刀狀。

▶常綠小喬木的鐵色，樹皮灰白色。

鐵色屬熱帶海岸樹種，分布於菲律賓群島和臺灣的恆春半島與蘭嶼、綠島等地，生長在海岸邊的高位珊瑚礁森林中，屬於分布局限、數量稀少的珍貴樹種。

鐵色是小型的常綠喬木，樹形並不高大但造型特殊，葉片在中肋兩端呈一大一小，歪斜如鐮刀，兩列深綠色厚實的葉片平鋪於枝條上，令人印象深刻。結果時節，葉腋中懸掛豔紅色的果實更是引人注目，長長的果梗，覆被著白色短柔毛的橢圓形果實，葉片與果實鮮豔的對比，奇異的形態，令人感到驚豔。

鐵色喜歡生長在高溫、潮溼、陽光充足的環境。厚革質的葉片可以抵擋豔陽，並防止因長時間經強風吹襲而造成葉片內水分的大量散失。果實被密毛，可隔離鹽分，避免海風帶來鹽分對果實造成傷害。由於鐵色生長緩慢，以往並不受人重視，產地附近的居民也僅將它當作薪炭材使用，近年來因其抗風、耐鹽，樹姿、葉形、果實美麗，被廣泛栽植爲海岸防風林帶、行道樹、庭園美化等用途。

▲鐵色雄花數朵聚生於葉腋，雄蕊插生於花盤上。

▲雌花簇生於葉腋，無花瓣，具黃色花萼。

▲青嫩的幼葉是數種粉蝶幼蟲的主要食草，因此常見破裂的葉片。

▲成熟的果實轉為紅色。

水筆仔

Kandelia obovata Sheue, H. Y. Liu & J. Yong

紅樹科

科名	紅樹科 Rhizophoraceae	**英文名**	Kandelia
別名	水筆、茄藤樹、秋茄樹、紅海茄冬	**原產地**	東北亞

形態特徵

常綠小喬木，具支柱根，莖節膨大。葉有柄，對生，厚革質，長橢圓形，先端圓或凹，基部銳狀，全緣。二出聚繖花序，腋生；基部有 1 苞；萼 5 深裂；花瓣 5，白色，每片 2 裂，裂片細裂為絲狀；雄蕊多數；子房下位，1 室；花柱 1，柱頭 3 裂。果實圓錐形，基部宿萼反捲，胎生。

地理分布

分布於日本、琉球、中國大陸南部及臺灣。臺灣分布於臺北淡水河口、桃園、新竹、苗栗，也見栽植於新竹以南的溪口及溼地。

▶水筆仔是新竹以北的紅樹林主角，密集生長在河口溼地上。

▲秋冬後，成熟的胎生苗掛滿枝頭，呈現多子多孫的景象。

水筆仔因胎生苗像是懸掛的筆而得名。此外，有的胎生苗成熟時呈紅褐色，遠望似茄子，因此在大陸又被稱爲「秋茄」。

水筆仔是新竹以北紅樹林的主角，密集地生長於河口溼地上，隨著四季更迭，變換著一幕幕精彩的生活史。初夏時，開著潔白星狀的小花，絲狀花瓣飄著淡淡的芳香，吸引蜜蜂等昆蟲匆忙地在花間穿梭。數週後，花謝，長出圓錐形的果實。秋季時，胎生苗的胚根自果實中發芽迸出，逐漸生長茁壯。入冬後，成熟的胎生苗掛滿枝頭，呈現多子多孫的豐盛景象。翌年春季，胎生苗隨著暖暖春風擺盪而脫落，有的胎生苗在脫離母株後即插入軟泥中生根長葉，另一些胎生苗則隨著潮流成爲異鄉的新居民。胎生苗落盡後，母樹上重新長出新的花苞，展開另一次季節的更替與循環。

臺灣北部淡水附近的水筆仔紅樹林面積達77公頃，是全世界最大的水筆仔純林，因此備受國際矚目。過去，水筆仔被認爲廣泛地分布於印度、馬來西亞、臺灣、中國沿海和日本等地。但近年來，學者研究發現，分布在印度及東南亞的水筆仔與分布在臺灣與日本、中國南部者具有明顯的遺傳分化，根據細胞學的觀察結果，兩地水筆仔的染色體數目不同。此外，臺灣的水筆仔在外表、內部構造及生態習性上，與印度及馬來西亞的水筆仔差異很大，明顯屬於兩個不同「種」，因此學者更正了臺灣水筆仔的學名。水筆仔是河口生態系中重要的生產者，不但提供螺、貝、蝦、蟹、魚、鳥類等動物棲息環境，更具有減少土壤鹽分、防止土壤流失等功能，爲海灣、河口之造林樹種。木材堅重、耐腐，可作車軸、把柄等用材，樹皮可提煉藥物以及做染料。

▲水筆仔在初夏時開著潔白星狀的小花。

◀偶爾也可以看到雙胞胎的水筆仔。

紅海欖

紅皮書等級 VU

Rhizophora stylosa Griff.

科名｜ 紅樹科 Rhizophoraceae

英文名｜ Spider Mangrove, Red Mangrove

別名｜ 大葉蛭木、紅樹、長柱紅樹

原產地｜ 太平洋熱帶地區

形態特徵

常綠小喬木，具氣生支持根，小枝具葉痕。葉對生，革質，卵形或橢圓形，先端具短凸尖，基部闊楔形，全緣。二歧分叉聚繖花序，腋生，具長梗；萼卵形，4裂，黃色；花瓣4，白色，邊緣被細毛；雄蕊8；子房下位；花柱線形，明顯。果實圓錐形；胚軸圓柱狀，表面突起。

地理分布

中國大陸的廣東、廣西至東南亞及澳洲。臺灣僅分布於南部沿海，主要在臺南市，雙春、七股也均有復育造林。

▲紅海欖植株具支柱根。

▲胎生苗成熟後脫落，胚根插入泥灘上生長成新的後代，捍衛著海岸紅樹林中的疆土。

◀葉片先端的芒狀突尖是辨識特徵。

紅海欖爲紅樹科常綠小喬木，其多生長於臺南四鯤鯓與四草河口附近的潟湖或魚塭旁軟泥地中，爲典型的紅樹林植物。

紅海欖樹姿較臺灣其他種紅樹林植物硬挺，油亮、全緣，厚革質的橢圓形葉片整齊地對生於粗壯的枝條上，給人厚實的感覺，而葉片先端的芒狀凸尖是相當容易辨識的特徵。

春至夏初爲花季，黃白色的花朵呈聚繖狀，懸垂於葉腋，嬌羞地令遠觀的人們無法看清它的形態，只有當有心人將它翻起時才能看到它黃白色的花瓣，密布細毛如蕾絲般的形態，惹人憐愛。花後化爲革質、圓錐形的果實，萼片宿存反捲，胎生苗於樹上發芽，胚軸逐漸生長伸長成爲筆狀，直至隔年7月才成熟變爲褐色，胎生苗成熟後脫落，胚根插入泥灘地上生長成爲一棵棵新的後代，捍衛著海岸紅樹林中的疆土。

在臺灣原有4種紅樹科植物生長，隨著漁港的興建與物種保育不受重視，細蕊紅樹與紅茄苳相繼滅絕於臺灣島上，目前僅存水筆仔與紅海欖兩種胎生的紅樹科植物，與水筆仔相較，紅海欖的胎生苗較爲粗壯且表面具獨特的疣狀突起可作爲區別。

紅海欖樹幹與側枝上端常長出許多氣生根，氣生根由上向下逐漸延伸生長，入泥土後便形成「支柱根」，這樣特殊的構造兼具有呼吸及支持的功能，特別的是紅海欖的支柱根會分枝，猶如踮著腳尖會走路的樹。

▲黃白色的花朵呈聚繖狀，懸垂於葉腋；在花瓣的內側還密布細毛如蕾絲般。

▲胎生苗於樹上發芽不久的模樣相當可愛。

葛塔德木

Guettarda speciosa L.

科名｜ 茜草科 Rubiaceae　　**英文名｜** Sea Randa, Zebrawood

別名｜ 欖仁舅、海岸桐　　**原產地｜** 熱帶亞洲、澳洲、波里尼西亞

形態特徵

落葉小喬木。葉對生，葉寬倒卵形，全緣，有柄，羽狀脈，表面無毛，背面被毛；托葉早落。花序腋生；花萼鐘形；花白色，花冠長筒狀；雄蕊無柄。核果。

地理分布

熱帶亞洲及澳洲至波里尼西亞。臺灣分布於恆春南端、蘭嶼、綠島及小琉球海濱。

▶果實成熟時轉為白色，脫層外果皮即是具有浮力的纖維質外殼，可隨海漂。

▲屬於海岸林的樹種，也可生長在臨海的珊瑚礁岩上。

▲葛塔德木葉片又寬又大，花序頂生或腋生。

▲葛塔德木於春、夏間開花，雄蕊無花絲，花藥貼生於花冠筒頂端。

欖仁舅

Neonauclea reticulata (Havil.) Merr.

科名｜ 茜草科 Rubiaceae

英文名｜ False Indian Almond

別名｜ 海木沓、海沓

原產地｜ 菲律賓、臺灣及離島

茜草科

形態特徵

喬木。葉對生，倒卵形至寬橢圓形，薄革質，無毛，近無柄，羽狀脈；托葉大型，早落。球形頭狀花序，花白色；花萼筒狀；花冠漏斗狀；雄蕊著生於冠筒上方，內藏；花柱突出甚多，柱頭頭狀。蒴果。

地理分布

菲律賓及臺灣。臺灣僅分布於東南部、東部森林中及蘭嶼、綠島等離島。

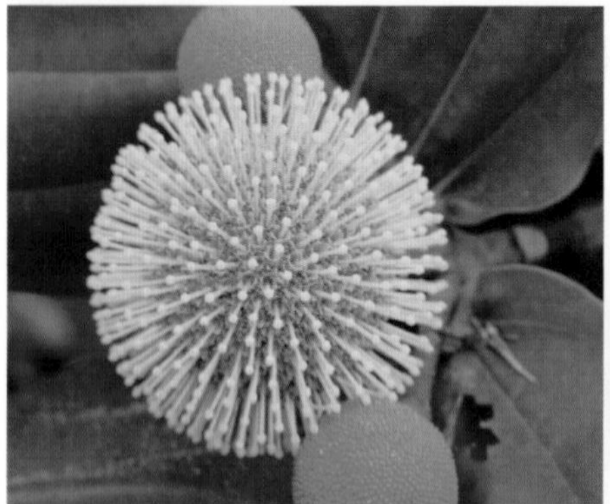

▲欖仁舅的頭狀花序，小花為長管狀。

▲成熟的果實內有大量細小的具翅種子。

▲葉片大小及形狀相似於欖仁樹，故有欖仁舅之稱。

魯花樹

Scolopia oldhamii Hance

紅皮書等級 LC

科名｜ 楊柳科 Salicaceae

英文名｜ Oldham Scolopia

別名｜ 魯化樹、臺灣刺柊

原產地｜ 中國大陸、臺灣、菲律賓

形態特徵

喬木或灌木，稚齡時期具刺，成株無刺或偶具刺。小枝與葉無毛。單葉互生，革質，卵至長橢圓形，先端圓至鈍；稚齡時期葉緣有鋸齒，成株全緣或近全緣；脈兩面隆起。聚繖花序頂生與腋生；花兩性；萼片宿存，與花瓣同數；花瓣白至淡黃。漿果球形，具宿存花柱。

▶魯花樹的短總狀花序，雄蕊多而細長。

地理分布

中國大陸南部、臺灣及菲律賓。臺灣普遍分布於低海拔山地至沿海地區。

▲漿果球形，具宿存花柱，初為淡綠色，成熟轉為紫黑色。

▲魯花樹幼枝及樹幹基部常有棘刺。

▲魯花樹的樹形。

臺灣三角楓

特有亞種 紅皮書等級 CR

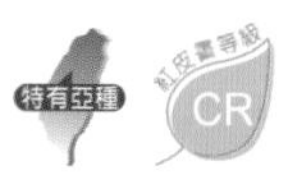

Acer albopurpurascens Hayata var. *formosanum* (Matsum. et Hay. ex Koidz.) C.Y. Tzeng & S.F. Huang

科名｜ 無患子科 Sapindaceae
英文名｜ Taiwan Trident Maple
別名｜ 三角楓
原產地｜ 臺灣

形態特徵

小喬木。葉革質，對生，倒卵形或闊橢圓形，先端3淺裂，基部圓形或略心形，主脈三出，背面有白粉。繖形花序頂生；花小形，黃綠色。雙翅果熟時黃色。

地理分布

臺灣特有亞種。分布於東北角，目前僅少量分布於萬里及鷹石尖等地。

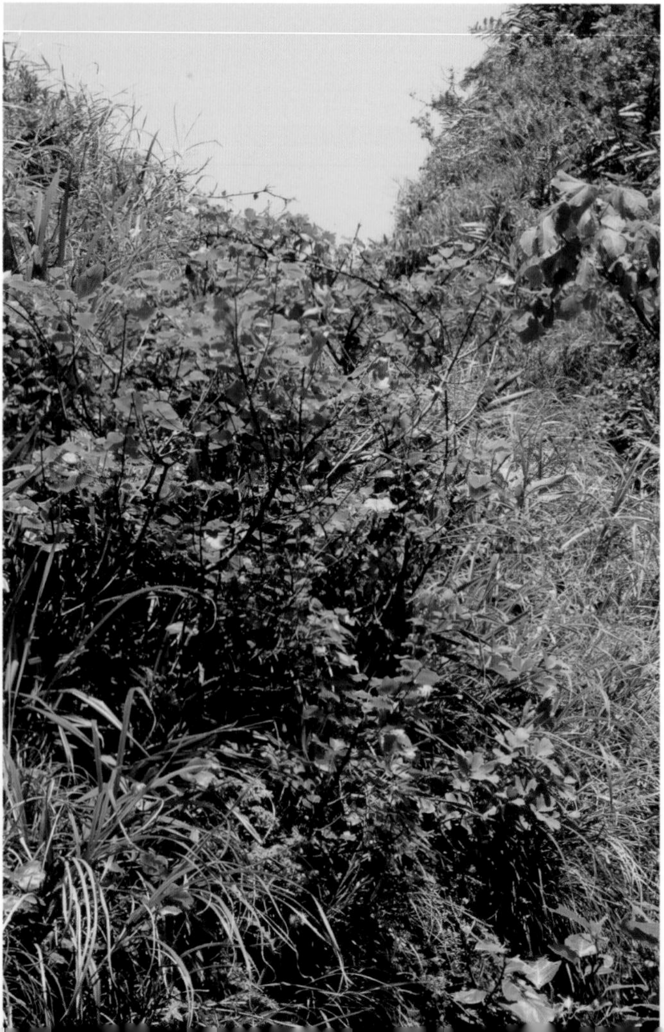

▶生長在東北角海岸丘陵上的臺灣三角楓。

臺灣三角楓屬於無患子科植物，這類植物通常被稱爲楓樹，多數物種在秋季時葉片會變成黃色或紅色，滿樹秋意，之後樹葉片片凋落，僅餘枯幹。冬季來臨時，臺灣三角楓不像多數楓樹般會落葉，一整年樹葉都是綠色。此外，臺灣三角楓也選擇了特異的生育地，在臺灣僅生長於北部溪谷或近海處的岩壁或沙地上，數量十分稀少，曾紀錄的地點有北勢溪沿岸，如翡翠谷、碧山、鸕潭等地與北部海岸基隆仙洞、萬里等地。目前僅少量分布於萬里及鷹石尖等地近海丘陵上。

臺灣三角楓於早春開花，花黃綠色細小，授粉後結成翅果，兩兩成對，果實逐漸長大至夏季時種翅已完全伸展，此時種子爲黃綠色，種子仍未完全飽滿成熟，需等到當年冬季後種子才會完全成熟，東北季風吹起時，飽實的種子乘著翅膀飛起，尋找落地生根處完成傳宗接代的任務。臺灣三角楓葉形特別、表面潔亮與樹姿優美等特性，許多人喜歡將它種植於盆栽或庭園觀賞，目前許多地區的公園綠地都有栽種，但該樹種野外族群已相當稀少，須善加保護。

▲臺灣三角楓的翅果。

▲臺灣三角楓的花朵嬌小呈黃綠色；葉片 3 裂，看似鳥走過的足跡。

大葉山欖

Palaquium formosanum Hayata

科名 | 山欖科 Sapotacea　　**英文名 |** Formosan Nato Tree

別名 | 臺灣膠木、蟲古公樹、杆仔、蘭嶼芒果、臭屁梭、橄仔樹

原產地 | 菲律賓、臺灣及離島

形態特徵

常綠大喬木，小枝具黑褐色細毛，葉痕明顯。葉互生，厚革質，長橢圓形或長卵形，先端圓或微凹頭，基部銳形，全緣，葉面光滑。花 2-4 朵簇生葉腋；萼肉質，6 裂，2 輪，外輪先端鈍形，裂片鑷合狀，具褐色絨毛；內輪扁圓形，裂片覆瓦狀，平滑，僅具緣毛；花冠白綠色，6 深裂，略被毛；雄蕊多數；子房 6 室；花柱單一。核果橢圓形，肉質，熟時黃綠色。種子紡錘形。

地理分布

菲律賓及臺灣。分布於臺灣北部海濱、南部沿海地區及蘭嶼、綠島等地。

▲冬季冷涼時是大葉山欖的花季，夜間花香特別濃郁。

大葉山欖厚實的葉片可以減少水分散失並抵擋鹽分的侵襲，種子具硬殼、質輕、富纖維質，可漂於海上以利散播，是典型的海岸樹種。橢圓形、厚革質、邊緣反捲、全緣的葉片密集簇生在枝條頂端，而枝條較下方處，往往密布著葉片脫落的痕跡，也就是「葉痕」。大葉山欖樹幹基部會有板根，不但可支撐樹體，還能加強對海邊強風的抵抗能力。

山欖科植物的共同特徵是樹幹黑色，全株富含乳汁。秋冬時，大葉山欖的葉腋簇生一叢叢的淡黃白色小花，飄散著濃郁的香味。果實在隔年的夏季成熟，為橄欖球形，顏色為暗綠色，細長的花柱宿存於果實頂端，造型頗為特殊。蘭嶼達悟族有食用其果實的習慣，但相傳吃多了會「排氣」。

大葉山欖是以臺灣「*formosanum*」命名的植物，但除了本島之外，菲律賓的呂宋島、巴丹島等地也有天然分布。在臺灣，主要生長於北部及南部海邊，蘭嶼與綠島也有天然分布。不過由於樹形優美、繁殖容易、生長快速、樹性強健、病蟲害少、耐旱耐鹽抗風、花香果甜等種種好處，在許多地區被用來當作園景或行道樹。樹皮可製染料，木材供建築、製器，枝葉可當花材；全株含有乳狀汁液，可以作為絕緣材料的膠木，所以又稱「臺灣膠木」。

▶簇生在葉腋的一叢叢淡黃白色小花。

▲大葉山欖的種子其種臍寬大，十分特別。

▶成熟的肉質核果呈黃綠色。

山欖科

樹青

Planchonella obovata (R. Br.) Pierre

科名 | 山欖科 Sapotaceae

英文名 | Obovata Planchonella

別名 | 石榕、石松、山欖

原產地 | 亞洲、澳洲、大洋洲

形態特徵

常綠喬木，樹皮含乳汁，小枝被褐色密毛。葉具柄，互生，革質，倒卵、倒卵狀長橢圓或長橢圓形，先端鈍、凹，基部楔形，下延，全緣。花雌性或兩性，數朵叢生葉腋，綠白色；萼片闊卵形或圓形，外被淡色柔毛；花冠鐘形，5 裂。漿果橢圓形。種子褐色，具光澤，種臍明顯，1-3 顆。

地理分布

印度、巴基斯坦、緬甸、馬來半島、中國大陸、海南島、菲律賓、臺灣、琉球、印尼、新幾內亞、賽席爾群島、所羅門群島及澳大利亞。臺灣分布於低海拔森林及外島蘭嶼和綠島。

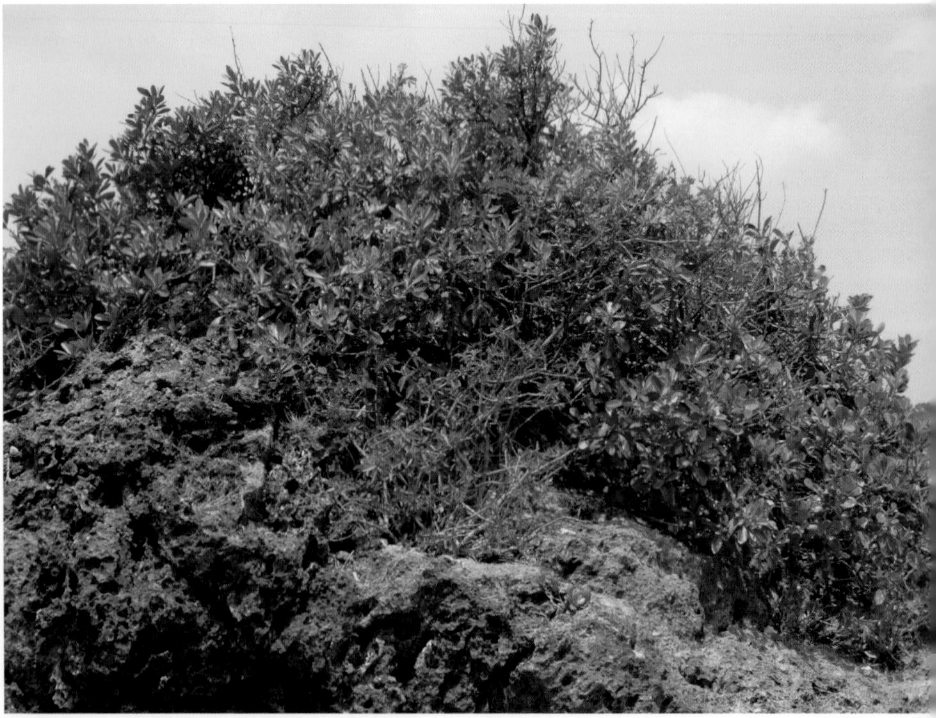

▲除海岸林外，也可見樹青生長於珊瑚礁岩上。

▲葉背銀褐色的樹青又稱為山欖。

▲樹青的雌花與剛授粉發育的幼果。

▲樹青的雄花。

▲樹青的漿果有層相當黏手的中果皮。

無葉檉柳

Tamarix aphylla (L.) H. Karst.

科名｜ 檉柳科 Tamaricaceae

英文名｜ Athel Tamarisk

別名｜ 檉柳、西河柳、觀音柳、亞非檉柳

原產地｜ 非洲、亞洲

形態特徵

落葉喬木，小枝細弱，接合狀。葉退化形成抱莖的鞘，蒼綠色，僅具 1 小齒。圓錐花序，頂生；花萼及花瓣均 5 數，覆瓦狀排列；雄蕊多 4-5；花盤 10 深裂；花柱 2-5。蒴果，3-5 瓣裂。種子頂端具毛叢。

地理分布

原產北非、東非至亞洲的巴基斯坦及阿富汗等地，多分布於沖積平原至沙地，鹽鹹地至鹽海灘岸。

◀遠觀似木麻黃的無葉檉柳（前）生長迅速，在臺灣多栽植於海岸地區。

無葉檉柳原產於亞洲西部、非洲東、北部，為沙漠地帶的防風樹種，生長迅速，臺灣地區多栽植於海岸地區。

夏季時，無葉檉柳隨風輕擺的枝條頂端開出白色或淡粉紅色花朵，這些花朵組成許多穗狀花序聚成圓錐狀，花序軸上一朵朵細小的花朵呈螺旋狀排列，由下而上逐次開放，狀似煙火，陽光下閃著光芒，點亮了夏季的海岸。

無葉檉柳遠觀似木麻黃，圓筒狀的小枝柔弱細長，葉子也如木麻黃般退化成短鞘狀，但僅具一小齒（木麻黃葉鞘狀多枚，輪生）。整體來看，無葉檉柳的枝條看起來較為翠綠色，木麻黃則較為深綠色，不僅外形像似木麻黃，無葉檉柳適應惡劣環境的能力也不遑多讓，近年來，在澎湖、小琉球等外島地區或是臺灣本島西南海岸被栽植於海濱地區，作為行道樹或防風林用樹種。

無葉檉柳因為以扦插等無性繁殖方法極易成功，且生長迅速，性喜高溫、溼潤和陽光充足的環境，再加上耐鹽、耐潮、抗旱等特性，適合作為海岸防風林、綠籬、行道樹和庭園美化之用。

▲許多穗狀花序聚成圓錐狀。

▲在枝條頂端開出白色的花朵。

▲一朵朵細小的花朵螺旋狀排列在花序軸上。

海茄冬

Avicennia marina (Forssk.) Vierh.

科名｜ 爵床科 Acanthaceae　　**英文名｜** Black Mangrove

別名｜ 茄萣樹、白茄冬、海樹仔　　**原產地｜** 東非、太平洋熱帶地區

爵床科

形態特徵

常綠灌木，小枝方形。葉具短柄，革質，橢圓形或卵形，全緣，葉表光滑，葉背密布腺毛。頭狀聚繖花序；花無柄；萼 5 深裂；花冠 4 裂，黃色；雄蕊 4；子房 4 室，密被絨毛；花柱宿存，柱頭 2 裂；苞片、花萼及花冠外側皆被絨毛。蒴果卵形。

地理分布

東非、東南亞、新幾內亞、澳洲及中國大陸南部。臺灣分布於西南部紅樹林。

▲海茄冬棲息於河流出海口的環境，呼吸根垂直伸出地面形成一種特殊景觀。

海茄冬爲爵床科常綠灌木，老樹則會長成喬木狀，是臺灣現存紅樹林樹種中數量最多、分布最廣泛者，北從新竹紅毛港，南至屏東大鵬灣都可以看到。在臺灣南部的海邊潟湖、魚塭、鹽田、排水溝岸與河海交界潮間帶都可看見它的蹤影。

海茄冬的樹冠成橢圓形，樹皮白褐色，老樹外皮常成痂片狀剝落。全緣葉片卵形，厚革狀、葉面光亮且葉背密生短柔毛可防止水分散失，以及抵抗海岸地區多風、多鹽、強日照的嚴酷環境。5到7月是花期，橘色小花排列成小型繖房花序生長於枝條頂端，花朵向上開放，散發著濃烈的特殊香氣，吸引著各類昆蟲訪花。秋季時淺綠色、被短絨毛蠶豆般大小的蒴果成熟，小巧可愛。

海茄冬的根系由樹幹基部向四周呈放射狀延伸，因此可抵抗海邊、潟湖的風浪而不致傾倒。此外，延伸的根系會長出垂直向上的呼吸根，呼吸根內部有蓬鬆的海綿組織，有利於根部從空中進行氣體交換。有了這種種生存法寶，讓海茄冬可以適應海邊潮汐的漲退。

海茄冬又名茄萣樹，高雄市茄萣區的興達港預定地往昔即因分布著大面積的海茄冬等紅樹林而得名，現今卻爲擴建港口等因素導致數量驟減，甚爲可惜。海茄冬具有防洪、定沙、淨化水質等功能，可作爲護堤、防潮與防風樹種。

▲海茄冬橘色的花朵呈繖房狀。

▲海茄冬的蒴果卵形。

▲海茄冬的種子苗。

瓊麻

Agave sisalana Perrine ex Engelm.

科名 | 天門冬科 Asparagaceae

英文名 | Sisal Agave, Sisal Hemp

別名 | 衿麻、西爾沙瓊麻

原產地 | 墨西哥

形態特徵

多年生粗壯肉質草本或灌木，少分枝。葉蓮座狀著生，叢生於莖部頂端；葉片直，長可近 2 公尺，不彎曲，全緣或葉基具疏齒。多個穗狀花序組合成圓錐狀，著生於花莖上端；花莖抽長且粗壯；花大，黃色。成熟蒴果胞間開裂。

地理分布

原產於墨西哥。臺灣引進作為纖維作物，廣泛歸化全島海濱，以及澎湖、馬祖等離島。

▲海岸的瓊麻記錄了恆春半島的一段開發史。

▲瓊麻蓮座狀的叢生葉片。

▲瓊麻高大的花序，花後有些發育成果實，有些則長出無性繁殖的小珠芽。

▲掉落於母樹下的瓊麻果實和繁殖芽。

▲常見開花少見結果的瓊麻。

雙花蟛蜞菊

Wollastonia biflora (L.) DC.

科名| 菊科 Asteraceae　　**英文名|** Twinflower Wedelia

別名| 九里明、大蟛蜞菊、雙花海砂菊　　**原產地|** 太平洋地區

形態特徵

亞灌木，莖 4 稜形，全株被伏粗毛。葉厚紙質，闊卵形，先端漸尖，基部圓形，齒狀緣，3 出脈。頭狀花序；心花 20-35 朵；舌狀花一層，8-12 朵；花冠黃色。瘦果 3 稜。

地理分布

普遍分布於印度、東南亞、太平洋諸島、日本、華南地區及臺灣。臺灣全島海邊及外島蘭嶼皆可見。

◀在海邊常見的雙花蟛蜞菊，莖匍匐向四方伸展，無論沙灘、礁岩、石礫地與消波樁上皆可見其蹤跡。

▼雙花蟛蜞菊的花期幾乎全年不斷，一整年都可以看到它鮮黃色的花朵。

雙花蟛蜞菊是海邊相當常見的菊科植物，匍匐蔓衍生長，無論沙灘、礁岩、石礫地、消波樁上都可看到它的身影。其花期全年不斷，幾乎一整年都可以看到它鮮黃色的花朵，由於其管狀花與舌狀花所組成的頭狀花序常兩兩相對而生，因而得名。

雙花蟛蜞菊是蟛蜞菊屬植物在臺灣海邊常見的原生種類，其次爲天蓬草舅，而一般在學校、公園或是住宅區常見的蟛蜞菊屬植物，則是引進且已經馴化的南美蟛蜞菊，又名「三裂葉蟛蜞菊」。雙花蟛蜞菊的葉片是臺灣這類植物中最爲寬大者，其葉形呈卵形，因此相當容易與其他種類分別。

雙花蟛蜞菊爲典型多年生海濱植物，莖節匍匐向四方伸展，枝葉能覆蓋海灘上的沙粒，根部能固定泥沙與海濱植物的枯枝落葉，許多居住在海邊的人常會在房子周圍廣植雙花蟛蜞菊以減少飛沙。雙花蟛蜞菊不懼烈日狂風，匍匐向海洋的方向前進，在未曾有植物生長的土地開疆闢土，可與馬鞍藤、濱刺麥等植物並列爲沙灘上的前鋒部隊。

▶瘦果多呈 3-4 角形，初呈黃綠色，成熟後轉為棕褐色。

▲雙花蟛蜞菊在海岸邊常蔓生占據成片，春夏是盛花期。

蘄艾

Crossostephium chinense (L.) Makino

科名｜ 菊科 Asteraceae

英文名｜ Chinese Wormwood

別名｜ 海芙蓉、玉芙蓉、淡芙蓉、芙蓉菊、芙蓉、千年艾、香菊、白石艾、木百香

原產地｜ 東北亞、菲律賓

形態特徵

多年生亞灌木，具強烈芳香味，密被粉白色絨毛。葉厚質，狹匙形至倒卵披針形，全緣或 3-5 裂，先端鈍，葉基下延，兩面密被粉白色絨毛。盤狀頭花，總狀排列；總苞半球形，被絨毛，苞片 3 層；邊花雌性，花冠管狀；心花兩性，花冠管狀。瘦果長橢圓形，具 5 稜。

地理分布

中國大陸南部、臺灣及琉球。臺灣主要分布於南部、離島之珊瑚礁岩及北部、東部的海濱峭壁。野生種稀有罕見且受到威脅，目前所見植株大多是栽培來觀賞及藥用。

◀蘄艾在珊瑚礁岩上生長，宛如天然的盆栽。

蘄艾是臺灣海岸的原生植物，由於深受人們喜愛而多遭採摘，目前野地族群已經相當少見，反倒是在海邊人家的菜園或盆栽中較爲常見。

蘄艾通常生長於岩縫中，遠望時，多分歧的枝條上覆蓋著兩面被灰白色絨毛的羽狀裂葉片，形成圓形灌叢，十分搶眼，令人過目不忘。此外，其不僅葉色特別，更具有濃郁香氣，在過年前後，可見毛茸茸的頭狀花序排列成圓錐形，寒冬中，灰白色的植株點綴著點點黃花，充滿喜氣。花後結果，黃色瘦果頂端覆有冠毛，可隨風散布。

蘄艾是很重要的民俗植物，它和海邊居民之間的故事多到聊不完。由於外形優雅，經常栽種於牆角或屋簷下，作爲盆栽觀賞植物。此外，蘄艾也和艾草一樣，常被視爲趨吉避凶的植物。每當小孩生病、照顧不順時，鄉間居民會將其枝葉泡於水中給小孩洗滌或飲用，據說這種「芙蓉水」具有除穢功用。此外，一般老人家喜歡把它插在髮稍以除髮垢，甚至探病或到野地時也會摘其葉片放在身上作爲避邪之用。不管上述眞實性如何，其濃郁的芳香總是令人感到心情舒緩。此外，蘄艾又稱海芙蓉，是相當有名的藥草，據傳有解毒、固肺、治刀傷等功能。

菊科

▲蘄艾頭狀花序。

▲礁岩上匍匐生長的蘄艾族群。

▲蘄艾成熟瘦果。

鯽魚膽

Pluchea indica (L.) Less.

科名 | 菊科 Asteraceae　　**英文名 |** Indian Pluchea

別名 | 闊苞菊、冬青菊、臭茄冬　　**原產地 |** 太平洋地區

形態特徵

亞灌木，多分枝，初時密被細毛，後變光滑。葉近無柄，互生，厚紙質，倒卵形，牙齒狀鋸齒緣。盤狀頭花多於莖頂成繖房狀或圓錐狀排列；總苞片覆瓦狀排列；頭花邊花多，雌性，可稔，花冠毛細管狀；心花數目少，兩性，僅雄蕊可稔。瘦果四至五角柱形，有縱溝，被疏剛毛狀冠毛。

地理分布

印度、泰國、中南半島、中國大陸南部、日本、菲律賓、馬來西亞、澳大利亞北部及夏威夷，通常分布於半鹹水沼澤。臺灣主要分布於西南部雲嘉南海濱地區之紅樹林與半鹹水沼澤地，從屏東、高雄、小琉球、恆春、臺東等地海岸亦可見，或低海拔白堊質較高的惡地形地區。

▲生長於木麻黃海岸防風林旁的鯽魚膽。

鯽魚膽是菊科闊苞菊屬植物，菊科植物成員眾多，大多是草本，而鯽魚膽卻可成長爲灌木狀，相當特別。此外，由於鯽魚膽爲多年生植物，於冬季時依然長青，因此又名「冬青菊」。

在臺灣島上，最容易見到它的地方是在雲林、嘉義、臺南沿海地帶，而高雄、屏東、臺東海岸與小琉球等地亦有分布。另外，在一些遠離海岸而白堊質較高的惡地形地區，也能見到它的蹤跡。臺灣西南部海邊地區的廢棄魚塭、荒地或是木麻黃海岸林下環境，因受海風與感潮水域的影響使得土壤含鹽分高，只有少數植物種類可以生長，鯽魚膽就是其中之一，或於荒地群集遍生，或孤立於魚塭角落的土堤邊。

鯽魚膽常有許多側枝向上斜出。倒卵形、厚紙質的葉子近乎無柄，先端鈍，基部銳或楔形，邊緣具尖凸狀鋸齒，春夏間開花，花朵爲粉紅色或淡紫色，頭狀花序卵形，由中央的兩性管狀花與周圍的雌性舌狀花所組成。夏、秋間果熟，毛茸茸的淡黃色果序在烈日下變得蓬鬆，等待起風時，隨風飄送。

▲這是與鯽魚膽相似的光梗闊苞菊，其葉細長無葉柄，可藉此特徵來區別這兩種植物。

▲鯽魚膽的葉片有著牙齒狀的鋸齒緣。

▲鯽魚膽飛散的果實，有了羽毛狀的冠毛便可隨風飛揚長征各地。

小刺山柑

Capparis micracantha DC. var. *henryi* (Matsum.) Jacobs

科名 | 山柑科 Capparaceae **英文名 |** Henry Caper

別名 | 長刺山柑、亨利氏山柑、山柑仔 **原產地 |** 東南亞、臺灣

形態特徵

小灌木，枝條具刺。葉互生，硬革質，長橢圓形，先端圓或漸尖，基部具 2 枚托葉退化成的刺。小花數朵密生於葉腋；花瓣及花萼各 4 枚；雄蕊多數不等長。漿果球形長約 2-5 公分，果皮粗厚。

地理分布

緬甸、泰國、馬來西亞等東南亞地區及臺灣。臺灣分布於南部濱海灌叢及低海拔次生林。

▶小刺山柑分布於南部濱海的次生灌叢中。

▲小刺山柑細長的花絲比花瓣還長，而花瓣初開之際為淡黃色，後轉為胭脂般的赭紅色。

在臺灣南部靠海地區的次生林內，渾身深綠色的小刺山柑並不惹眼，枝條向外伸展或水平或略爲向上，下垂的葉片成排依序串掛著，樹體略成圓柱形。

然而，春季小刺山柑的花期一到，它便成爲林中的小明星。腋生的花序有1至數朵小花，小花輪番綻放。4枚花瓣二平伸、二直立，平伸的花瓣顏色潔白，直立的花瓣則像是豎起兩隻長長的耳朵，初開之際是淡黃色，後轉爲胭脂般的赭紅；細長的花絲比花瓣還長，突出花朵之外像煙火般，十分美麗。

小刺山柑葉子基部有兩根細刺，爲托葉變化而來；硬革質的葉片上有層厚厚的蠟質，可耐乾旱並減少水分的蒸發，因此小刺山柑在海岸次生灌叢的環境裡相當常見。此外，它花開時也是諸多昆蟲的蜜源，許多粉蝶科如黑點粉蝶、端紅蝶的幼蟲會取食小刺山柑葉片，有小刺山柑的地方即爲觀察昆蟲的好地方。

▲小刺山柑腋生的花序。

▲小刺山柑成熟的大漿果，果皮木質粗厚。

▲小刺山柑枝條上的刺為托葉變化而來。

蘭嶼山柑

Capparis lanceolaris DC.

科名｜ 山柑科 Capparaceae　　**英文名｜** Lanyu Caper

別名｜ 蘭嶼風蝶木　　**原產地｜** 東南亞、南太平洋及臺灣

山柑科

形態特徵

蔓性灌木，小枝條上常具彎刺。葉革質，長橢圓形。繖形狀花序腋生；花瓣5，黃白色。漿果球形肉質，熟時黑色。

地理分布

分布菲律賓、馬來西亞、印尼、新幾內亞、澳洲等地。臺灣僅見於蘭嶼。

▶蘭嶼山柑多見於海岸峭壁或岩縫中生長。

▲蘭嶼山柑潔白的花，一朵朵輪流綻放。

蘭嶼裸實

Maytenus emarginata (Willd.) Ding Hou

科名｜ 衛矛科 Celastraceae

英文名｜ Taiwan Mayten

別名｜ 紅頭裸實

原產地｜ 斯里蘭卡、東南亞、澳洲、臺灣

形態特徵

矮灌木。葉互生，卵形至廣卵形，疏鋸齒緣，葉柄常為紅色。聚繖花序腋生；小花白色；雄蕊插生於花盤上；花柱短，3裂。蒴果成熟後裂為3瓣。種子具假種皮。

地理分布

分布於南太平洋至澳洲。臺灣分布於臺東及蘭嶼。

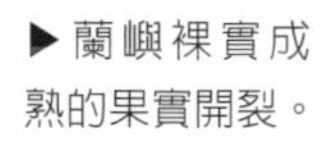

◀與北仲明顯不同之處在於花序，蘭嶼裸實的小花梗細長，花序為二叉分歧的聚繖花序。

▶蘭嶼裸實成熟的果實開裂。

▲蘭嶼裸實厚實而油亮的葉片。

北仲

Maytenus diversifolia (Maxim.) Ding Hou

科名 | 衛矛科 Celastraceae

英文名 | Thorny Gymnosporia

別名 | 刺裸實

原產地 | 東亞

形態特徵

灌木；小枝常具枝刺。葉多互生，革質，倒卵形，圓齒狀緣，近無柄。聚繖花序；花兩性，偶單性；花萼5裂；花瓣5；雄蕊5，於花盤邊緣或下方；子房3-4室。蒴果4室，2瓣裂。

▲種子基部為假種皮所包。

地理分布

泰國、中南半島、菲律賓、中國大陸南部及琉球。臺灣主要分布於南部及東部沿海，也見於低海拔開闊地。

▲全身長滿棘刺的北仲，生長於突出岩塊、坍塌地等強風環境。

▲花盤上的密腺吸引昆蟲前來覓食。

▲即將成熟的蒴果，外形似愛心狀。

海桐

Pittosporum tobira (Thunb.) W. T. Aiton

科名｜ 海桐科 Pittosporaceae

英文名｜ Tobira Pittosporum, Japanese Pittosporum

別名｜ 海桐花、七里香

原產地｜ 東北亞

形態特徵

常綠大灌木，枝條平滑。葉具柄，革質，倒披針形，叢生枝端，先端鈍或圓頭，基部銳形，全緣稍反捲，葉表深綠色，具光澤。圓錐花序，頂生；花黃白色，具芳香；花瓣 5。蒴果球形，蒴片 3；種子紅紫色，具黏膠質，8-15 顆。

地理分布

分布日本、韓國至琉球、中國江蘇、浙江及福建。臺灣分布於全島沿海地區。

▲嫩芽新吐的海桐，葉子基部各有一片托葉。

▲匍匐生長在臨海面風山坡的海桐。

▲海桐常被作為庭園美化植栽之用。

▲海桐的蒴果呈球形，具 3-4 片蒴片。

鈕仔樹

Conocarpus erectus L.

科名 | 使君子科 Compretaceae　**英文名 |** Buttonwood

別名 | 銀葉鈕扣樹　**原產地 |** 熱帶美洲、西非

使君子科

形態特徵

落葉喬木或灌木，分枝多。單葉互生，卵形至披針形，兩面被密或疏絹毛，葉基下延處有兩枚腺體。圓錐狀頭狀花序頂生，雌雄異株；無花瓣。堅果能浮於水面散播。

地理分布

原產於熱帶美洲與西非之紅樹林中。臺灣引進作為海濱地區綠美化植栽。

▲鈕仔樹在臺灣引進作為分隔島或行道樹灌木使用。

▲鈕仔樹的圓錐狀雄花序，小花無花瓣。

▲鈕仔樹的葉片兩面均被白色絹毛。

欖李

Lumnitzera racemosa Willd.

科名｜ 使君子科 Combretaceae

英文名｜ Lumnitzera

別名｜ 灘疤樹

原產地｜ 泛熱帶分布

形態特徵

常綠小喬木或灌木，單葉，互生，肉質，匙形或倒卵形，密生於枝端，全緣或波狀齒緣，先端圓形或凹形，基部楔形，無托葉。總狀花序，兩性，腋生；基部小苞片 2，宿存；萼筒形，5 裂，裂片三角形，宿存；花瓣卵狀長橢圓形，白色；雄蕊 10，2 排；子房下位，1 室。核果長橢圓狀。

地理分布

非洲、亞洲、澳洲熱帶至太平洋諸島、琉球。臺灣分布於臺南、高雄沿海紅樹林中。

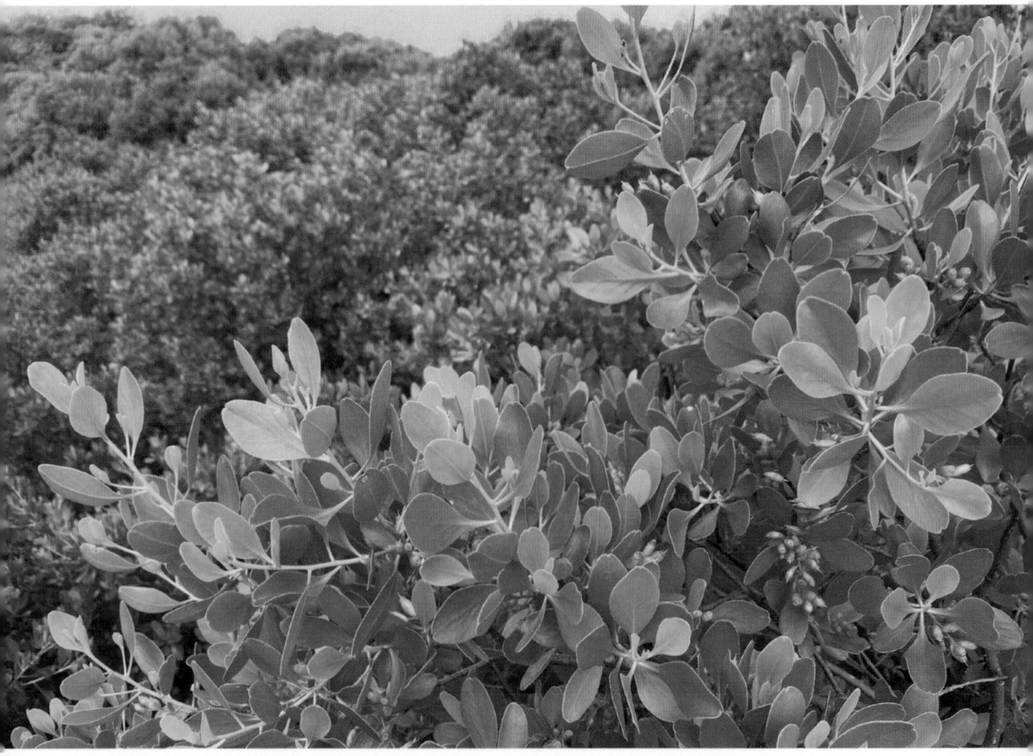

▲欖李是生長在臺灣西南海岸的海灣、河口等沿海溼地的紅樹林植物。

欖李生長在西南海岸的海灣、河口等沿海溼地，是紅樹林植物中最能適應陸地一般環境的樹種。海岸溼地土壤通氣性差，欖李的根部有時會呈屈膝狀露出地面幫助呼吸。厚實倒卵形的肉質葉片密集地生於枝條頂端，葉片先端凹成心形，小巧可人。雪白的花朵於初夏盛開，花瓣5枚，往往形成美麗的花海樹景。花後，花朵基部膨大為果實，長橢圓形的核果掛滿枝條，隨風搖曳。果實成熟後落下，隨著潮水、洋流漂浮，尋覓適合安家的處所。

欖李的數量不多，最大的分布族群就在臺南市曾文溪南岸至四草一帶，與海茄冬、紅海欖、土沉香等共組成紅樹林。百年來，隨著臺灣海岸溼地的開發，許多紅樹林樹種的數量逐漸減少。近年來隨著鄉土樹種與溼地生態受到社會大眾所重視，因樹形美觀、花朵繁密，可供觀賞，木材堅重緻密，經久不壞，可製各種小型器具，使得欖李成為海岸地區重要的綠化樹種，並兼具提供蝴蝶等昆蟲蜜源食物的重要功能。

▶長橢圓形的核果掛滿枝條，隨風搖曳。待成熟後落下，即可隨海水漂浮，尋覓適合的新家。

▲初夏盛開的雪白花朵，花瓣 5 枚，往往形成美麗的花海樹景。

椴葉野桐

Mallotus tiliifolius (Blume) Müll. Arg.

科名| 大戟科 Euphorbiaceae

英文名| Basswood Leaved Mallotus

別名| 臺灣野桐

原產地| 東南亞、新幾內亞、澳洲

形態特徵

灌木。小枝、葉及花序被絨毛狀星狀毛。單葉對生或互生，卵心形至闊卵形。雄花序總狀。蒴果被毛及短硬刺。

地理分布

中國南部、菲律賓至蘇門答臘、新幾內亞與澳洲北部等地。見於低地森林，紅樹林沼澤地邊緣、或者海岸林林緣，臺灣僅分布於南部地區。

▲椴葉野桐局限分布於南部的海岸灌叢林內。

▲雄花頗似在天空中綻放的煙火。

▲雄花序在闊卵形葉片旁顯得相當嬌小。

▲果皮上有明顯短刺。

蘭嶼土沉香

Excoecaria kawakamii Hayata

科名 | 大戟科 Euphorbiaceae

英文名 | Kawakami Excoecaria

別名 | 川上氏土沉香

原產地 | 綠島、蘭嶼

形態特徵

灌木，全株具乳汁。單葉互生，常集中生於莖頂，革質，倒卵狀披針形。雌雄異株，穗狀花序頂生，數個花序簇生，花單性。蒴果 3 裂。

地理分布

臺灣特有種。僅見於臺東綠島及蘭嶼。

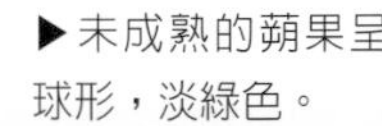

▶未成熟的蒴果呈球形，淡綠色。

▲雄花序。

▲雌花序。

綠珊瑚

Euphorbia tirucalli L.

科名｜ 大戟科 Euphorbiaceae

英文名｜ Pencil Plant, Rubber-hedge Euphorbia

別名｜ 鐵樹、綠玉青、龍骨樹

原產地｜ 東非、印度

形態特徵

直立灌木或小喬木，具白色乳汁，枝條多分歧，常無葉，綠色枝條圓形，可代替葉片行光合作用，肉質且脆弱易斷。葉生於枝端，早落，細小且無柄。花單性，密生於枝頂或節上。蒴果，種子黃色。

地理分布

原生於非洲東北、中部、南部及周圍島嶼。過去南部家戶種植，後歸化於野。偶見於南部、恆春半島、小琉球及澎湖的海濱沙礫地。

▲枝條頂端可見綠珊瑚新生的葉片，很快就會掉落。

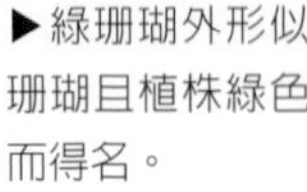

▶綠珊瑚外形似珊瑚且植株綠色而得名。

老虎心

Guilandina bonduc L.

科名| 豆科 Fabaceae　**英文名|** Nicker Nut Caesalpinia,Marble Bean

別名| 鷹葉刺、刺果蘇木、內葉刺　**原產地|** 泛熱帶地區

豆科

形態特徵

多年生木質藤本，全株具刺。二回偶數羽狀複葉，葉具 6-11 對羽片，每 1 羽片具 6-12 對小葉；小葉卵形或橢圓形，先端圓或銳狀，托葉羽裂，宿存。總狀花序，腋生；萼片 5 深裂；花盤位於底部；花瓣具明顯花柄，黃色；雄蕊 10，離生。莢果長橢圓形，扁平，被細刺，具喙。種子球形，可海漂傳播。

地理分布

泛熱帶地區。臺灣分布於全島海濱灌叢林及綠島、蘭嶼等地。族群十分稀少。

▲全身充滿細刺的果實。老虎心的種子灰白如石，光滑潤澤。

▲蔓性四處攀爬的老虎心在海邊叢生於一方。

▲老虎心直立的圓錐花序，花呈黃色。

▲花朵有黃色花瓣，龍骨瓣上有雲狀的紅色斑塊。

澎湖決明

Senna sophera var. *penhuana* (Y. C. Lu & F. Y. Lu) S.W.Chung

科名｜ 豆科 Fabaceae　　**英文名｜** Penghu Senna

原產地｜ 澎湖

形態特徵

傾伏性灌木，全株光滑。偶數羽狀複葉，小葉 5 至 7 對，橢圓形，先端圓鈍，小葉柄極短。繖房花序，具 6 至 8 朵小花；花黃色。莢果短圓柱形，光滑，熟時深棕色。

地理分布

僅產於澎湖，臺灣澎湖之特有變種。

▶澎湖決明的果莢是長而圓筒的形狀。

▲偶數羽狀複葉，繖房花序，花黃色。

搭肉刺

Caesalpinia crista L.

科名｜ 豆科 Fabaceae

英文名｜ Wood Gossip Caesalpinia

別名｜ 南天藤、臺灣雲實、假老虎簕

原產地｜ 熱帶亞洲

形態特徵

攀緣性灌木，枝條有刺。二回偶數羽狀複葉，具葉枕，羽片 2-5 對；羽片具小葉 2-4 對，小葉近對生，卵形至披針形。大型圓錐狀之總狀花序。花瓣黃色，龍骨瓣常有紅斑；雄蕊 10 枚，花絲分離。莢果無刺，尾端喙狀，內常見種子一粒。

地理分布

印度、馬來西亞、中國大陸、琉球群島及日本。臺灣分布於全島近海灌叢中。

▲搭肉刺的蝶形花有 10 枚雄蕊。

▲扁圓狀的果莢，內具一粒種子。

▲搭肉刺具倒鉤刺，是行走於海岸林時最惱人的植物。

白木蘇花

Dendrolobium umbellatum (L.) Benth.

科名 | 豆科 Fabaceae

英文名 | Horse Bush

別名 | 白古蘇花、傘花假木豆、蝴蠅翅

原產地 | 泛熱帶地區

形態特徵

多年生灌叢或小喬木。三出複葉，互生，頂小葉橢圓形。花白色。莢果，3-5節，節間收縮。

地理分布

廣泛分布於非洲、澳洲、太平洋島嶼、波里尼西亞、印度、錫蘭、馬來半島、臺灣及琉球。臺灣分布於恆春半島及蘭嶼、綠島等開闊地。

▶白木蘇花在海濱地區為小灌木生長型，呈匍匐狀生長。

▲白木蘇花枝條柔軟下垂。

豆科蝶形花亞科除了特殊且漂亮的蝶形花構造之外，因雄蕊花絲基部合生情形而有單體或二體雄蕊之分：單體雄蕊的花絲全部合生，二體雄蕊則有5+5或者9+1分成兩束的合生方式。白木蘇花的花爲純白色，繖形花序上約有10來朵花，小花花梗短，密集生長於短花序上，花序長度僅相當於一片小葉的長度；雄蕊基部合生爲單體雄蕊，僅花絲頂端分開。

白木蘇花的根大多數具根瘤菌，可供綠肥或牧草用。最特別的是鐮刀形的莢果帶著細長的尾尖，一般有4-5節，種子與種子之間的果皮有橫斷線，此種莢果又稱爲「節莢果」。當莢果的顏色由淺綠轉爲黃褐色，就是熟成的時候。果莢成熟後並不會爆開將種子彈出去，而是從果莢尾端，讓包裹著果皮的種子一枚枚依序掉落，然後隨風或水流傳播。

豆科

▶果莢成熟後會一枚枚依序斷落。

▲白木蘇花的繖形花序。

毛苦參

Sophora tomentosa L.

科名｜ 豆科 Fabaceae

英文名｜ Necklace Pod, Yellow Necklacepod

別名｜ 嶺南槐樹

原產地｜ 泛熱帶地區

形態特徵

灌木，全株密布白色柔毛。一回奇數羽狀複葉，小葉卵形。總狀花序，頂生；花鮮黃色，花瓣 5，蝶形；雄蕊 10。莢果，豆莢種子與種子間收縮成念珠狀。種子 6-8 顆。

地理分布

廣泛分布於熱帶地區，菲律賓、琉球、馬來西亞、印尼、澳洲等地。臺灣分布於臺東三仙臺、恆春半島及綠島、蘭嶼等地。

▲毛苦參生長在海岸林前緣的灌叢地帶。

毛苦參生長於海岸林前線，水芫花灌叢之後，是屬於海岸植群過渡帶植物，目前在臺灣屬於稀有植物，分布僅局限於恆春半島貓鼻頭至鵝鑾鼻之間、臺東三仙臺與綠島等地的珊瑚礁岩上，由於野外族群數量相當稀少，因此小苗也不常見。植株每年結實量雖然不少，但因常遭昆蟲蛀食或是小苗成長環境不佳，所以族群數量有逐漸下降的趨勢。

念珠狀的果實是豆科植物當中少見的莢果種類，種子與種子之間的果皮皺縮，讓整個果莢看來像是一串念珠。成熟時莢果由綠轉爲褐色，不會開裂，裡頭約有6-8粒渾圓的種子，但大多數的種子常被蟲咬食；豆科植物種子含有豐富營養的蛋白質，因此易受昆蟲啃咬產卵以育養下一代。

▲毛苦參直立的總狀花序。

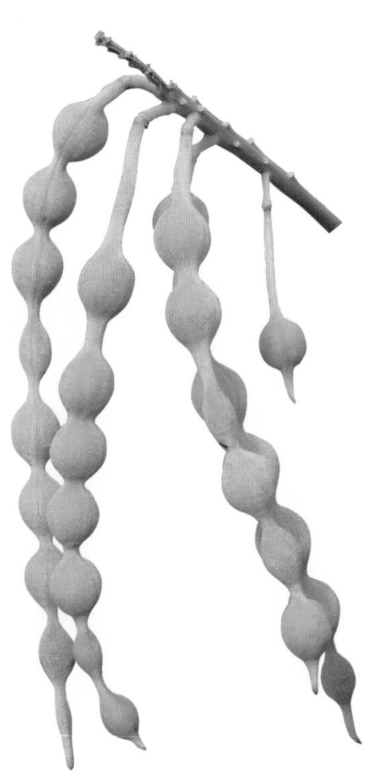

▲成串念珠狀的果莢。

小葉魚藤

Millettia pulchra Kurz. var. *microphylla* Dunn

科名 | 豆科 Fabaceae

英文名 | Taiwan Little-Leaf Tree Millettia

別名 | 小葉木蕗藤、小葉雷藤、牡丹崖豆藤

原產地 | 恆春

形態特徵

灌木。羽狀複葉，小葉13-19片，長橢圓狀披針形，葉背絨毛。總狀花序腋生，小花紫紅色至淡紅色，雄蕊10，二體雄蕊。豆莢扁平。

地理分布

臺灣特有變種，僅分布於恆春半島地區。小葉魚藤已知的採集記錄皆局限於恆春半島東海岸，分布局限。

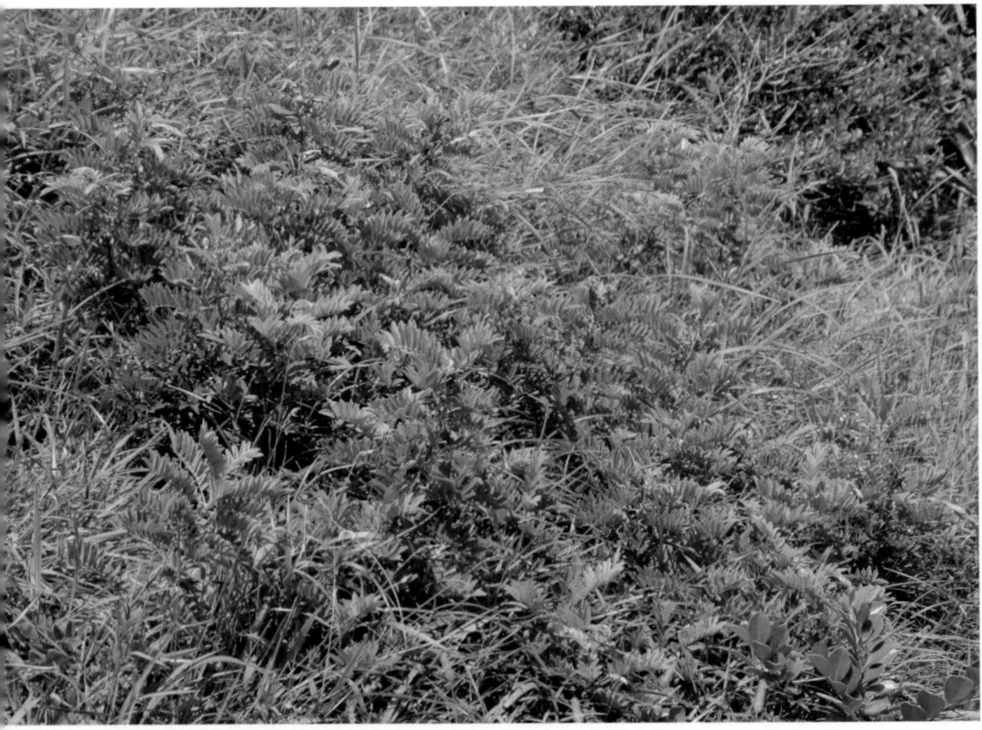

▲小葉魚藤生長於面海的山壁上。

臺灣之特有變種，目前採集僅記錄於佳樂水面海山壁的草原上。屬於局限分布，該生育地上族群數量不少，小苗更新狀況良好。現在園藝市場亦見觀賞利用，花期長，容易栽培照養。

▶果莢成熟將由綠轉為褐色。

▲小葉魚藤盛開的花朵。

蘭嶼木藍

Indigofera zollingeriana Miq.

科名｜ 豆科 Fabaceae

英文名｜ Zollinger's Indigo

別名｜ 蘭嶼胡豆、紅頭馬棘、尖葉木藍

原產地｜ 東亞、東南亞

豆科

形態特徵

直立大灌木。一回奇數羽狀複葉，小葉 9-13，葉長橢圓或披針形，全緣。總狀花序腋生；小花深紅色。莢果長線形。種子 10-20 顆。

地理分布

馬來西亞、中國大陸、菲律賓、印尼、琉球。臺灣分布於東部、恆春半島及蘭嶼。

▶蘭嶼木藍屬於海岸灌叢林的樹種。

▲直立的總狀花序腋生。

▲未成熟的果莢。

濱槐

Ormocarpum cochinchinense (Lour.) Merr.

科名| 豆科 Fabaceae

別名| 鍊莢木

英文名| Cochi-Chia Ormocarpum

原產地| 熱帶非洲、亞洲

形態特徵

小灌木。奇數羽狀複葉互生，小葉 9-17 枚。蝶形花腋生，花瓣上具有網狀紫紅色條紋；雄蕊 10 枚。莢果長條形，具 2-4 節，成熟不開裂。

地理分布

廣泛分布熱帶非洲及亞洲地區。臺灣目前見於基隆、綠島及蘭嶼等海岸地區。

▶未成熟的豆莢。

▲蝶形花瓣上具有特殊的網紋。

草海桐

Scaevola taccada (Gaertner) Roxb.

科名｜ 草海桐科 Goodeniaceae

英文名｜ Sea Lettuce Tree, Beach Cabbage

別名｜ 海蓪草、海桐草、水草

原產地｜ 泛熱帶地區

形態特徵

常綠直立灌木。葉薄肉質，倒披針形或匙形，叢生枝端，全緣、略缺刻緣或齒緣，多反捲成半圓筒狀，無托葉；葉光滑無毛，或有密滿絨毛。花兩性，單生或成聚繖花序；萼與子房合生，5 裂；花冠半圓形，白色帶粉紅，多 5 裂，僅具 1 唇片；雄蕊 5，與花冠裂片互生。蒴果橢圓形，肉質，熟時白色。

地理分布

原產日本、東南亞、太平洋諸島、馬達加斯加島及澳洲。臺灣分布於海岸地區。

▶在海邊匍地生長的草海桐。

▲莖枝粗大叢生，葉片全緣形似湯匙，集中生長於枝條頂端。

草海桐是泛熱帶分布的海岸植物，從非洲東岸的馬達加斯加島、澳洲、太平洋諸島、臺灣、日本、東南亞等地都有分布，臺灣主要分布於全島的海岸地區，通常在珊瑚礁岩與沙灘上生長。

草海桐爲常綠灌木，莖枝粗大叢生，莖上常有環狀的葉子脫落痕跡；肉質葉片全緣形似湯匙，集中生長於枝條頂端，在陽光下會閃閃發亮。夏季時，花序自葉腋生出，白色的半圓形花冠造型特殊，帶著黃斑和紫暈，不尋常的左右對稱，像被頑童撕去一半的殘破花朵，又似年輕女孩被風吹皺的裙襬。花後，裙襬變成一粒粒剔透飽滿的小白球，嚐起來多汁又甘又苦，是海邊小孩免費的零嘴。

草海桐爲典型海岸植物，表皮披覆著厚厚的蠟質，像是人們在陽光下塗抹的防晒油，不但可以減少陽光的傷害，也可避免海風帶來的鹽害並防止水分過度蒸散。此外，草海桐果實質量輕，可漂浮在海上以順著海流開疆拓土。

草海桐植株優美，耐鹽、耐風、抗旱性佳，可防風、定沙，近年來廣受歡迎，許多海岸路段、休閒漁港、海濱遊樂區都種植了這個樹姿光亮潔淨的綠化原生樹種。

▲半圓形的白色花冠造型相當特殊，且又有黃斑和紫暈的陪襯。

▲草海桐也有純白的半圓形花冠。

▲花後轉為一粒粒剔透飽滿的小白球，具有多汁的果肉。

海南草海桐

Scaevola hainanensis Hance

科名｜ 草海桐科 Goodeniaceae

英文名｜ Hainan Naupaka

別名｜ 細葉草海桐、姬草海桐

原產地｜ 臺灣、中南半島、海南島

形態特徵

匍匐性肉質灌木，節上生根。葉互生或近叢生，肉質，線狀匙形，全緣，無托葉。花兩性，單生或聚繖花序；萼與子房合生，5 裂；花冠半圓形，粉紅色，後變白色，多 5 裂；雄蕊 5，與花冠裂片互生；子房下位或半下位。蒴果圓形，肉質，熟時紫黑色。

地理分布

臺灣、中南半島及海南島。臺灣目前僅知在臺南海邊尚存少量族群，相當稀有，臺江國家公園復育種植於遊客中心周邊。

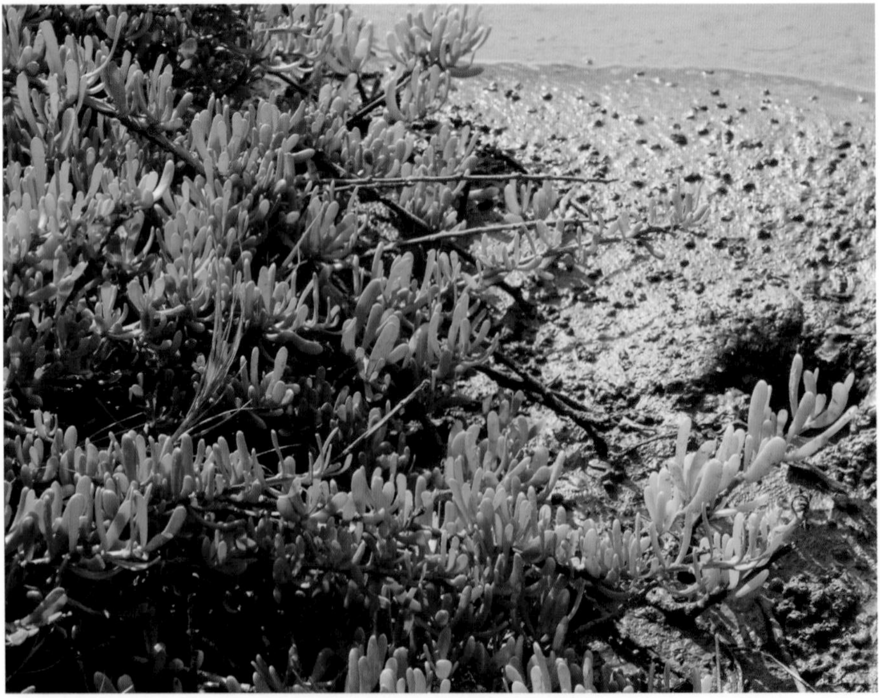

▲植株匍匐生長，葉片多肉常綠，可生長在水位變動大的環境下。

海南草海桐在臺灣是相當稀有的海濱植物，目前野生族群僅知分布於臺南海邊鄉下一處公墓中，該地有通往大海的溪溝，溪溝中的水隨著海水的漲退潮而變動，住著一些半鹹水的魚和螃蟹，海南草海桐沿著溪溝生長。根據以往的文獻記載，從前海南草海桐在臺灣的分布並不是像今天這麼狹隘，然而經過臺灣島上居民辛勤地屯墾後，某些物種變得更稀有了，海南草海桐的子嗣殘存於人們沒事不會想去的地方，鬼魅的傳說或饑渴的蚊蟲對它們無礙，反而提供了最安全的處所。

海南草海桐倒披針形多肉質的葉叢生於平臥的莖枝上，常蔓延成一整片，在汙黑的泥灘地上更顯得潔淨亮麗。春夏之間，小巧的白色花朵悄然開放，藏於葉腋，和草海桐一樣爲左右對稱，5裂的花瓣邊緣剪裂狀且縫著紫邊，像是一件蓬蓬裙，初時淡紅紫色，後漸變成白色。果實多汁，成熟時會由綠色轉變爲黑色。

海南草海桐植株匍匐，葉片多肉常綠，頗具觀賞價值，是一種極佳的海岸防風、定沙及綠美化植物，值得推廣綠化。

▶成熟的果實多汁，成熟時黑色。

▲小巧的白色花朵悄然在春夏開放，和草海桐一樣為左右對稱。

海埔姜

Vitex rotundifolia L. f.

科名 | 唇形科 Lamiaceae

英文名 | Beach Vitex

別名 | 蔓荊、白埔姜、埔姜仔、單葉蔓荊

原產地 | 太平洋地區

形態特徵

多年生匍匐灌木，節上長根，幼枝被密毛。葉具柄，倒卵形或橢圓形，全緣，兩面密被短毛。圓錐狀聚繖花序，多頂生；花萼鐘狀，外被密毛；花冠二唇形，藍紫色，偶白色，兩側被毛；雄蕊 4，2 強，基部被密毛；子房 2-4 室，無毛；絲狀花柱，柱頭 2 裂。核果球形或卵形，包於宿存花萼內。

地理分布

東南亞、太平洋諸島、琉球、日本及中國大陸。臺灣分布於全島海濱沙地。

▲海埔姜成熟時採來作為枕頭的填充材料，具有安眠的效果。

海埔姜爲半落葉性蔓性灌木，又常被稱爲「海埔姜」，是臺灣海邊相當常見的植物，不論是在沙灘上、石礫堆、岩石縫，甚至是珊瑚礁岩上，都可以見到它的蹤影。

海埔姜全株密被白色柔毛，莖四方且堅韌，匍匐莖向四周延伸，節上生根以穩固植物體，使它能在強勁的海風下站得更穩。全緣寬闊的倒卵形葉片呈十字對生地排列，葉表密被短柔毛，摸起來有如絨布般細緻舒服的觸感。

春夏之交，海埔姜會開出淡紫色花朵，秀麗的合瓣花先端開展成5裂，花冠中探出兩長兩短的雄蕊，花朵與葉片相比算是大型醒目，花穗密集，花團錦簇的模樣讓人忍不住多看幾眼。夏末，花落果漸熟，花軸上掛滿一粒粒圓球狀的果實，初爲褐色，接著漸轉爲黑色，相當小巧可愛，其也就是俗稱的「海埔姜子」。

植株矮小的海埔姜常被認爲是草本植物，在海灘上若不經意地踩踏到它，會有一股強烈的氣味撲鼻而來，給人難以磨滅的印象。

據傳海埔姜葉與成熟果實（海埔姜子）晒乾後，加水煮開可當涼茶飲用，具有清涼解熱功效。夏末時見三兩婦女勤快收集果實，晒乾後作爲枕頭填充物。

▲全株密被白色柔毛，莖四方而堅韌。

▲偶爾可見開著潔白花朵的海埔姜。

◀成熟果實由褐色轉變為黑色。

▶淡紫色的合瓣花先端開展成5裂，花冠中探出兩長兩短的雄蕊。

苦林盤

Clerodendrum inerme (L.) Gaertn.

科名 | 唇形科 Lamiaceae

英文名 | Seaside Clerodendron

別名 | 苦藍盤、白花苦藍盤、許樹

原產地 | 太平洋地區

形態特徵

常綠蔓性灌木，幼枝被柔毛。葉十字對生或三枚輪生，橢圓或闊卵形，先端銳形，基部楔形，全緣，表面近無毛。聚繖花序腋生，具長總梗；苞片線形；萼片鐘形，邊緣具細齒；花冠白色帶紅暈，5 裂，裂片大小不一；花絲紫紅色，突出花冠。核果倒卵形。

地理分布

中國南部、緬甸、馬來西亞、澳洲、琉球及日本。臺灣分布於全島沿海地區及外島蘭嶼、綠島、小琉球和澎湖群島等地。

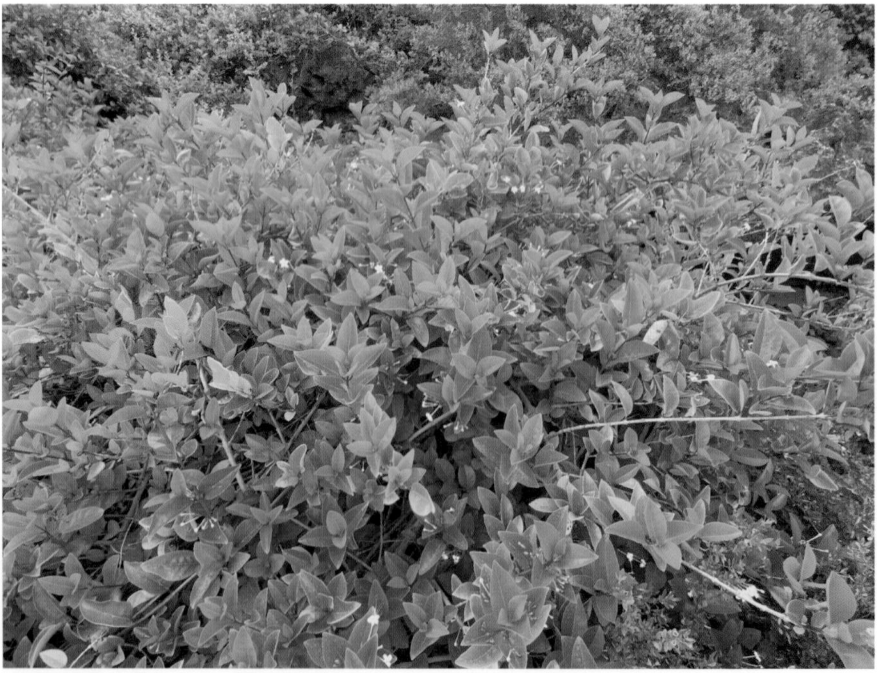

▲苦林盤葉片光滑潔淨、耐鹽、耐潮且抗風，是相當受喜愛的綠化樹種。

苦林盤爲唇形科海州常山屬的植物，別名「苦藍盤」，名稱與另一種海濱植物「苦檻藍」相近，卻比苦檻藍常見，普遍分布於海邊岩岸、沙地、紅樹林與泥灘地等各種環境，也出現於泥火山等惡地，是耐旱、耐鹽性很強的攀緣狀灌木。

花期主要在夏季，常3朵花叢生爲腋生的聚繖花序，修長的高杯狀白色花冠帶著點暈紅，頂端5裂，相當雅致，4枚雄蕊與1枚雌蕊探出花冠外，白色小花配上細長紫紅色的花絲，隨風搖曳，總是特別能抓住路人的目光。秋季，花化爲果，倒卵形的核果底部包著宿存的萼片，形狀像是鑲在燈座上的燈泡，初時綠色，成熟後則爲黑色。

苦林盤葉片光滑潔淨、呈灌木狀叢生，花朵秀麗、耐鹽、耐潮且抗風，近年廣受喜愛，被當成海岸地區或沿海溼地的綠化樹種，常被栽植成綠籬狀，堅韌又美麗。

▶倒卵形的核果底部包著宿存的萼片，形狀就像鑲在燈座上的燈泡。

▲苦林盤白色小花搭配細長紫紅色的花絲，隨風搖曳，特別引人注目。

三葉蔓荊

Vitex trifolia L.

科名｜ 唇形科 Lamiaceae

英文名｜ Simpleleaf Chastetree, Common Blue Vitex

別名｜ 三葉埔姜、三葉牡荊

原產地｜ 東非、印度、南太平洋、琉球及臺灣

唇形科

形態特徵

半落葉性灌木，可高達 4-5 公尺，或匍匐於地生長；枝條 4 稜，嫩枝葉有白色柔毛，味道芳香。葉對生，有長柄，常見三出複葉，單葉常見於花序下方，小葉橢圓，先端鈍尖，葉背灰白。頂生複聚繖花序，小花短柄，淡紫色花冠，唇瓣有白斑和細毛。核果球形，花萼宿存包覆於果實基部。

地理分布

廣泛分布於熱帶的東非、印度、南太平洋、琉球及臺灣。臺灣見於西北部近海沙丘。

▲三葉蔓荊能長成高大的灌木，也能匍地生長。。

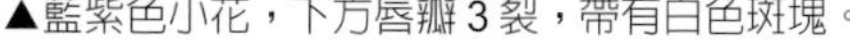

▲藍紫色小花，下方唇瓣 3 裂，帶有白色斑塊。

▲由綠轉黃，再變褐黑而成熟的核果，下半部由宿存花萼包覆著。

▲頂生複聚繖花序盛開，小花依序開著，像是薰衣草般的模樣。

水芫花

Pemphis acidula J. R. Forst. & G. Forst.

千屈菜科

科名｜ 千屈菜科 Lythraceae

英文名｜ Reef Pemphis

別名｜ 海梅

原產地｜ 熱帶亞洲、澳洲

形態特徵

灌木。單葉無柄，對生，厚肉質。花白色或略帶粉紅，單生或成對；花瓣 6，邊緣波浪狀；雄蕊 6，3 長 3 短，兩層排列。蒴果，果實與花萼筒癒合生長，形成蓋狀果實。種子有稜有角。

地理分布

熱帶亞洲及澳洲海岸地區，如：泰國、印度、斯里蘭卡、馬來西亞、緬甸、菲律賓等。臺灣則見於東海岸、恆春半島以及蘭嶼、綠島、小琉球等離島。

▲水芫花是礁岩海岸邊第一線的灌叢植物。

水芫花為珊瑚礁岩岸地區最前線的海岸植物，盤踞於岸邊岩石之上並日日受著澎湃的海浪侵襲，若無過人的本領也難以在該地區形成優勢，足見水芫花具可適應高鹽分及較鹼性環境的優勢條件。由於常受強風吹襲，因此水芫花總是低矮匍匐狀生長，頂芽也因風力而多磨損，分枝特別多。植株愈近海處身形愈矮小，且緊靠著礁岩呈叢狀生長。

密生的枝葉，有著白色茸毛的小巧葉片，加上白色花朵，優雅的水芫花常成為被盜採對象。水芫花生長於珊瑚礁岩縫，植株不易挖掘，珊瑚礁岩也各有獨特的造型，因此水芫花被盜採的同時，往往連同珊瑚礁岩也被破壞。其實水芫花利用種子繁殖十分容易，夏季時蒴果初轉為淡褐色時即可採集播種。

水芫花的果實為蓋果，種子生長於花萼筒所發育的果杯內，當果實成熟時，果蓋會開裂，種子非常輕，容易被風吹散而傳播出去。

▶果實成熟時，果蓋會開裂，細小的種子容易被風吹散出去。

◀即將成熟的種子生長於花萼筒發育的果杯內，花柱宿存於頂端。

▲白色梅形的花，一朵朵於海濱開著，因而有海梅之稱。

恆春金午時花

Sida rhombifolia L. subsp. *insularis* (Hatusima) Hatusima

科名 | 錦葵科 Malvaceae

別名 | 賜米草

原產地 | 臺灣、琉球、菲律賓

形態特徵

匍匐或向上斜生的小灌木。葉菱形、長菱形或長茅尖形，葉緣鋸齒狀，兩面被星狀毛，3-5出脈；托葉絲狀。花叢生或獨立之總狀花序；萼片5枚，萼被星狀毛；花瓣黃色；成熟心皮8-10，上端具2突尖或2芒刺。

地理分布

分布於臺灣北海岸、恆春半島與蘭嶼、琉球及菲律賓北部的巴丹島。

▶豔黃的花瓣尾端為不規則的波浪形。

▲分布於近海的草生地上，匍匐生長。

澎湖金午時花

紅皮書等級 LC

Sida cordata (Burm. f.) Borss.Waalk.

科名｜ 錦葵科 Malvaceae

英文名｜ Heartleaf Fanpetals Long-stalk Sida

別名｜ 長梗黃花稔、長梗金午時花

原產地｜ 臺灣、澎湖

形態特徵

匍匐或斜上亞灌木，被疏星狀毛。葉卵形或圓形，葉裂或不裂，齒緣，兩面被細毛。花腋生；萼片 5；花瓣黃色；心皮 5 或多，成熟心皮 5，上端無芒刺。

地理分布

分布於印度、斯里蘭卡、中國東南、中南半島、菲律賓等熱帶及亞熱帶地區。臺灣分布於全島及離島之海濱地區。

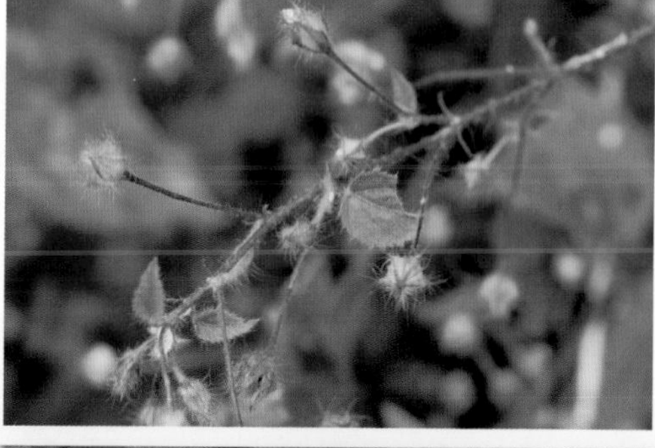

▶果實上密布長的芒刺。

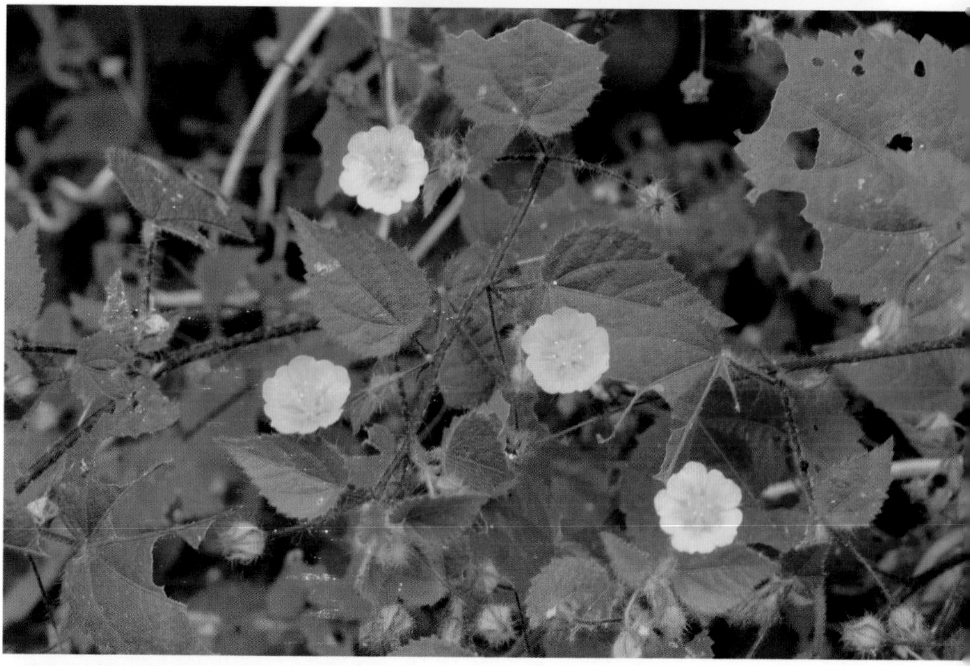

▲分布於近海的礁岩或草生地，葉片心形。

小葉捕魚木

Grewia piscatorum Hance

科名｜ 錦葵科 Malvaceae

英文名｜ Small-leaved Grewia

別名｜ 小葉扁擔桿子、海岸扁擔桿子

原產地｜ 臺灣、中國大陸、海南島

形態特徵

匍匐性低矮灌木，分枝多，小枝及葉面皆具星狀粗毛。葉柄短，小葉倒卵形，粗鋸齒緣，托葉細長。3朵小花簇生成聚繖花序；花乳白色，花瓣5，背部綠褐色，亦密布星狀毛；雄蕊多數。核果球形，1-4裂，熟時果皮皺縮，每1裂室具種子1顆。

地理分布

臺灣、中國大陸南部如福建及海南島。臺灣全島可見於近海丘陵與外島海岸等地。

▶小葉捕魚木通常生長於強風地帶並匍匐於地面。

屬名*Grewia*乃爲紀念英國植物形態解剖學家Nehemiah Grew而來；而*piscatorum*有「漁夫的」之意。

植株低矮生長於海灘後岸礁岩，也見於低海拔荒地或草原。枝條多分枝匍匐於礁岩上，星狀形的花朵比葉片大並布滿枝椏間，是相當典雅的海濱植物。在其他國家，本屬植物多樣的花色及星狀的花朵十分討喜，因此又稱star flowers，也常用來當作景觀植物。

◀核果發育1-4粒不等。

▲小葉捕魚木的花朵呈星狀。

凹葉柃木

Eurya emarginata (Thunb.) Makino

科名｜ 五列木科 Pentaphylacaceae

英文名｜ Shore Eurya

別名｜ 濱柃木

原產地｜ 東北亞

形態特徵

常綠小喬木或灌木，小枝圓形，被密毛，漸光滑。葉互生，革質，倒卵形或長橢圓狀倒卵形，先端圓，稀凸、凹頭，鋸齒緣，內捲；葉柄短；無托葉。雌雄異株；花腋生，單或2至3朵簇生，花小，綠白色。漿果球形，熟時紫黑色。

地理分布

分布於中國大陸中部、韓國、日本和琉球群島。臺灣僅見於北部海濱及蘭嶼。

▶凹葉柃木的葉緣為鋸齒緣且內捲；漿果球形，初為淡綠色，成熟為紫黑色。

▲在強勁海風吹襲下成為灌叢狀。

鵝鑾鼻蔓榕

Ficus pedunculosa Miq. var. *mearnsii* (Merr.) Corner

科名 | 桑科 Moraceae　　**原產地 |** 菲律賓、臺灣

形態特徵

常綠灌木或小喬木。葉互生，倒卵狀橢圓形，全緣，具 3 出脈。雌雄異株。榕果倒卵形，被短柔毛，具長柄，熟時暗紅或鐵鏽色。

地理分布

菲律賓。臺灣分布僅見於恆春半島東部珊瑚礁岩地區及綠島、蘭嶼海濱。

▶鵝鑾鼻蔓榕為雌雄異株的榕屬植物。

▲屬於隱花果的鵝鑾鼻蔓榕。

▲枝幹匍匐，葉片集中叢生於莖頂。

山豬枷

Ficus tinctoria G. Forst.

科名丨 桑科 Moraceae	英文名丨 Dye Fig, Humped Fig
別名丨 海榕、斯氏榕	原產地丨 太平洋地區

桑科

形態特徵

匍匐性灌木或喬木。葉互生，披針形至橢圓形，全緣，基部歪斜不對稱。幼時植株葉片密布粗毛，具稀疏粗鋸齒緣，葉表具白色斑點，與成熟植株葉形相當不同。隱頭果腋生，多成對生長，熟時扁球形，熟紅色。

地理分布

澳洲北部、太平洋群島、印尼、新幾內亞、菲律賓、海南島及臺灣。臺灣分布於高雄至恆春半島的海岸林中及蘭嶼、綠島等離島。

▶生長在礁岩上的山豬枷被強風塑形成一個美麗的造景。

種小名*tinctoria*是指具有染色用途，在大洋洲及印尼地區傳統上取山豬枷的果實作為紅色的染料，也被採集食用。

榕屬植物的果實靠具有專一性的榕果小蜂授粉，榕果小蜂是一種體型相當小的昆蟲，在海濱多風的環境中能夠為榕果授粉，是相當特別的演化結果。

山豬枷為臺灣南部海岸地區珊瑚礁岩塊的優勢植物，其生長的立地環境幾乎無土壤，發芽生長於岩縫間，然後不斷分枝匍匐生長攀附於珊瑚礁岩上。柴山及恆春半島的海邊岩塊或者高位珊瑚礁岩，山豬枷是優勢常見的種類。

恆春關山地區欣賞落日的景點「飛來石」上面即覆滿山豬枷植株，狀似一龜趴於岩石之上。

▶雌雄異株的山豬枷又稱斯氏榕，葉形及果實大小變異大。

▲岩縫中的山豬枷幼苗植株不僅密布短剛毛，幼葉上還有斑點。

腺果藤

Pisonia aculeata L.

科名 | 紫茉莉科 Nyctaginaceae

英文名 | Thorny Pisonia, Devil's Claws

別名 | 刺藤、腺果水冬瓜、避霜花

原產地 | 東亞

形態特徵

攀緣灌木，小枝多刺。葉對生或部分互生，倒卵狀橢圓形至橢圓形，葉背密被毛。繖狀聚繖花序，腋生；花單性，花小且密集，黃白色。果被宿存花萼所包，果長橢圓棒狀，5 稜，具黏性腺體。

地理分布

中國南部、臺灣、琉球、印度、馬來西亞與印度尼西亞等地。臺灣生長於海邊的灌木叢中及東部與南部的低海拔森林中。

▲屬於攀緣性灌木的腺果藤，常在開闊地或林緣形成一大叢。

▲腺果藤雌雄異株，雄花花藥白色，開放時好似滿天星星。

▲腺果藤之名來自成熟果實表面上的黏性腺體，其可沾黏在動物身上藉以傳播。

◀腺果藤的雌花，柱頭絲狀多裂，露出花冠筒。

林投

Pandanus odorifer (Forssk.) Kuntze

科名｜ 露兜樹科 Pandanaceae

英文名｜ Thatch Pandanus, Screw Pine

別名｜ 露兜樹、華露兜、假波羅、中華榮蘭

原產地｜ 太平洋熱帶地區

形態特徵

灌木或小喬木，莖高多分枝，具輪狀葉痕，基部具多數氣生根。葉長披針形，先端長銳尖，基部漸闊而成鞘狀，邊緣及中肋具尖銳鉤刺，螺旋狀叢生於枝端。雌雄異株，花序頂生，雌花序球形，外覆白色苞片，雄花序長穗狀，具披針形苞片，多分枝下垂。聚合果呈球形，熟時橙紅色。

地理分布

廣泛分布於太平洋熱帶地區，如東南亞、澳洲、波里尼西亞、中國大陸南方及臺灣。臺灣分布於全島海岸地區及離島。

▶以林投葉為棲地和食草的津田氏大頭竹節蟲，僅出現在恆春半島和綠島的海濱。

▲成熟的林投果高掛有如鳳梨長在樹上。

林投又稱為「露兜樹」，常綠性的大型灌木，幼時主莖不明顯，成長後植株呈半蔓藤狀，莖幹上具有許多氣根，可直接吸收空氣中水氣。而當這些氣根向下生長，進入土地後常粗大變成「支柱根」，漸漸向四周生長為一大片，並改變周邊微環境，能攔截海沙，並有遮蔭的效果，而有「海岸綠色長城」之美稱，是很好的防風定沙植物。

林投葉片以螺旋狀排列方式聚生在枝條頂端，葉片細長像是彎曲的劍，葉緣、葉背中肋布滿硬鋸齒狀的鉤刺。夏季開花，雌雄異株，淺黃或是乳白色的花朵密集成肉穗花序，雌、雄花序都長在枝條頂端，雄花穗往往呈下垂狀，花香濃郁，吸引蒼蠅等昆蟲協助授粉；雌花穗則直立，授粉後，由乳白色轉變為橄欖綠。開花後，雌花序發育為複合果，成熟時呈橙紅色，模樣與顏色很像鳳梨。

林投果實外被厚厚的纖維可防止海水直接接觸種子，果實隨海漂流，在島嶼間傳播。林投葉是「津田氏大頭竹節蟲」的食草，這種生長在臺灣南端稀有的熱帶昆蟲只棲息於林投樹上，由於體型細長，因此被當地人稱為「林投馬」。往昔臺灣各地海邊常見林投樹，其葉片除去銳刺後晒乾，可編織草蓆、草帽、蚱蜢、林投風車等童玩或林投背包等。有關林投的故事、諺語和林投葉所編製成的玩具，為老一輩人心中難忘的童年回憶。

▶成熟的林投果實呈橙紅色，外形與顏色都像極「鳳梨」。

▲林投的雌花序頂生，被白色的佛焰苞圍住。

◀林投的雄花序為頂生肉穗花序，呈乳白色且花穗常呈下垂狀。

枯里珍

Antidesma pentandrum Siebold & Zucc. var. *barbatum* (C. Presl) Merr.

科名｜ 葉下珠科 Phyllanthaceae

英文名｜ Five-stamens China Laurel

別名｜ 五蕊山巴豆

原產地｜ 東亞

葉下珠科

形態特徵

常綠小灌木；嫩枝被細毛。葉薄革質，長卵形；托葉長披針形。雌雄異株，花序穗狀或總狀；小花黃綠色。漿果球形，熟時黑色。

地理分布

日本、琉球、臺灣及菲律賓群島。臺灣則見於恆春半島、花蓮、臺東及蘭嶼等地。

▲枯里珍的雌花，柱頭3裂。

▶枯里珍為海岸林內的小灌木。

在恆春半島及蘭嶼地區的海岸林，以及隆起的高位珊瑚礁森林底層，能夠見到的小型灌木種類不多，枯里珍是其中一常見種。其葉色呈深綠色，枝條常曲折生長，使得每株枯里珍各有其特色，也常被拿來當作園藝盆栽賞玩。

由於枯里珍具不錯的耐陰特性，且枝葉茂密又耐修剪，油亮的葉片加上紅熟的果實，作爲綠籬植物是個很不錯的選擇。

枯里珍爲雌雄異株植物，雄花爲總狀花序，開花時具有濃郁的味道，常吸引蝶蜂蠅類吸食，是良好的蜜源植物；雌花於授粉後結出成串的果實，果實由綠轉紅再轉紫黑色，依成熟度不同而有不同的果色，因此同一串果實常呈現出果色繽紛的風貌。據恆春當地人描述，枯里珍果實是他們小時候在野外玩耍時的零食，嚐起來酸甜極具風味。

▲果實依序成熟，成熟度不同顏色也不同。

▲黑熟的果實像極了一串葡萄。

▲雌雄異株，此為雄花盛開。

報春花科

蠟燭果

Aegiceras corniculatum (L.) Blanco

科名｜ 報春花科 Primulaceae

英文名｜ Goat's Horn Mangrove

別名｜ 桐花樹

原產地｜ 澳洲、中國大陸南方、東南亞

形態特徵

常綠灌木，樹皮平滑，紅褐至灰黑色。葉互生，革質，倒卵形，黃綠色或淡綠色。繖形花序，花冠白色。蒴果圓柱形彎曲，成熟時由綠色改變為紅褐色。

地理分布

澳洲、印度、馬來西亞、菲律賓、斯里蘭卡、中國南部福建、廣東、廣西、海南島與東亞地區。臺灣被栽植於八里挖仔尾紅樹林。

▶一朵朵白色小花排列成傘形，模樣相當可愛。

▲在挖仔尾觀光木棧道旁紅樹林中出現的外來客 — 蠟燭果（前）。

蠟燭果原產於中國大陸南部、東南亞與澳洲等地，臺灣僅金門有天然分布，在臺灣可見人工栽種在新北市八里挖仔尾的觀光木棧道旁之紅樹林中。

蠟燭果的樹皮與種子具有毒性。仔細觀察常可發現葉面上有排出的鹽粒，這種泌鹽方式有助於生長在土壤鹽分較高的紅樹林環境，此外，黑色樹皮上布滿氣孔有助於呼吸，而膝狀根與支柱根則用以對抗海潮，全身都具生長於海岸溼地的本領。

蠟燭果於1至4月間開花，排列呈繖形的白色小花掛滿枝頭，因為開花茂密，在原產地常被當成提供蜜蜂採蜜的花源植物，果實為彎曲的圓柱狀，先端尖，像是一串串縮小的紫紅色茄子，有人將它稱為隱性的胎生苗，因為它的胎生苗藏在果皮內，俟果實落下後果皮裂開，小苗才開始生長。

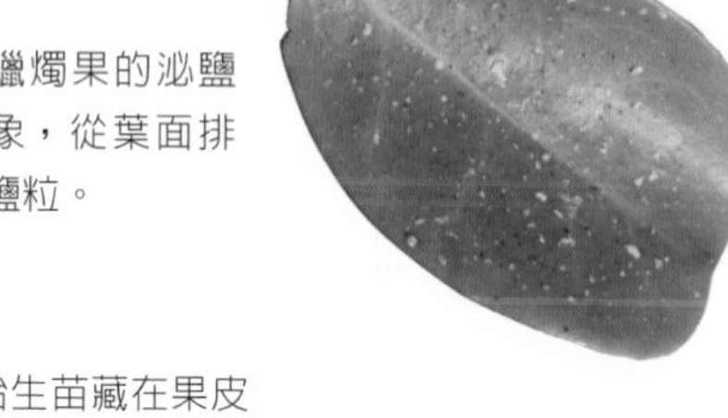

▶蠟燭果的泌鹽現象，從葉面排出鹽粒。

◀胎生苗藏在果皮內，有隱性胎生苗之稱。

▲部分葉片常轉變成鮮紅色。

▲圓柱狀彎曲的果實，像是一串串縮小的紫紅色茄子。

蘭嶼紫金牛

Ardisia elliptica Thunb.

科名 | 報春花科 Primulaceae

別名 | 蘭嶼樹杞

英文名 | Shoebutton Ardisia,Duck's Eye

原產地 | 東南亞、臺灣、蘭嶼

形態特徵

小灌木，可達 2-3 公尺高。單葉全緣，葉厚革質或近肉質。聚繖花序腋生；小花粉白色，花瓣 4 枚，花柱宿存。漿果球形，成熟時轉為黑色。

地理分布

廣泛分布東南亞地區。臺灣僅見於臺東三仙臺、小野柳及蘭嶼。

▶白裡透著粉紅的花瓣厚實有彈性，質感有如塑膠。

▲生長於蘭嶼海邊大塊礁岩縫的蘭嶼紫金牛。

▲枝條結實纍纍，不同成熟度的漿果，熟時為深黑色。

小葉黃鱔藤

Berchemia lineata (L.) DC.

科名｜ 鼠李科 Rhamnaceae

英文名｜ Supple Jack, Striped Supple Jack

別名｜ 勾兒茶、老鼠耳、鐵包金

原產地｜ 東亞、印度

形態特徵

蔓性矮灌木，小枝條被有短毛。葉單生，卵形至倒卵形，兩面皆有毛，下表面蒼白色；葉脈明顯，小脈平行；葉柄極短，有軟毛。腋生總狀花序或 2 至 3 朵以上叢生的小花；花白色，線形的萼片 5 枚。核果卵形，熟時藍黑色，萼筒宿存。

地理分布

臺灣、中國大陸南部、印度、越南至琉球等地皆有。臺灣可見於海濱灌叢及山坡等陽光充沛之處。

▲小葉黃鱔藤的卵形核果。

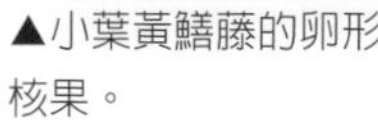

▲小葉黃鱔藤的白色筒狀小花。

▶生長在岩壁上的小葉黃鱔藤。

雀梅藤

Sageretia thea (Osbeck) Johnst.

科名 | 鼠李科 Rhamnaceae

英文名 | Pauper's Tea

別名 | 對角刺、牛鬃刺、鹿場雀梅藤

原產地 | 東亞、印度

形態特徵

多年生直立或攀緣灌木，常有枝刺。葉互生，卵形或橢圓形，先端鈍，基部圓形或近心臟形，邊緣常具細鋸齒，中肋與葉脈明顯；葉柄光滑。頂生或腋生圓錐狀穗狀花序，有絨毛；花黃綠色，近無柄。核果近球狀，熟時紫黑色。

地理分布

臺灣、中國大陸、印度及菲律賓。臺灣分布自海濱至海拔 2,000 公尺處山坡的灌叢中。

▲恆春海岸地區生長茂密的雀梅藤。

▲圓錐狀穗狀花序上開著許多黃綠色的小花。

▲尚未成熟的果實，綠中帶點紅，看似迷你版的「李子」。

▲雀梅藤成熟的果實，形似一顆飽滿的珍珠粉圓。

亞洲濱棗

Colubrina asiatica (L.) Brongn.

科名｜ 鼠李科 Rhamnaceae

別名｜ 蛇藤

英文名｜ Latherleaf, Colubrina Asiatica

原產地｜ 亞洲、非洲、澳洲、波里尼西亞

形態特徵

匍匐狀灌木。葉互生，卵形，鋸齒緣，光滑，3 出脈，具 1-2 側脈，有托葉。聚繖花序腋生；花兩性。蒴果，球形，種子可海漂傳播。

地理分布

印度至非洲、馬來西亞、菲律賓、澳洲和波里尼西亞。臺灣分布於恆春半島和蘭嶼。

▲亞洲濱棗腋生的聚繖花序。

▲亞洲濱棗的未成熟果實。

▲亞洲濱棗生長於海岸林下層或向陽灌叢。

厚葉石斑木

Rhaphiolepis indica (L.) Lindl. ex Ker var. *umbellata* (Thunb.) H.Ohashi

科名｜ 薔薇科 Rosaceae

英文名｜ Whole-leaf Hawthorn

別名｜ 革葉石斑木、圓葉車輪梅

原產地｜ 東北亞

形態特徵

常綠灌木或小喬木。葉互生，厚革質，橢圓形或倒卵形，先端鈍，基部寬楔形，全緣稍反捲。圓錐花序，頂生，被褐色毛；萼鐘形，裂片5，外被毛；花瓣倒卵狀，先端凹裂不整齊；雄蕊15-20；子房下位；花柱2。核果球形，熟時紫黑色。

地理分布

臺灣、日本及韓國。臺灣分布於北部海濱地區及蘭嶼。

▲主要生長在北部海岸林中。

▲開著淡雅小白花的厚葉石斑木。

▲成熟的果實呈紫黑色。

檄樹

Morinda citrifolia L.

科名| 茜草科 Rubiaceae　　**英文名|** Noni

別名| 諾麗果、海巴戟　　**原產地|** 太平洋地區

茜草科

形態特徵

常綠小喬木，小枝條具 4 稜角，全株平滑無毛。葉具短柄，對生，橢圓形或長橢圓形，全緣，托葉膜質。頭狀花序；花冠圓筒形，白色，先端 5 裂，冠喉被毛；雄蕊 5。聚合果球形，熟時為半透明的白色漿質果。

地理分布

熱帶亞洲、澳洲及太平洋諸島。臺灣僅分布於恆春半島及綠島、蘭嶼等地區的海岸林。

▶檄樹又稱「諾麗果」，是著名的保健養生植物。

商業市場上赫赫有名的諾麗果（Noni）就是欖樹是也。曾經聽到有人說它有種奇特的生態特性——「先結果後開花」，這實在是天大的誤解，其實那是欖樹聚合果的特性，許多未發育小花簇生一起，合生成肉質的花序托，因此未開花的花序常被誤認爲是果實。

諾麗果在市場上熱絡的原因是它具有提升人體免疫力，治療多種疾病的功效使然，過去以來，南太平洋諸島的原住民將之視爲聖果，民俗植物療法中可醫治百病，經現代醫學證實，其所含的成分確實能增進人體的免疫系統效能，對細胞的新陳代謝良好。

欖樹是海岸林的組成樹種之一，果實成熟時爲肉質，外部有層半透明果皮，具有一股濃濃的腥臭味，聞之令人卻步；種子內部具有氣室，也是可藉由海流傳播的物種。

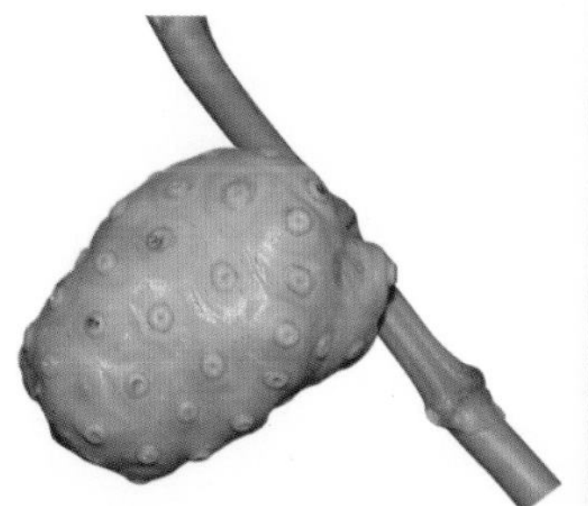
▲聚合果成熟時果肉透白帶有濃郁的味道。

▲欖樹未成熟的果實短梗或無梗的生長在枝條上。

▲欖樹聚合果的特性，常被誤認為是先結果後開花。

烏柑仔

Severinia buxifolia (Poir.) Tenore

科名 | 芸香科 Rutaceae

英文名 | Chinese Box Orange

別名 | 山柑仔

原產地 | 中國大陸南方、東南亞、臺灣

芸香科

形態特徵

常綠小灌木，嫩枝有柔毛，具短刺。單葉互生，厚革質，葉尖凹生，葉緣略為反捲。小花單生於葉腋，無柄或短柄，白色，具淡香；雄蕊 10 枚。漿果球形。

地理分布

中南半島、臺灣、中國大陸華南及菲律賓等地區。臺灣則見於南部沿海地區，尤以恆春半島最為常見。

▲芸香科的烏柑仔葉片及花朵都具有淡淡的香味。

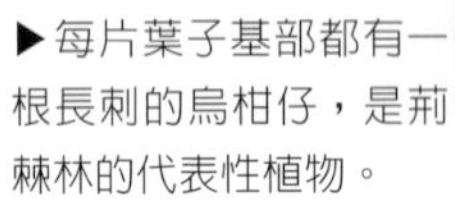

▶每片葉子基部都有一根長刺的烏柑仔，是荊棘林的代表性植物。

烏柑仔爲臺灣西南部次生林內常見的下層灌木，植株叢生密實，葉小而厚，在葉腋處長有長刺。生長在靠近海岸前線的珊瑚礁岩上或次生林緣，與北仲、華茜草樹、腺果藤、飛龍掌血、雀梅藤、魯花樹、小刺山柑等樹種伴生，形成所謂的荊棘灌叢，又稱荊棘林。

荊棘林是一種灌木林，組成樹種多爲帶有硬枝或短刺的樹種，通常生長在乾燥環境，受到海風常年吹襲，因而形成落葉性灌叢。臺灣西南部及東部海岸迎風坡面，除海風吹襲外，再加上季節性的乾燥氣候往往使其形成荊棘灌叢。

烏柑仔屬於芸香科植物，葉背有油腺，搓揉後可聞到淡淡的香味，球形似柑桔的果實成熟時會由綠轉黑，因此被稱爲烏柑仔，是無尾鳳蝶及玉帶鳳蝶的食草植物。

▶未成熟的漿果。

▲黑熟的球形漿果。

過山香

Clausena excavata Burm. f.

科名｜ 芸香科 Rutaceae

別名｜ 山黃皮、番仔香草

英文名｜ Curved-leaf Wampee

原產地｜ 印度、馬來西亞、臺灣

形態特徵

落葉性小灌木，全株具細柔毛。奇數羽狀複葉，小葉互生，具細長尾尖，葉片兩側大小不對等。頂生圓錐花序；小花淡綠色，花瓣4；雄蕊8枚。漿果長橢圓形，熟時橘紅色或淡紅色，內具種子 1-2 顆。

地理分布

印度及馬來西亞。臺灣則僅分布於恆春半島。

▲漿果成熟時帶點半透明的粉紅色。

▶全株皆有芸香科特有的味道。

過山香的葉片及枝條具有濃烈香氣，然而過了個山頭仍可聞到它的氣味這形容是誇大了些，不過，過山香的味道確實濃郁，兩側不對等的彎形葉片像一隻隻的大肚魚，輕揉一下，芸香科特有的芳香味道可久久散之不去。

過山香在生態上爲人所熟知的是與蝴蝶的關係密切。恆春半島的玉帶鳳蝶數年一次大發生，其幼蟲的主要食草即爲過山香，若要觀察玉帶鳳蝶，只要找到過山香就不難發現牠的幼蟲。

過山香的心材可製成農具，果實可供食用，葉片可作爲殺蟲劑，而根部於煎汁可藥用。研究結果顯示過山香葉子和枝條含精油，其天然的精油成分頗具抗病媒蚊的潛力，若將過山香葉子、枝條精油與其成分研製成天然的殺蟲藥劑，將能擴展過山香的用途。

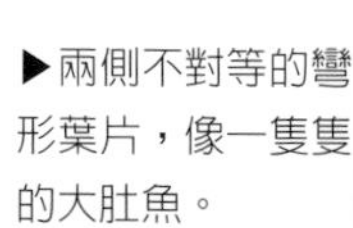

▶兩側不對等的彎形葉片，像一隻隻的大肚魚。

▲過山香淡綠色的小花。

止宮樹

Allophylus timorensis (DC.) Blume

科名｜ 無患子科 Sapindaceae

英文名｜ Timor Allophylus

別名｜ 假茄冬、止槓樹、帝汶異木患、海濱異木患

原產地｜ 太平洋地區

無患子科

形態特徵

灌木或小喬木，小枝上具顯著皮孔。葉互生，小葉紙質光滑，粗鋸齒緣或波狀緣。總狀或圓錐狀花序腋生；花小，白色或淡黃色；花萼花瓣各為 4 片；雄花具雄蕊 5-7。核果球形綠色，熟時轉鮮紅色。

地理分布

菲律賓、太平洋諸島及馬來西亞。臺灣分布於恆春海岸、東海岸的烏石鼻、小野柳與蘭嶼、小琉球及東沙島等離島。

▲止宮樹是海岸林內的小樹，果實鮮紅可人。

止宮樹屬植物臺灣只有一種，屬名*Allophylus*來自希臘文的「異」allos及「種族」phyle，因對歐洲人來說這個屬的植物都是外來的，是「異種族的」；種小名*timorensis*意指印尼的帝汶島。臺灣僅生長於恆春半島的海濱叢林中，「止宮」之名來自恆春半島居民對此樹的俚稱，因三出複葉酷似茄冬，因而又稱為「假茄冬」。

止宮樹是典型海岸灌叢的樹種，與苦林盤、黃槿、林投、臭娘子及臺灣海棗等植物伴生，也可生長於海岸林內，其體型較小，多生長於森林下層。盛夏果熟，紅熟果子串掛在枝條上鮮紅欲滴，頗具有觀賞潛力。種子具氣室可漂浮水面。

止宮樹性喜高溫、溼潤和陽光充足的環境，抗鹽、抗風及抗旱性極佳，適宜海岸防風林或庭園觀賞樹種，但不易移植且不耐寒。

▲殷紅的纍纍果實。

▲總狀花序，花白細小。

苦檻藍

Myoporum bontioides (Siebold & Zucc.) A.Gray

科名 | 玄參科 Scrophulariaceae

別名 | 甜藍盤、烏踏樹

原產地 | 日本、中國大陸、臺灣

形態特徵

常綠小灌木，全株平滑無毛。葉互生，肉質，倒披針形至長橢圓形，先端漸尖，基部銳形，全緣或不明顯齒緣，兩面光滑。花 1-3 朵簇生葉腋，具長梗，5 數；萼深裂，裂片銳三角狀卵形，花冠紫色具深色斑點，先端 5 裂；雄蕊 4，著生於花冠筒基部，花絲長；子房上位，2 室。核果球狀，先端尖，基部萼宿存。

地理分布

中國大陸南部至日本。臺灣分布於西部海岸，已有不少溼地或公園引種種植。

▲苦檻藍全株平滑，樹冠呈傘形。

苦檻藍又名甜藍盤、鳥踏樹，爲玄參科植物，本屬在臺灣只有1種。多年生灌木，全株平滑，樹冠呈傘形，下部枝椏常伏臥地上並觸土生根。全緣的肉質葉片叢生枝頭，給人潔淨清爽的感覺。初夏時，葉腋簇生一朵朵淡紫色的鐘形花朵，隨風輕擺，像是無聲的風鈴。

苦檻藍生長於臺灣西海岸的溼地、堤岸或溝渠等環境，原本分布範圍就不廣，由於海岸的開發，一度有在本島消失之虞。所幸由於該樹種樹姿優美、花朵秀麗，有許多單位著手復育，目前有許多海岸與河口的溼地都有栽植該物種。淡紫色花朵具有吸引鳥類與昆蟲的效果，相當適合作爲校園或庭園綠籬，像這樣將原生稀有植物園藝化的方式，有時候也是成功的區外保育方法。

▶果實有細長的宿存花柱。

▲花簇生葉腋，花冠紫色具深色斑點。

宮古茄

Solanum miyakojimense H.Yamaz. & Takushi

科名| 茄科 Solanaceae　　**原產地|** 日本宮古島、臺灣

形態特徵

匍匐性灌木，莖多分枝，植株布滿皮刺及星狀毛。葉卵形至橢圓形，波浪狀緣，兩端鈍，兩面皆具刺及星狀毛。2-6 朵小花集生成花序，腋生；花瓣 5，白色；雄蕊 5，花絲短，花藥鮮黃色。漿果卵形，未成熟時綠色表面具深綠色條紋，成熟轉為橘紅至橘黃色。

地理分布

日本學者於 1991 年發表為琉球宮古島的特有種，但 2006 年臺灣學者於蘭嶼採集新記錄並發表，恆春半島亦有採集紀錄。

▶花朵相當小巧可愛，為兩面具刺的葉片增添了不少柔性。

▲未成熟的果實呈淡綠色，其表面具深綠色條紋。

▲成熟的漿果頗似縮小版的黃金番茄。

南嶺蕘花

Wikstroemia indica (L.) C. A. Mey.

科名｜ 瑞香科 Thymelaeaceae

英文名｜ Indian Wikstroemia

別名｜ 地棉根、山雁皮、山埔崙

原產地｜ 臺灣、印度、東南亞

形態特徵

常綠灌木。葉革質或肉質，對生，卵形或長卵形。總狀花序頂生；小花梗極短，小花淡黃色，長管狀，花瓣 4 枚；雄蕊 8 枚，花絲短。果實紅熟，橢圓形。

地理分布

分布於臺灣、印度及東南亞。臺灣分布於北部、東部及南部。

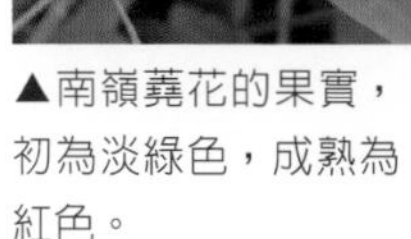

▲南嶺蕘花的果實，初為淡綠色，成熟為紅色。

▲南嶺蕘花的花瓣 4 枚呈黃色。

▶面海岩壁上的南嶺蕘花，盛夏時花果繁盛。

蘆利草

Ruellia repens L.

科名｜ 爵床科 Acanthaceae
英文名｜ Creeping Namgrass
別名｜ 楠草
原產地｜ 印度、東亞

形態特徵

草本，莖匍匐。葉全緣，被糙毛，狹披針形至線狀披針形。花無苞片；萼片5裂；花紫色或白色，比葉片略大；雄蕊4枚，2強。蒴果橢圓至棍棒狀。

地理分布

印度、香港、臺灣、菲律賓與馬來西亞等地。臺灣普遍見於南部地區。

▲筒狀花內雄蕊二長二短。

▶蘆利草未成熟的蒴果，柱頭宿存。

▲藍紫色的筒狀花，在草生地上格外顯眼。

密毛爵床

Justicia procumbens L. var. *hirsute* Yamamoto

科名｜ 爵床科 Acanthaceae　　**原產地｜** 澎湖群島、恆春半島

形態特徵

草本。莖密被刺毛。葉近無柄，肉質，心形或近圓形，兩面密被刺毛。花序穗狀，具苞片及小苞片；萼4或5裂；花冠2唇形；雄蕊2枚。蒴果，基部具短柄。

地理分布

臺灣特有變種。見於澎湖、恆春半島。

▶密毛爵床在草生地及礁岩上皆可見其蹤跡。

▲密毛爵床全株密毛，花序開於枝條頂端，小花苞片略寬，披針形。

賽山藍

Blechum pyramidatum (Lam.) Urban.

科名｜ 爵床科 Acanthaceae

英文名｜ Browne's Blechum

別名｜ 假夏枯草、美爵床、土夏枯草

原產地｜ 熱帶美洲

形態特徵

直立草本；莖散生毛或近光滑。葉卵形，近全緣，先端銳尖，基部鈍或圓，葉表疏被糙毛，葉背近光滑。花為頂生的穗狀花序；苞片大，葉狀，明顯具緣毛；花白色，可孕雄蕊 4 枚，2 強。蒴果卵形，具種子多粒。

地理分布

原產熱帶美洲。現歸化於臺灣南部，以及菲律賓、馬來半島等地。

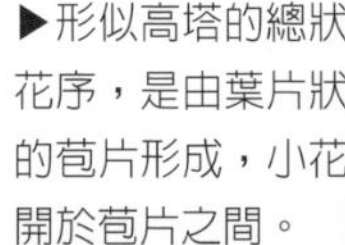

▶形似高塔的總狀花序，是由葉片狀的苞片形成，小花開於苞片之間。

▲原生於熱帶美洲的賽山藍在南部歸化常見。

早田氏爵床

Justicia procumbens L. var. *hayatae* (Yamam.) Ohwi

科名 | 爵床科 Acanthaceae

英文名 | Hayata Justicia

原產地 | 日本、臺灣

形態特徵

攀緣性的木質藤本植物；奇數羽狀複葉，小葉 3-7 片；葉基略心形，長尾尖，全緣；總狀花序，小花白色至淡粉紅色；莢果圓盤形，3-5 公分長，2-3 公分寬，外果皮乾燥後呈膜質，種子 1-2。果實隨海洋漂流傳播。

地理分布

日本奄美群島之喜界島以南及臺灣。臺灣北部、東部、恆春半島以及綠島、蘭嶼地區零星分布。

▲匍匐生長於恆春半島珊瑚礁岩上的早田氏爵床。

▲粉紅色的小花，唇瓣圓先端淺裂。

▲葉片略微肉質、光滑無毛，中肋明顯。

番杏

Tetragonia tetragonoides (Pall.) Kuntze

科名 | 番杏科 Aizoaceae

英文名 | New Zealand Spinach

別名 | 蔓菜、紐西蘭菠菜、毛菠菜、濱萵苣、白番杏、白紅菜、白番莧、洋菠菜

原產地 | 太平洋地區

形態特徵

匍匐草本，莖綠色，少分枝，被囊狀毛。葉具柄，互生，肉質，扁平，三角形或菱狀卵形，被囊狀毛，無托葉。花單生或簇生；花被片 3-5，黃色；雄蕊 5-20；柱頭 2-9。堅果。

地理分布

日本、中國大陸、臺灣、馬來西亞、波里尼西亞、澳大利亞、紐西蘭及南美洲等地區。臺灣常見於沿海沙地。

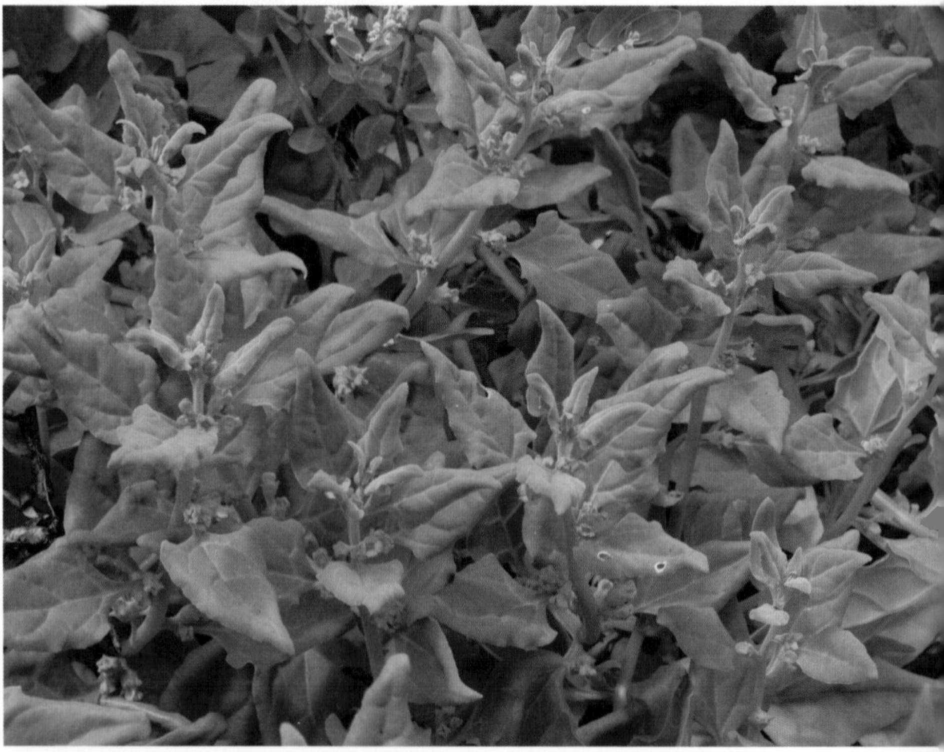

▲春天來臨，番杏將灰褐色的沙礫灘布上翠綠新衣。

海邊的沙礫灘上，常常可以看到三角形的肉質葉，葉脈凹陷、葉緣波浪狀的植物就是番杏，它清清爽爽的模樣不由得令人聯想到蔬菜的感覺。事實上，它的莖葉可食用，滋味鮮美，在許多地區被當作野菜食用，已有農業栽培量產，因爲形態與味道類似菠菜，而又有紐西蘭菠菜、蔓菜、毛菠菜或洋菠菜等名稱。在海濱植物中，番杏是一種美味可口的野菜，耐熱、抗風、耐鹽且少有蟲害，已有食用栽培。

春雨過後，番杏於海岸沙礫間逐日漸長，將灰褐色的礫灘布上翠綠色彩，葉腋間開出鮮黃色小花。番杏科植物，花瓣多已特化消失，我們所看到黃色類似花瓣的部分，其實是它的萼片。而番杏的果實也頗特別，倒圓錐形的果實頂端具4個角狀突起，初爲綠色，成熟後轉爲黑色且變得堅硬形似菱角，會從葉腋間脫落，隨海漂流。

◀堅果頂端具4個角，初呈綠色，成熟時為黑色。

◀番杏未成熟的幼果。

▲北部、東部及外島的海邊沙礫灘上，常可看到三角形肉質葉的番杏。

▲長在葉腋間且不太起眼的黃色小花。

海馬齒

Sesuvium portulacastrum (L.) L.

科名｜ 番杏科 Aizoaceae　**英文名｜** Shoreline Seapurslane, Sea Purslane

別名｜ 濱水菜、濱馬齒莧、蟳螯菜、豬母菜　**原產地｜** 泛熱帶地區

形態特徵

匍匐草本，莖分枝，紅色或綠色，光滑。葉對生，厚肉質，線狀倒披針形至倒披針形，疏被毛。花單生於葉腋，兩性，基部有小苞片2；花淡紫紅色；花被片5，花瓣狀；雄蕊多數，與花被片互生；花柱2-5。蒴果蓋裂。

地理分布

泛熱帶地區分布。臺灣分布於本島及外島的海濱沙地、岩礫地、魚塭及鹽地。

▶生長在滾燙沙地上的海馬齒。

▲生長在恆春龍坑礁岩上的海馬齒。

在臺灣西南部海岸地區含鹽分高的沙灘、魚塭、溝渠與廢棄鹽田土堤上，海馬齒長在堤上向四周蔓衍，前端的枝葉會浸泡於水中生長。海濱植物中有一些種類的名稱相當類似，如馬齒莧、毛馬齒莧、海馬齒、假海馬齒等，後面三種植物皆因爲植物體成多肉狀與馬齒莧相似而得名，馬齒莧與毛馬齒莧爲馬齒莧科植物，而假海馬齒和海馬齒則爲番杏科。

海馬齒的莖多分枝，匍匐於地面，葉對生，肉質，線狀匙形，葉端鈍，全緣，葉脈不明顯，有葉柄。春末夏初時開花，粉紅色五瓣小花從葉腋生出，溫柔的色彩軟化了沙灘與堤岸，爲炎熱的西南海岸帶來一絲涼意。植物學上將形態一樣難以區分的花萼與花瓣稱爲花被片；海馬齒的花被片內面粉紅色外面綠色。夏季時，植株上還開著多數的花朵，有些花卻已悄悄化爲果實。海馬齒的果實是蒴果，生長在花腋，只有細心的人才能發現。薄薄的一層果蓋，成熟時開裂，裡面有多數細小黑色圓腎形的種子，像是一窩鳥蛋。

海馬齒大量分布於臺灣西南海岸，和海濱居民的生活息息相關，養豬的居民將它稱爲豬母菜，用以餵豬；漁民將它稱爲蟳螯菜，可能來自於它細長多肉的葉片像是青蟹會夾人的大螯，被蟳類夾傷時可將莖葉搗爛塗抹於傷口上。此外，耐高鹽分之海馬齒在極乾旱的環境仍可存活，是海濱地區優良的定沙地被植物。魚塭土堤上的海馬齒，除了可以美化與保護魚塭堤岸，生長垂入水中的枝葉可爲魚蝦提供棲所，腐爛葉片亦可供魚類食用。

▲開著白花的海馬齒。

◀粉紅色五瓣小花從葉腋生出。

▲蒴果成熟時開裂，內具多數黑色的細小種子，極像一窩有許多鳥蛋的鳥巢。

假海馬齒

Trianthema portulacastrum L.

科名丨 番杏科 Aizoaceae	英文名丨 Desert Horse-Purslane, Black Pigweed
別名丨 節花海馬齒莧	原產地丨 泛熱帶地區

番杏科

形態特徵

多年生匍匐草本植物，多分枝，被囊狀毛。葉柄基部膨大包裹住莖，葉對生，薄肉質，橢圓形至倒卵形，先端鈍或略凹，葉緣紫紅色，無托葉。花單生或簇生，基部具小苞片 2；花被片 5，粉紅色；雄蕊 5 至多數；柱頭 1。蒴果蓋裂。種子呈圓腎形，8-10 顆，黑色。

地理分布

泛熱帶地區。臺灣主要分布於西南部的沙質海岸，其他海濱地區偶見。

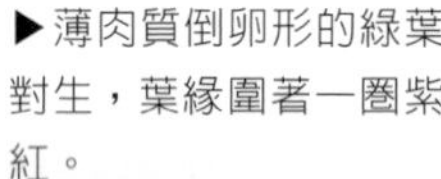

▶薄肉質倒卵形的綠葉對生，葉緣圍著一圈紫紅。

▲生長在沙地或者魚塭、鹽田土堤周邊，貼著地匍匐生長。

臺灣西南部海岸的感潮帶，多由紅樹林、溝渠、魚塭、鹽田等含鹽分較高的環境所組成，夏熱冬寒，海風強勁，因此多數植物無法在此生長，只有裸花鹼蓬、鹽地鼠尾粟、海馬齒、馬氏濱藜、石蓯蓉與假海馬齒等植物能在如此艱困的環境下生存。

假海馬齒總是匍匐貼著地面生長，蹲低了姿態，牢固的莖枝向四方伸展，既可閃避強勁的海風，又可以爭取更多的陽光。

假海馬齒總是零星地生長於土堤上，莖圓筒狀，向光的一面帶紫，節膨大，對生薄肉質倒卵形的綠葉，葉緣圍著一圈紫紅，先端有微小凸尖，葉柄基部膨大呈鞘狀包住莖。花相當不顯眼，單生或簇生於對生葉的中央，位於兩腋芽之間；5片細小的淡粉紅色花被包圍著細小的雄蕊與雌蕊。果實更是深埋於對生葉的葉腋之間，與枝條緊密的連接，常令對該植物不熟的人找不到它的芳蹤。

▶果實深埋於對生葉的葉腋間，與枝條緊密連接。

▲假海馬齒的花相當不顯眼，單生或簇生於對生葉中央。

變葉藜

Chenopodium acuminatum Willd. subsp. *virgatum* (Thunb.) Kitam

科名｜ 莧科 Amaranthaceae　　**英文名｜** Round-leaved Goosefoot

別名｜ 舌頭草、細葉藜　　**原產地｜** 東亞

莧科

形態特徵

一年生草本，莖直立，單一或分枝。葉具柄，互生，卵圓形至披針形，基部銳形至鈍形，全緣，明顯 3 出脈，被毛或被粉，稀光滑。穗狀花序密集成圓錐狀，頂生；無苞片，無柄；花被片 5。胞果扁球形。種子橫生，黑色。

地理分布

中國大陸東部、日本、琉球、越南及菲律賓。臺灣分布於海岸及河流旁的荒廢地。

▲有大有小的葉片與多變的形狀，令它有「變葉藜」之稱。

▶生長在防風林邊緣的變葉藜。

變葉藜可說是臺灣分布最廣的海濱植物之一，海邊或近海河口沙地都可以見到它的蹤跡，但由於其細碎的小花並不起眼，且有大有小的葉片與多變的形狀常令人難以捉摸，因此雖常見但卻少有人知道它的芳名。

變葉藜爲一年生草本植物，春季萌芽生長，並在短時間內開花，花朵十分細小，呈白綠色，總狀花序密集成圓錐狀。果爲綠白色胞果，包在宿存的花被中，扁球形，內藏一粒圓盤狀黑色具光澤的種子；結果後植株枯萎，因此秋冬時節就少見了。

變葉藜的葉形多變，爲卵形、長卵形或廣披針形，葉緣全緣，與臺灣其他藜屬植物具缺刻的葉緣有所不同。3出脈與葉片先端中央突出銳尖頭，莖上具有縱稜等，都是可以辨識它的特徵，通常在海邊沙灘與防風林邊緣，或是沿海空曠的荒廢地都可以看見它。此外，它的嫩莖葉柔滑、可食，是滋味不錯的野菜。

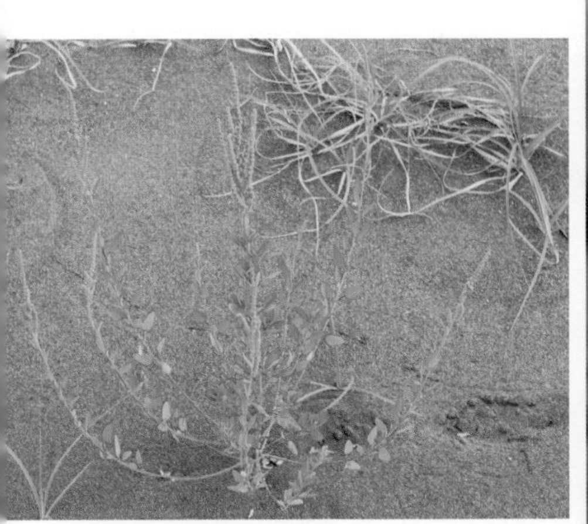

▲變葉藜的枝葉常為紅色。

▶總狀花序密集成圓錐狀，花朵十分細小呈白綠色，而其果實則包於宿存的花被中。

安旱草

紅皮書等級 VU

Philoxerus wrightii Hook. f.

科名丨	莧科 Amaranthaceae	英文名丨	Wright Philoxerus
別名丨	安旱莧	原產地丨	東北亞

形態特徵

多年生匍匐草本；莖多分枝。葉對生，肉質，倒卵形或匙形。頭狀花序；苞片粉紅色；花被片 5 枚，膜質；雄蕊 5 數。胞果長形，不開裂。

地理分布

中國大陸、琉球、日本。臺灣產於恆春、綠島及蘭嶼珊瑚礁海岸。

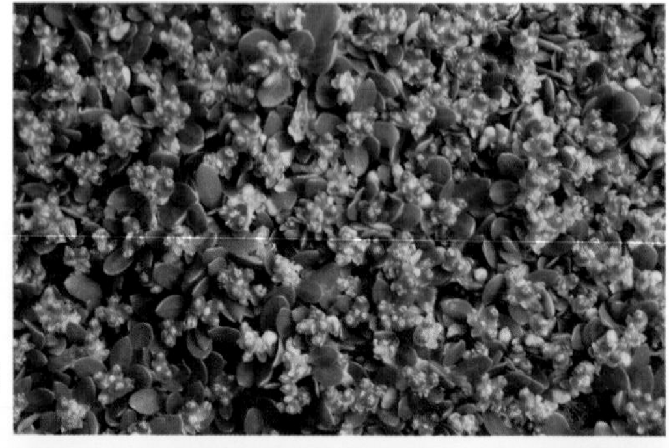

▶安旱草的植株相當迷你矮小。

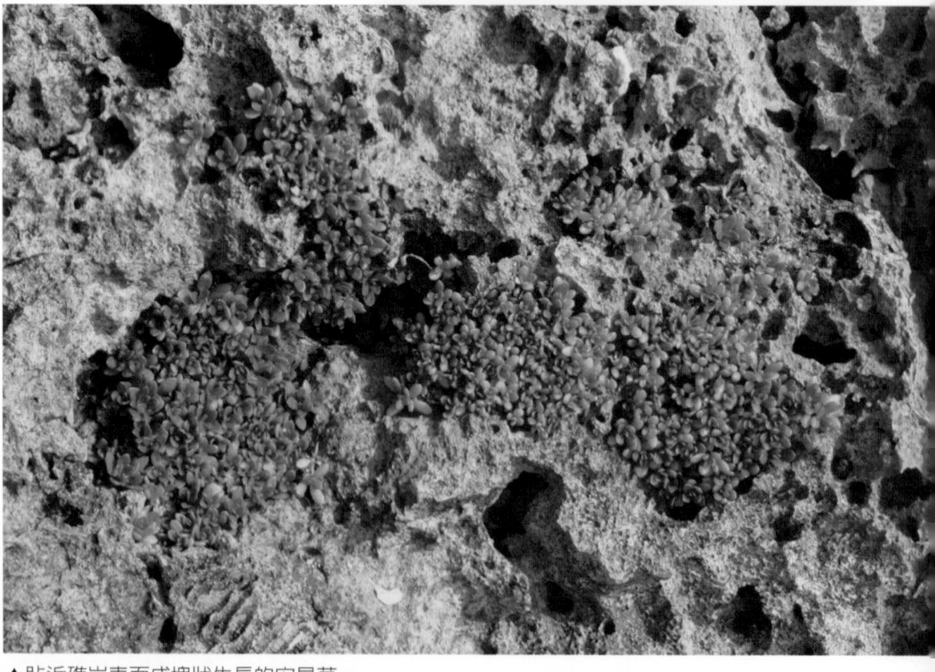

▲貼近礁岩表面成塊狀生長的安旱草。

安旱草屬名*philoxerus*，有喜愛乾旱之意，可知安旱草通常生長於乾燥的環境。個體極爲細小，略爲肉質的葉子比米粒還小，植株高度也僅有一公分左右，是海濱植物中個體最爲迷你的植物族群。夏季開花，頭狀花序，初開白色，成熟時橘紅色，宿存的花萼始終留在植株上。

水芫花通常是珊瑚礁岩岸最靠近海的植物族群，而安旱草則是極少數超越水芫花生長線的植物，矮小的個體雜生於水芫花之間或者更臨近海洋，並貼地生長在珊瑚礁岩縫之中，形成塊狀分布。安旱草僅分布於恆春、蘭嶼及綠島等少數地區的海濱，而且數量不多，亟需受到保護及研究。

莧科

◀未成熟的果實。

▲要觀察安旱草的花朵可能要藉助放大鏡較為容易。

馬氏濱藜

紅皮書等級 LC

Atriplex maximowicziana Makino

科名｜ 莧科 Amaranthaceae

別名｜ 海芙蓉、白芙蓉

英文名｜ Maximowicz's Saltbush

原產地｜ 琉球、臺灣、中國大陸東南部

形態特徵

多年生草本。葉互生，莖下方漸成對生，扁平，卵狀三角形，全緣，兩面被灰白色毛。花單性；雄花無苞片，花被片及雄蕊 3-5；雌花苞片 2，無花被片。胞果包於宿存苞片中。種子橢圓形，深褐色或黑色。

▲馬氏濱藜的葉片兩面皆呈銀灰白色。

地理分布

琉球、臺灣、中國大陸東南部。臺灣分布於南部沙灘及外島澎湖。

▲馬氏濱藜全株肉質，葉片接近三角形。

馬氏濱藜的葉片兩面覆被銀灰白色鱗狀短毛，在陽光下閃著銀色光芒，就像是一株株以錫箔紙剪製而成的植物，匍匐於西南海岸的沙灘上。

馬氏濱藜爲莧科濱藜屬植物，臺灣本屬植物有馬氏濱藜與臺灣濱藜（*Atriplex nummularia* Lindl.）兩種。馬氏濱藜的葉片呈卵形至三角形，全緣。結果時，雌花苞片爲三角狀菱形，基部具齒牙，產於本島南部及澎湖海濱沙地。而臺灣濱藜的葉片則呈卵形或橢圓形，全緣至微缺刻。結果時，苞片爲卵形至圓形，全緣或基部具微小齒牙，分布於澎湖海濱沙地。

馬氏濱藜於春、夏之間開花，短穗狀花序腋生或生於莖頂，單性花，雄花無苞片，有淡黃色花被片與3-5枚雄蕊；雌花具2枚苞片，像海蚌般地包住雌蕊。雌花授粉後結成的果實被稱爲「胞果」，胞果是一種較爲少見的果實類型，和瘦果類似，但成熟果實的果皮發育成薄膜狀，乾燥且不開裂，果皮與種皮分離。打開由宿存苞片所包住的果實可以看到它濃褐色或黑色的橢圓形種子。濱藜類植物果實平扁不裂，可藉由風力或水力傳播。

在臺灣的海邊有許多藥草都被稱爲海芙蓉，包括馬氏濱藜、藍雪科的烏芙蓉、菊科的蘄艾、千屈菜科的水芫花等，這些植物別名相同，但植物的成分和藥效卻大異其趣，取用時需特別注意。馬氏濱藜據傳可治風溼，常遭採集藥用，因此數量日漸稀少。

▲馬氏濱藜的雌花苞片形如海蚌。

裸花鹼蓬

Suaeda maritima (L.) *Dum.*

科名｜ 莧科 Amaranthaceae

英文名｜ Herbaceous Seepweed

別名｜ 鹽定

原產地｜ 世界性分布

形態特徵

多年生草本，莖叢生多分歧，基部木質化。葉無柄，互生，肉質，線狀圓柱形，全緣。花兩性或單性，穗狀花序，黃綠色；小苞片3，披針形；花被片5，橢圓形。胞果包於宿存花被片中或相連合，褐色。

地理分布

世界性分布。臺灣沿著沙地及多泥濘的海岸分布。

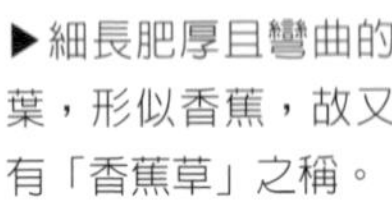

▶細長肥厚且彎曲的葉，形似香蕉，故又有「香蕉草」之稱。

▲在某些環境下，植株顏色會轉為緋紅的裸花鹼蓬。

裸花鹼蓬又名鹽定，爲臺灣西南海岸數量最多的海濱植物之一，於雲林、嘉義、臺南等地的海邊泥灘、廢棄鹽田上、紅樹林魚塭與感潮溝渠的堤岸上都可以見到它的身影。

生長於泥地多鹽的海灘前線，細長肥厚且彎曲的葉片因形似香蕉，而有「香蕉草」之稱。裸花鹼蓬有許多適應海邊環境的構造變化；如葉子厚實肉質狀、氣孔少而小、儲水組織發達且具排鹽、耐鹽的能力。

裸花鹼蓬在某些環境下植株的顏色會轉爲緋紅，在黝黑的泥地上格外醒目，是臺灣西南海岸特殊的景致。

春季，莖端密生穗狀花序，黃綠色花相當細小，夏季時化爲肉質的果實。

炎熱的太陽下，放一片裸花鹼蓬葉片於口中，鹹鹹的滋味可提振不少精神。過去海濱一帶的漁民生活困苦，且過著食鹽不易取得的狀況，此時如果放一片裸花鹼蓬的葉片於口中，鹹鹹的滋味可提振精神，繼續付出勞力養家。

▲莖端密生的穗狀花序，在夏季時轉為肉質的果序。

文珠蘭

Crinum asiaticum L.

科名 | 石蒜科 Amaryllidaceae

別名 | 文殊蘭、允水蕉、引水蕉

英文名 | Poison Bulb

原產地 | 東北亞、印度

形態特徵

多年生草本，具皮鱗莖。葉基生，無柄，波狀緣。繖形花序，小花 20-50 朵；花筒纖細長筒狀，花被片 6，白色；雄蕊 6，著生於花筒喉部，離生；子房下位，柱頭不明顯 3 裂。蒴果近球形，頂端多具突出喙。

地理分布

印度至中國大陸南部，琉球至日本。臺灣分布於全島海岸及蘭嶼、綠島等地。

▲除了沙灘，在岩縫或珊瑚礁岩上亦可見其蹤跡。

▲文珠蘭未成熟果實。

▲文珠蘭果皮極薄，乾燥後裂開腐爛，種子很快就會發芽。

◀文珠蘭優雅秀氣的白色花朵。

石蒜科

文珠蘭、文殊蘭、允水蕉等多樣的名字代表許多人對它極爲熟悉，不同地區的居民也對它有不同的稱呼及利用。因爲具有栽種容易、形態良美的特質，眼光敏銳的園藝愛好者早已將它從野外請入精緻照料的庭園，卻鮮有人瞭解其原生的生長環境及生態，誤以爲是國外引進的花草。

文珠蘭原生於臺灣本島海岸及蘭嶼、綠島的沙灘，與馬鞍藤同爲第一線沙灘植物，但是在岩縫或者珊瑚礁岩上亦可見其蹤跡。厚實的葉肉披上光滑的蠟層，足以抵擋海岸多鹽、多風、乾旱的環境。像海帶般細長的葉片叢生於粗大的短莖上，花期時由葉叢中抽長出筆直的花序，每株可長出3-5個花莖，每個花莖上約有20-50朵小花。

自然環境下常成群生長的文珠蘭是因爲它具有獨特的繁殖方式，花莖上的花落結果後，日漸增重的果實壓垮了花莖，倒伏於母體周遭，除因地形能造成果實滾動外，遠距離的傳播就要靠颱風季節的漲潮海水，也因如此特殊的繁殖方式，文珠蘭常成大片地群聚在沙灘上。文珠蘭果實內有不同形狀及大小的種子，您大概永遠也無法找出一模一樣的種子。它的種子不耐久放，短時間內即可萌發成小苗。

▲果實成熟後花莖不耐重量，倒伏於母體周遭。

金花石蒜

Lycoris aurea Herb.

科名｜ 石蒜科 Amaryllidaceae　　**英文名｜** Golden Spider Lily

別名｜ 龍爪花、忽地笑、石蒜花、山水仙、黃花石蒜、山金針、黃金百合

原產地｜ 東北亞

形態特徵

多年生草本，具球形地下鱗莖。葉基生，厚肉質，線形。5-10 朵小花簇生成繖形花序，鮮黃色，花瓣狹長波浪緣，向外反捲花蕊突出，花被片 6，漏斗形；花被筒短，喉部具鱗片；雄蕊 6，著生於近喉處；子房下位；花柱細長，柱頭頭狀；花絲與花藥呈丁字著生；花莖實心。蒴果扁球形。

地理分布

日本、琉球及中國大陸。臺灣主要分布於萬里、金山、野柳、鼻頭角、宜蘭圳頭至雙連埤、花蓮太魯閣等地。

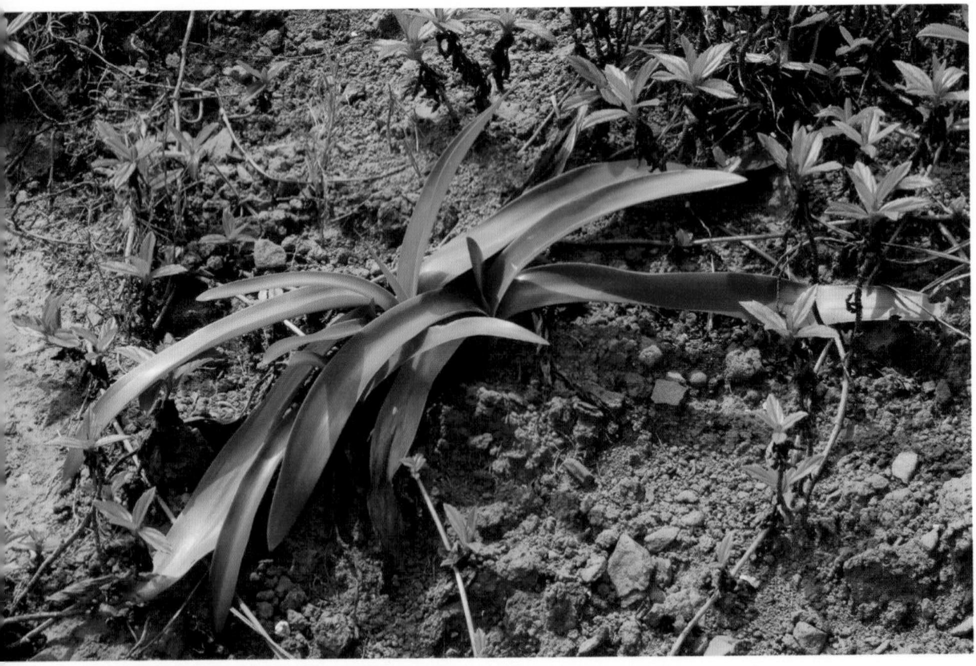

▲花謝後葉部才開始生長的金花石蒜。

秋季時節，東北角與龜山島等地的海岸草地上會突然冒出大型花梗，並開出金黃色燦爛的花朵，彷彿四射的金色光芒般，那是野地秋色裡最耀眼的明星——金花石蒜所展露出的嬌顏。

初見金花石蒜開花的人總會驚奇於花梗竟然是直接從地上冒出來，且沒有一片綠葉。原來石蒜科植物開花時並不長葉，而是在花謝後葉部才開始生長。秋季時常在草地上冒出一串豔麗鮮亮的金色花朵，因此又有「忽地笑」的別稱。而細長挺拔的花梗頂端，修長波浪狀的花瓣外捲，狀如飛舞的龍爪，因而又被稱爲「龍爪花」。

金花石蒜原本在臺灣北部和東北部地區有大量族群，由於外形亮麗搶眼，深獲人們喜愛，因此常被挖取地下鱗莖販售。民國40-60年間，外地商人大量蒐購，導致族群大量減少，僅存絕壁上摘採不到的植株。由於野生數量稀少，目前在新北市淡水、雙溪、宜蘭縣蘇澳等地有栽培復育，除了營造早年風光，創造當地觀光資源外，並有部分切花與鱗莖材料外銷至日本等地。

▲常在草地上忽然冒出一串豔麗鮮亮的金色花朵，故又稱「忽地笑」。

▲金黃色燦爛的花朵，就像野地秋色裡最耀眼的明星。

濱當歸

紅皮書等級 VU

Angelica hirsutiflora T. S. Liu, C. Y. Chao & T. I. Chuang

科名｜ 繖形科 Apiaceae　**別名｜** 濱獨活、毛當歸

原產地｜ 日本、臺灣

形態特徵

多年生草本，莖明顯。葉具柄，膜質或半革質，三出二回羽狀複葉，小葉闊卵形，鋸齒緣或裂片，葉脈皆被毛。複合繖形花序，最小單位的繖形花序20-30朵；總苞苞片全緣；花白色，花瓣被毛。離果，腹面膨大。

地理分布

日本奄美群島之与論島以南及臺灣。臺灣分布於北部海濱地區。

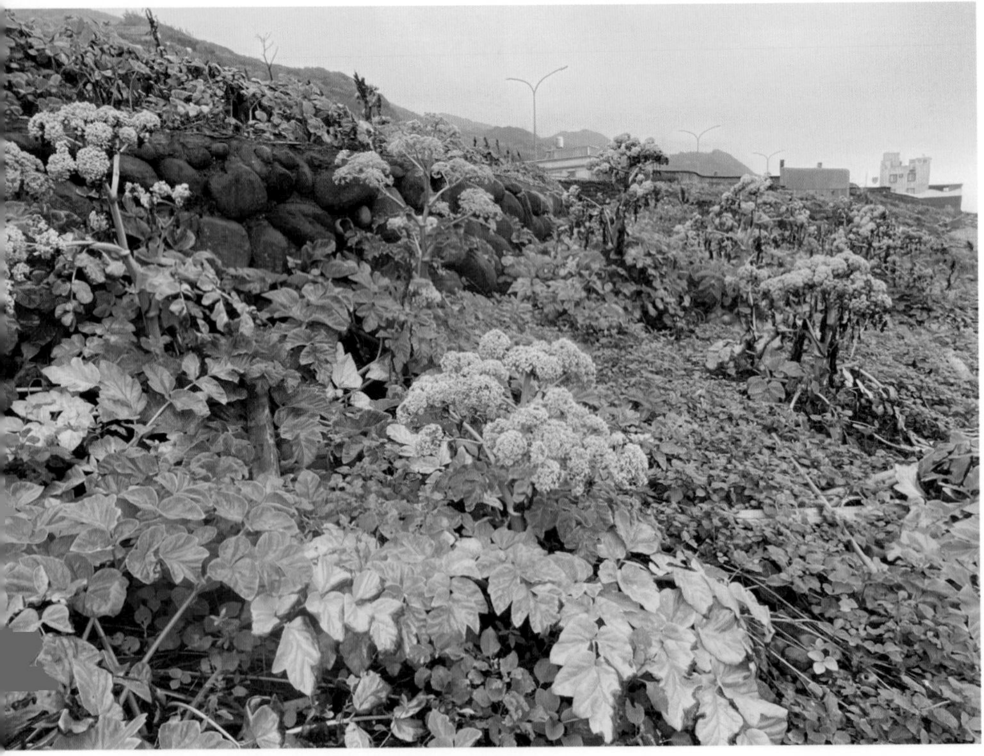

▲成群生長的濱當歸，是早春時節礫石灘獨特的地景。

濱當歸僅分布於臺灣北海岸與東北角，爲多年生植物。地上部枝葉每年枯落，初春時宿存於土壤中的地下莖悄悄開始萌芽生長，待春季時，就可長成高大的草本植物，抽長的花序可高於2公尺。

粗大的莖枝，油亮且大型的三出二回羽狀複葉，讓人一眼就能辨識出濱當歸，此外，其羽葉愈接近地表則愈大，並和其他繖形科植物一樣，葉柄基部呈鞘狀膨大，並緊緊地包住莖幹。

春末，莖頂會長出大型的複繖形花序，此時一把把的白色小花傘吸引著無數昆蟲停駐，還可觀察到黑條紅椿象成群停棲於花朵上取食的畫面，是北臺灣海岸獨有的一幅畫，也是每年春季必定舉行的盛宴。

夏初，花序結成扁橢圓形具縱稜的黃綠色果實，形態與日本前胡相似；夏末，植株逐漸凋萎，僅餘枯黃的枝幹挺立於翠綠的草地中。

▶離果扁橢圓形，具縱稜。

▲濱當歸這類繖形的花序，會有許多昆蟲拜訪。

▲濱當歸的花序高於 2 公尺，引人駐足。

濱防風

Glehnia littoralis F. Schmidt ex Miq.

科名｜ 繖形科 Apiaceae　　**英文名｜** Beach Silvertop

別名｜ 珊瑚菜、北沙參　　**原產地｜** 亞洲、北美洲

繖形科

形態特徵

多年生肉質草本，多具長根莖。葉多具長柄，紅色，二至三回羽狀複葉，小葉橢圓形、倒卵橢圓形或卵狀圓形，葉脈被毛，不規則細齒緣。複合繖形花序，頂生，雌雄同株，異花序，雌花序生長在植株正中間，雄花序位於周圍；花瓣 5，白色；雄蕊 5；雌蕊 2，合生心皮。分果片果稜明顯，具翅，腹面稍扁平，被毛。

地理分布

散布日本、中國大陸中部及北美阿拉斯加州至加州海濱地區。臺灣分布於北部海濱地區。

▶受粉後的花序化為一串串果實，狀似雷公鎚。

▲濱防風具有長長的地下主根，是沙灘上常被採藥人採集的對象。

濱防風、日本前胡與濱當歸是臺灣海岸常見的大型繖形科三兄弟，濱防風是個子最小的一個。濱防風爲多年生草本植物，二至三回羽狀複葉，其肥厚的肉質葉，粗壯的地下莖與粗短的花軸，常半埋沙中。

春、夏開花時節，一根根開滿白色小花的繖形花序從花軸上的一個支點呈輻射狀散出，遠看時像朵花椰菜，精緻而美麗；近看時白色花朵則像是珊瑚的骨骼，因此又被稱爲「珊瑚菜」。不同於日本前胡與濱當歸開花時總是吸引許多椿象、金龜子、蜜蜂等昆蟲，濱防風的花朵上通常僅有蒼蠅駐足，其授粉後的花序會化爲團團果實，狀如雷公鎚。濱防風的圓形果實是由2個相接的半生果所組成，細看每顆聚成大鎚的小圓球，彷彿是一顆顆具稜的楊桃。秋天時，濱防風地上的葉子會漸漸枯萎，只留存地下部，以待翌春重新萌芽生長。

冬季時，臺灣盛行東北季風，生長於北部、東北部、臺東及蘭嶼、綠島等海岸地區的濱防風，常見被沙堆掩埋，其細長的地下根可深入沙中，不僅固定支持還可吸收深處的水分。

▶果實成熟時，似一顆顆被毛的小楊桃。

▲濱防風有數個花序，雌花序在中間，雄花序開於周圍。

日本前胡

Peucedanum japonicum Thunb.

科名｜ 繖形科 Apiaceae　　**英文名｜** Japanese Hogfennel

別名｜ 防風、防葵　　**原產地｜** 太平洋地區

形態特徵

多年生草本，莖具縱條紋突起及淺槽。三出葉或羽狀複葉，基生葉三角卵形，小葉倒卵楔形，先端多 3 淺裂。複合繖形花序，最小單位的繖形花序 15-30 朵，白色。離果長橢圓形至卵形。

地理分布

日本、中國大陸及北美阿拉斯加州至加州沿岸地區。臺灣分布於北部、東部、蘭嶼及綠島等地的海濱地區。

▶日本前胡的小花從外圈開始綻放，細長的花絲彷彿像是從花朵中彈出。

▲日本前胡在面海山壁上開成了花瀑，昭告現在是繁花似錦的春天。

日本前胡又名防葵，爲多年生草本植物，主要分布於臺灣北部、東北部、臺東及蘭嶼、綠島等地，西部海岸與恆春半島則不見其蹤跡。

粉綠色的植株遠看像是塗上一層蠟，春雨過後，葉片上則會掛著一顆顆晶瑩剔透的小水珠。一至三回三出複葉，每片複葉皆有細長的葉柄，葉柄基部呈鞘狀，以包住莖部，小葉前緣深裂。

日本前胡常見生長在間雜大石塊的沙礫灘中，也可見於峭壁岩塊的石縫中。春、夏季時，可見開滿白色小花的繖形花序呈輻射狀散出，組織一個大型的複繖花序。花朵潔白細碎如蕾絲，隨風飄送著淡淡的芳香。花朵盛開時，常吸引許多椿象、金龜子、蜜蜂與蒼蠅等昆蟲來訪。夏初，當部分晚熟的植株還在開花時，有些花朵已開始轉化爲果實，一顆顆具縱稜的黃褐色果實，裝滿了族群延續的希望。秋天時，日本前胡地上的葉子會漸漸枯萎，僅存長得像似人蔘的地下根，待翌春重新萌芽生長，展開另一次繽紛。

▶複繖形果序上，一顆顆具縱稜的成熟果實。

▲繖形花序開成一個訪花平臺，是海邊觀察訪花昆蟲的好地方。

竊衣

Torilis japonica (Houtt.) DC.

科名｜ 繖形科 Apiaceae　**英文名｜** Erect Hedge Parsley

別名｜ 破子草　**原產地｜** 東亞、印度、北非、歐洲

形態特徵

一年生草本，全株被粗毛。二回羽狀複葉，外觀細碎；葉外廓三角形至矛尖形；小葉通常羽裂。複合繖形花序，花莖伸長；小花序 5-8 朵花，花白色。離果，分果片腹面扁且具不明顯的鉤刺。

地理分布

分布於日本、琉球、中國大陸、臺灣、印度東部、北非與歐洲等地。臺灣可見於全島中、低海拔坡地及路旁。

▶葉片為二回羽狀複葉，形似水芹菜。

▲在東北角海濱的岩石或沙灘後岸上可發現竊衣的蹤跡。

「其花著人衣，故曰竊衣。」古人巧妙地以植物名說明其果實會附著在衣服上的特性，不僅極富詩意，且讓人相當佩服古人的想像力。其實自然界類似這種藉由動物傳播的例子還有不少，像是蒺藜草、蒼耳、牛膝與鬼針草等，都是藉由總苞或果實上的一些鉤刺來附著於動物身上，以協助其散布種子。

竊衣的葉子爲二回羽狀複葉，裂片細長如絲，模樣有些像似水芹菜。春季時，東北角海邊竊衣成群生長，植株纖細嬌柔，頂端開出細碎白花，數十朵小花呈放射狀生於花軸頂端，花序像是一把把小洋傘般。

竊衣的花朵會吸引黑條紅椿象等昆蟲來替它授粉，當花朵變成果實，其表面會密布向內彎曲的鉤刺，當您從它身邊經過，或許就成了它的便車，替它傳遞子嗣。竊衣雖廣泛分布於全島中、低海拔的山野或路旁，但以東北角海邊如鼻頭角等地較爲常見。

▲由花朵剛形成的幼果。

▲離果上密布向內彎曲的鉤刺。

▲白色小花放射狀著生於花軸頂端，像是一把把的小洋傘，花藥紫紅色點綴於雪白的花瓣中。

茵陳蒿

Artemisia capillaris Thunb.

科名｜ 菊科 Asteraceae

別名｜ 草蒿草、茵蔯蒿、茵陳、蚊仔煙草

英文名｜ Capillaris, Chinese Wormwood

原產地｜ 東亞

形態特徵

亞灌木，具芳香味。葉形變化極大，基生葉輻射狀，卵形至卵狀橢圓形，2-3羽狀分裂，裂片2-4對，先端裂片狹線形至線狀披針形；中段葉寬卵形至近圓形，1-2羽狀全裂，裂片狹線形至絲線形；最上方葉及葉狀苞片3-5裂。頭狀花序，近球形，多數，排成圓錐狀；外側小花6-10，中間小花3-7。瘦果長橢圓形。

地理分布

中國大陸、韓國、日本、琉球及菲律賓。臺灣廣泛分布於海濱、河床、丘陵、臺地與道路旁。

▲茵陳蒿於夏、秋開花，淡綠色頭狀花排成圓錐狀，花朵細小，不易觀察。

▲盛夏時的茵陳蒿，綠草茵茵，上方絲狀的葉子代表花序將開。

▲結滿果實的茵陳蒿即將進入休眠季節。

茵陳蒿爲菊科蒿屬植物，通常生長於鄉野路邊、河灘地或海邊沙地上，爲多年生亞灌木。冬季時，植株的地上部枯萎，地下部則負責貯藏養分，春季過冬的老莖上會長出茵茵新芽，故有「茵陳」之名。

早春時節，海邊的茵陳蒿嫩葉開始成長，這時羽狀葉的裂片較寬，當植株逐漸長大後枝條開始由草質轉爲木質，葉片也會變成絲裂狀，到了8、9月時，枝條幾乎均呈木質狀。

茵陳蒿通常於夏至秋季開花，排成直立的圓錐狀頭狀花呈綠白色，花朵十分細小，觀察不易。

不同環境下的茵陳蒿形態上有些許差異，一般來說，生長於海邊迎風處的植株較爲粗壯矮小，且多分枝，葉片也較短，莖葉上柔毛多，但頭狀花序較粗大；而生長於河床避風處的植株則較高，葉裂片較長，柔毛也較爲稀疏。然而，不只生長環境會影響茵陳蒿的葉形，其實初春生長的營養葉與夏秋時開花枝條上的葉形也有很大差別，通常春季時的裂片較寬，後期生長在花序上的葉片呈羽狀絲裂。

在北部海岸有一種名爲濱艾的植物與茵陳蒿外形十分相似，主要差別在於濱艾的葉片最末端裂片較寬，先端鈍，且頭狀花下垂。此外，由於茵陳蒿植株含有大量精油，可散發出獨特的氣味，因此過去有人常將它乾燥後焚燒，用以驅除蚊蟲。

菊科

▲茵陳蒿因春季時，度冬的老莖上會長出茵茵新芽，故有「茵陳」之名。

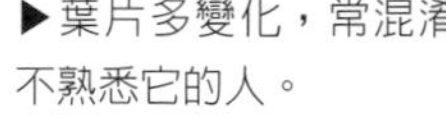

▶葉片多變化，常混淆不熟悉它的人。

臺灣狗娃花

Aster oldhamii Hemsl.

科名｜ 菊科 Asteraceae　　**原產地｜** 臺灣

菊科

形態特徵

二年生草本，莖粗大多分枝，被粗毛。單葉互生，倒闊披針形，緣毛狀葉緣，葉脈僅中肋明顯。頭狀花序，頂生；管狀花為黃色，舌狀花為白色至淺紫色。有些族群的頭花呈筒狀，舌狀花完全缺如。瘦果具淡黃褐色冠毛。

地理分布

臺灣特有種。分布於北海岸。

▶在東北角可看到花序僅有黃色管狀花的臺灣狗娃花。

▲花色多變的臺灣狗娃花，像是調色盤一樣，為暗沉的沙灘點綴出活力。

臺灣狗娃花爲菊科馬蘭屬植物，這種植物的花是由舌狀花和管狀花組成，周圍的舌狀花呈白色至淡紫色，而中央的管狀花呈黃色，像極了花店中的瑪格麗特。在東北部鼻頭角等地的海邊可以觀察到另一種花形的臺灣狗娃花，其花序僅有黃色的管狀花，形似南部田野中常見的線球菊，淡紫色和黃色的花朵竟是同一種植物，令人難以置信；仔細觀察這兩型植物的葉片均呈湯匙形且均兩面被絨毛，除舌狀花瓣外，其他特徵幾乎一樣，不禁令人感嘆大自然的奇妙。

夏季爲多數海濱植物大展容顏的季節，臺灣狗娃花也參與了這場盛宴，常群生於沙礫灘或岩壁上一起開花，其黃花嬌羞可愛，而紫花氣質優雅。夏末，花序化爲果序，瘦果帶著淡黃褐色的冠毛隨風飄揚，結束了一季的繽紛。

▲潔白舌瓣的臺灣狗娃花。

▲果實帶著淡黃褐色的冠毛等待起飛。

▲舌瓣為淡紫色的臺灣狗娃花。

細葉剪刀股

紅皮書等級 LC

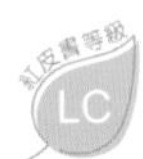

Ixeris debilis (Thunb.) A. Gray

科名 | 菊科 Asteraceae

英文名 | Weak Ixeris

別名 | 匍莖苦菜、剪刀股

原產地 | 東北亞

菊科

形態特徵

多年生草本，具長匍匐莖，節上長根。葉線形至披針形，基部向下延伸漸窄，全緣、淺鋸齒或具羽狀裂片。頭狀花序 1-5 朵，頂生；總苞片 2 層，外層副萼狀；開花莖高，多具葉 1 枚；花冠黃色。瘦果具喙，冠毛白色。

地理分布

日本、韓國及中國大陸。
臺灣分布於北部海岸沙灘。

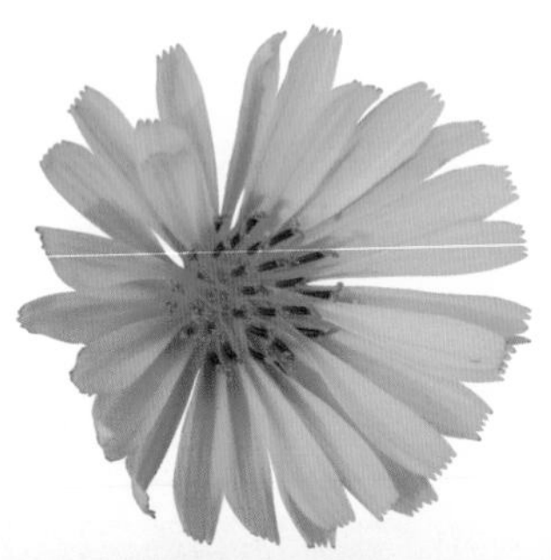

▶鮮黃色的頭狀花序，舌狀花先端如波浪狀凹陷。

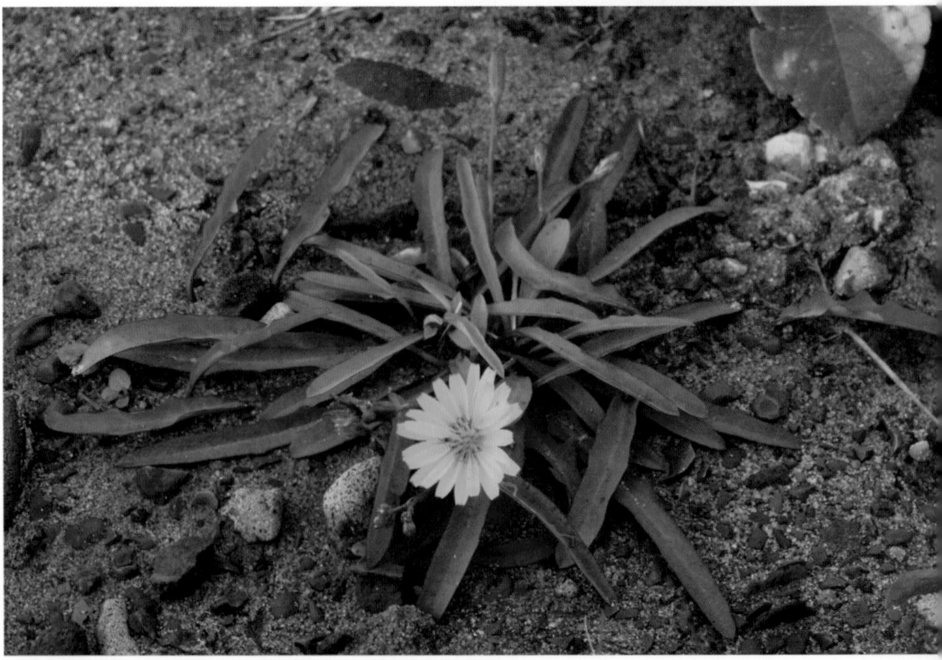

▲細葉剪刀股將根莖藏於沙礫灘中，只露出綠葉及黃花。

細葉剪刀股主要分布於臺灣北部的海濱沙地上，其數量不多，與臺灣平地常見的野花——兔兒菜形態相近，主要差異在於這種植物有延伸的走莖，且兔兒菜通常生長於平地的菜園荒廢地等離海較遠的地方。而在南方的墾丁海邊也生長著一型兔兒菜，常被誤認爲是細葉剪刀股，這型兔兒菜的葉片明顯較一般的兔兒菜來得厚實，其確實的分類地位值得進一步研究。

細葉剪刀股的匍匐莖橫走於沙礫灘中，隔一段距離的節上便長出一片線形至披針形葉片，翻開沙礫可以清楚地觀察到走莖生長的方式，白皙的走莖看似嬌弱，卻能在夏季烈日曝曬下的滾燙沙礫中蔓衍生長，展現生命的韌性。春末夏初，可見細葉剪刀股於沙礫堆中抽出的花軸，同一花軸上4、5個頭狀花序依序開放，整個花序均呈鮮豔的黃色，不具管狀花，舌狀花的花瓣呈長條形，先端如波浪狀凹陷。夏季時，花序化爲果序，形狀如同人們熟悉的蒲公英般，一個個瘦果具有冠毛，起風時便隨風飄散，傳遞子嗣。

◀一個個瘦果如同蒲公英般披著白色冠毛，隨風飄散。

▲匍匐莖橫走於沙灘中，隔一段距離的節上便會長出一片披針形葉片。

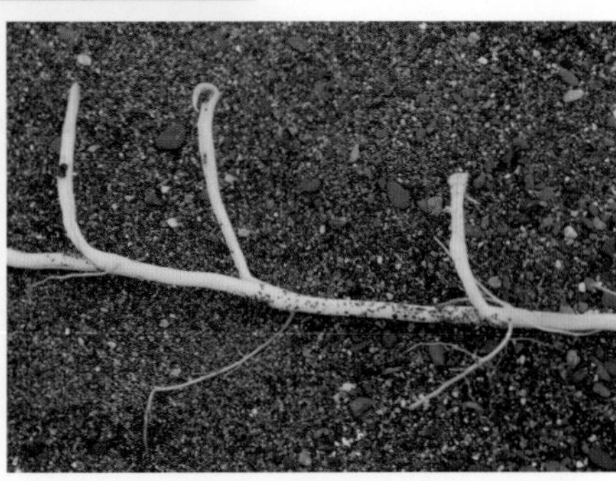

▲翻開沙礫可觀察到細葉剪刀股的白皙走莖。

濱剪刀股

Ixeris repens (L.) A. Gray

科名｜ 菊科 Asteraceae　　**英文名｜** Creeping Ixeris

別名｜ 濱苦菜、臥莖刀傷草　　**原產地｜** 東亞

形態特徵

多年生草本，地下匍匐莖長，節上長根。葉具長柄，掌狀 3-5 裂。花莖腋生，葶狀，2-9 個頭花；外層總苞片較內層長或等長；頭花具 17-20 朵舌狀花，黃色。瘦果狹紡錘形，具喙，褐色，冠毛白色。

地理分布

東亞。臺灣分布於海濱沙質地區，以北部海岸較為常見。

▶瘦果被白色冠毛，可隨風散布。

▲細長的匍匐莖埋在沙地裡，只露出綠葉與黃花。

濱剪刀股植株小巧，可見其伸長的走莖在沙中竄走，葉片通常深裂爲3瓣，圓滾滾地相當可愛，半掩於沙中的葉片受沙土保護可減少水分蒸散。

春季來臨時，北部海岸的東北季風稍歇，陽光煦暖，此時濱剪刀股的花莖從沙中竄出，翠綠的葉片與豔黃的花序，像是花葉落在沙灘上，而嬌柔白皙的地下莖深遁沙土的本事令人驚嘆，黃色的頭狀花序不但吸引著蝴蝶和蜂類，也會貼近地面吸引螞蟻前來授粉。

其果實雖形似蒲公英但瘦果較稀疏，成熟時向下翻捲的總苞讓被著白色冠毛的瘦果疊成立體狀，位置低的種子能受風，以傳播擴展族群。

濱剪刀股在臺灣並不常見，只有少數沙灘上有分布，一般而言，以北部金山一帶的族群量較大，在沙地裡露出的綠葉與黃花，也讓春、夏的海灘有了生動的景致。

▲翻開沙礫可看到濱剪刀股白皙的走莖。

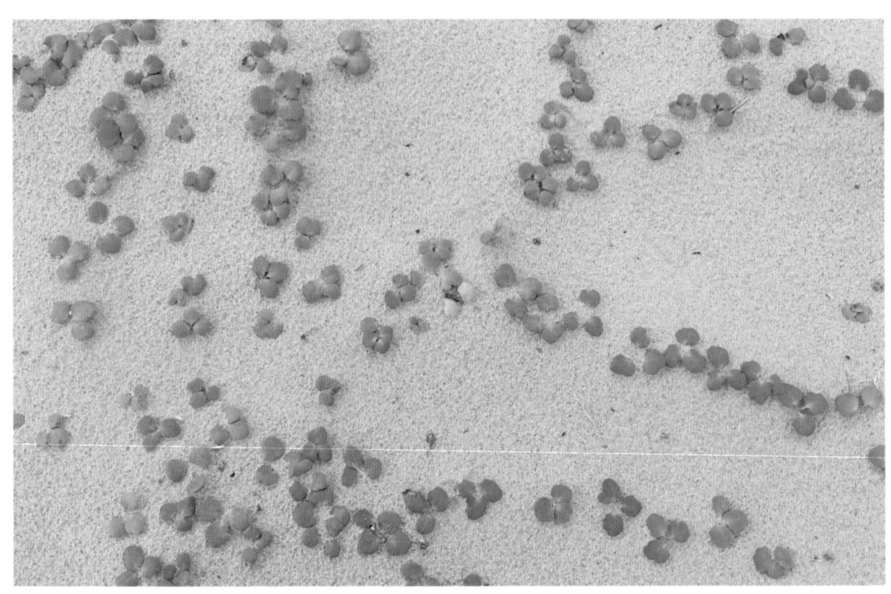

▲一片片小葉似狗腳印般的露出沙面的濱剪刀股。

菊科

臺灣蒲公英

Taraxacum formosanum Kitam.

科名｜ 菊科 Asteraceae　　**英文名｜** Formosan Dandelion

別名｜ 蒲公草、苦菜、滿地金、黃花地丁　　**原產地｜** 東亞

菊科

形態特徵

多年生草本，花莖葶狀、中空。葉基生，倒披針形至線狀披針形，先端鈍，基部漸尖成有翅的葉柄；羽狀分裂，裂片三角形；幼葉被毛，熟後無毛。舌狀頭花，單一；總苞橢圓形或鐘形，頂端具突出物，2 層，外層平貼；花冠黃色。瘦果長橢圓形，具喙，褐色；冠毛白色，宿存。

地理分布

日本、韓國及中國大陸東部。臺灣零星分布於臺中以北的海濱沙岸或面海草坡。

▶臺灣蒲公英總苞片先端有突起的附屬物。

▲臺灣蒲公英是入秋後才開始生長開花，炎熱的夏天是休眠期。

蒲公英是大家耳熟能詳的一種植物，它隨風飛揚的種子帶著許多人年少時的浪漫幻想，也因此常有人總把相似果序的菊科植物誤認爲蒲公英，少有人認識臺灣蒲公英的眞面目。

臺灣野外的蒲公英有兩種，一是土生土長的臺灣蒲公英，生長於臺中以北的海濱沙地上；另一種是從歐洲引進的西洋蒲公英（*T. officinale*），現已歸化到東部、北部以及中、高海拔山區。西洋蒲公英的種子多、適應力強，近年已是常見。兩種蒲公英外形相似，辨識重點在於花序基部的綠色苞片，尖端具突起附屬物的是臺灣蒲公英，先端漸尖無突起的是西洋蒲公英。

蒲公英的葉片常平貼地面生長，入冬時，植株開始生長，地上部乾枯再長出新葉，生命力強韌。春季時，植物體中央抽出長長的花軸，展開黃色的頭狀花序，當花凋謝後會結成毛球狀果序，且每個瘦果上附著有純白的絨毛（冠毛），當風吹來，果實便隨風飄散各處，傳遞子嗣。

中國將蒲公英拿來入藥甚早，相傳其具有解熱、去毒、健胃等效用。除了藥用價值外，歐美國家也會把蒲公英葉子料理成沙拉，並將其根部做成咖啡代用品。

▲臺灣蒲公英葉片叢生於基部，開花時花序從中抽長。

▲毛球狀果序，瘦果具白絨毛，可隨風飄散各處，傳遞子嗣。

南國小薊

Cirsium japonicum DC. var. *australe* Kitam.

科名| 菊科 Asteraceae　**英文名|** Formosan Thistle

別名| 野薊、虎薊、貓薊、刺薊、雞項草、千針、馬刺草、牛母刺花

原產地| 亞洲、澳洲

形態特徵

多年生宿根性草本，莖粗壯直立，多分枝，密被長柔毛。葉互生，披針形，先端銳尖，基部下延、抱莖，羽狀全裂，多刺，葉面密被毛，葉背沿葉脈密生毛。筒狀頭花具管狀小花；總苞片貼伏，先端開展；頭花花冠紫紅色，裂片比花冠筒長或約略等長。瘦果倒錐狀，具 4 稜；冠毛多層，羽狀剛毛，基部相連成環，易脫落。

地理分布

越南、澳大利亞及中國。臺灣主要分布於海邊、低地草地至中海拔的森林邊緣及開闊草地。

▶南國小薊瘦果先端帶有多層白色冠毛。

▲南國小薊的葉片羽狀全裂且具多刺，頭花呈紫紅色。

蟛蜞菊

Sphagneticola calendulacea (L.) Pruski

科名 | 菊科 Asteraceae

英文名 | China Crabdaisy

別名 | 單花蟛蜞菊、黃花蜜菜

原產地 | 東亞、印度

形態特徵

多年生草本，莖匍匐狀，分枝斜生。葉對生，紙質，線形至披針形，全緣或疏齒緣，兩面疏被粗毛。頭花單一，腋生，黃色；總苞片 2-4 層，外側苞片多葉狀，內側膜質；舌狀花雌性或不稔；心花兩性或雄性。瘦果無稜角；冠毛鱗片狀。

地理分布

印度、東南亞、日本及中國大陸。臺灣分布於北部田埂、潮溼低窪地及海濱地區。

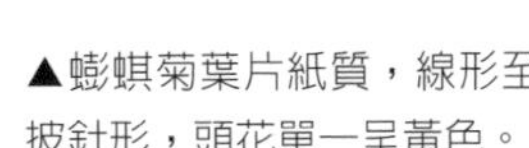

▲蟛蜞菊葉片紙質，線形至披針形，頭花單一呈黃色。

▲容易生長的蟛蜞菊，已被大量栽培綠化、入藥。

天蓬草舅

Wollastonia dentata (H. Lév. & Vaniot) Orchard

科名 | 菊科 Asteraceae

英文名 | Prostrate Crabdaisy

別名 | 貓舌菊、單花蟛蜞菊、滷地菊

原產地 | 太平洋地區

菊科

形態特徵

多年生匍匐草本，莖橫臥，節上生根。葉對生，卵形，粗鋸齒緣。頭狀花，單生於莖頂端，黃色，舌狀花 8-11 朵。瘦果 3-4 稜。

地理分布

東南亞、中國、日本及太平洋諸島。臺灣分布於本島及各外島。

▲天蓬草舅的葉片多肉厚實。

天蓬草舅為低矮平臥性的草本植物，葉肉甚厚，表面有粗毛，十分耐旱、耐鹽。春夏時分鮮綠色的莖葉四處蔓延，在海濱沙地上綻放豔黃色的花朵，時與海埔姜或者馬鞍藤交錯，各自展現美麗的風貌。海岸沙地前灘通常為馬鞍藤及海埔姜的優勢領域，而天蓬草舅通常是位於馬鞍藤後方的沙灘上。

菊科植物的繁殖通常是利用大量種子隨風飛散，當落到適合的地方即發芽生長。不過在海邊生長的許多植物通常是利用不定根的無性方式繁殖，例如：天蓬草舅、雙花蟛蜞菊、細葉假黃鵪菜等，然而當雨季來臨，水分供應充足時種子得以發芽生長。

菊科

◀鮮綠色的莖葉四處蔓延，在沙灘上構成好看的線繪圖。

▲天蓬草舅的果序。

花蓮澤蘭

Eupatorium hualienense C. H.Ou, S. W. Chung & C. I Peng

科名｜ 菊科 Asteraceae　　**原產地｜** 臺灣

形態特徵

多年生灌木狀草本，莖基部多分枝或不分枝。葉對生，厚革質，卵形，葉基略心形或圓形，葉鋸齒緣；葉柄長短具變化性。頭狀花多朵，繖房狀排列；每朵頭花具 5-8 朵小花。瘦果成熟時黑色，被毛，並具有冠毛。

地理分布

臺灣特有種。分布於東部海岸沿線、蘇澳以南至花蓮、臺東、恆春半島鵝鑾鼻等，以蘇花公路沿線多見。

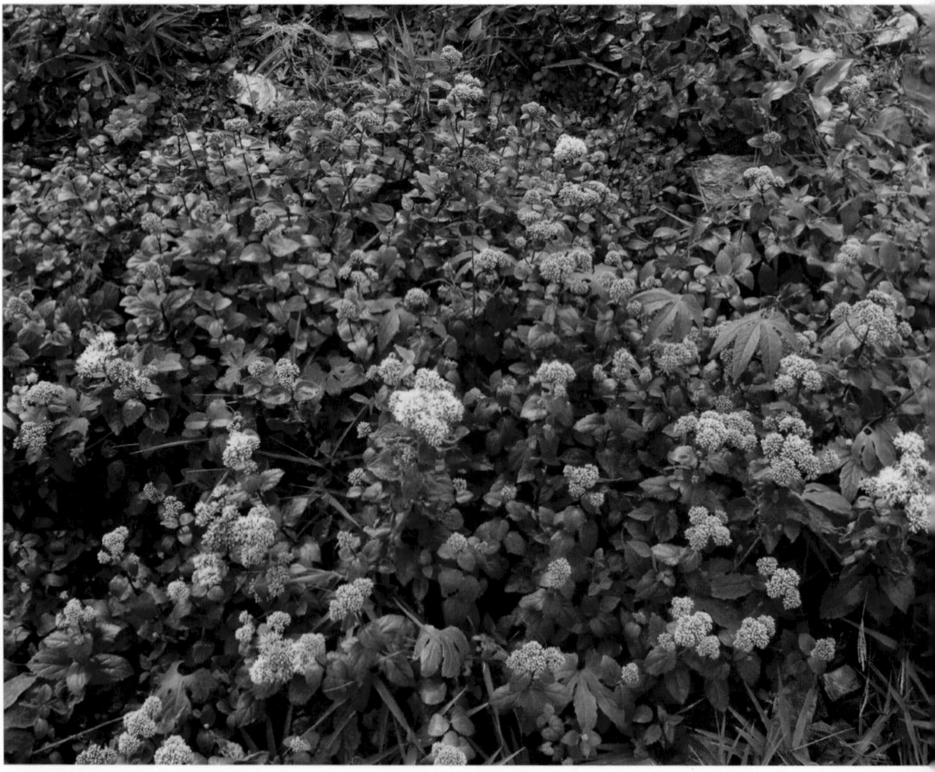

▲花蓮澤蘭生長於岩壁山坡上。

▲花蓮澤蘭為多年生灌木狀草本，葉對生。

▲頭狀花序聚生呈繖房狀排列。

基隆澤蘭

Eupatorium kiirunense (Kitam.) C. H. Ou & S. W. Chung

科名 | 菊科 Asteraceae　　**原產地 |** 臺灣

形態特徵

多年生草本，莖直立，多不分枝。葉對生，卵狀披針形或卵狀橢圓形，先端銳尖或漸尖，葉基鈍形，葉表綠色，葉背白綠色，被疏毛。筒狀頭花多數，繖房狀或圓錐狀排列；總苞多層，覆瓦狀排列；小花花冠呈漏斗形，白、紫或粉紅色；花柱分枝長，突出花冠筒。瘦果被腺體；冠毛多為易斷的剛毛。

地理分布

臺灣特有種。分布於臺灣北部至東部海岸。

▲筒狀頭花多數呈繖房狀排列。

▲瘦果具冠毛。

▲分布於臺灣北部至東部海岸，常生長於海邊石壁上。

蘭嶼木耳菜

Gynura elliptica Yabe & Hayata

科名| 菊科 Asteraceae　　**原產地|** 蘭嶼、綠島

形態特徵

全株肉質性的草本植物。單葉，葉緣疏鋸齒。頭狀花序排列成繖房狀，無舌狀花，全為管狀花，小花黃橘色。瘦果。

地理分布

臺灣特有種。分布於臺東的蘭嶼及綠島等地。

▲果實有如蒲公英狀。

◀可見於蘭嶼海邊的珊瑚礁上。

鬼針舅

Bidens biternata (Lour.) Merr. & Sherff

科名｜ 菊科 Asteraceae

英文名｜ Biternate Beggarticks

原產地｜ 亞洲、非洲、澳洲

菊科

形態特徵

一年生直立草本。單葉或羽狀複葉，頂羽片卵形，邊緣鋸齒緣。頭狀花序輻射狀，外層總苞片線形；舌狀花黃色，不孕。線形瘦果 4 稜，具芒刺狀冠毛。

地理分布

亞洲、非洲及澳洲。臺灣生長於海岸地區或低海拔的潮溼路邊及稻田。

▲頭狀花序輻射狀呈黃色。

▲線形瘦果 4 稜，具芒刺狀冠毛。

◀鬼針舅於夏季時盛開。

雞觴刺

Cirsium brevicaule A. Gray

科名 | 菊科 Asteraceae　　**別名 |** 島薊

原產地 | 琉球、臺灣

形態特徵

多年生草本。莖多分枝，密被毛。葉互生，基生，長橢圓形，葉基漸狹成為翼狀葉柄，抱莖，葉羽狀全裂，葉緣缺刻齒狀，兩面被毛，多刺。頭花頂生，總苞下方具 3-4 枚苞片狀的葉。總苞片革質；花冠白色。

地理分布

琉球及臺灣恆春半島南端。

▲雞觴刺葉緣裂處特化成刺。

▲雞觴刺球形的頭狀花序。

細葉假黃鵪菜

Crepidiastrum lanceolatum (Houtt.) Nakai

科名 | 菊科 Asteraceae

英文名 | Narrow-leaf Crepidiastrum

別名 | 花蓮假黃鵪菜

原產地 | 東北亞

菊科

形態特徵

具長主根。主莖粗短，木質化，少分枝，根莖狀；葉基生，蓮座狀。花莖長在側生的斜倚莖上，花莖基部葉蓮座狀簇生，葉厚革質，倒卵形至匙形。頭花排列成繖房花序，花冠黃色。成熟瘦果冠毛白色。

地理分布

日本、南韓及臺灣。臺灣生長於北部及東部沿海山邊的岩岸峭壁環境與龜山島、蘭嶼等外島。

▶黃色的頭狀花序。

▲青綠粉亮的細葉假黃鵪菜在灰色的岩石上格外亮眼。

細葉假黃鵪菜主要分布於臺灣北部和東部海濱的岩壁上，簇生厚革質的倒卵形葉片，青綠粉亮的模樣伴著灰黑色的岩石格外亮眼。蓮座狀的小苗逐漸成長後向四周伸出走莖，走莖末端再長出一棵棵蓮座狀的植株，以這種無性繁殖的方式在艱困海岸環境擴展地盤，成為一大片的粉綠，為海岸增添不少風采。春季時，葉叢間抽出花莖，和許多菊科植物一樣，黃色的頭狀花序由許多舌狀花所組成，盛夏時成片的黃花點亮了海岸，花後化為似蒲公英狀的頭狀瘦果，但排列較稀疏，起風時隨著海風散播子嗣。

細葉假黃鵪菜為假黃鵪菜屬植物，該屬植物臺灣有兩種，細葉假黃鵪菜與臺灣假黃鵪菜，兩者外觀十分相似，臺灣假黃鵪菜的莖生葉基部耳狀，互生於斜生的花莖上，而細葉假黃鵪菜的莖生葉不成耳狀，簇生於由主根側分出的花莖中段。此外，臺灣假黃鵪菜的分布局限於恆春半島最南端與綠島、蘭嶼等地，而細葉假黃鵪菜則廣泛分布於本島的北部、東部、南部與外島。

▲細葉假黃鵪菜小苗葉片呈蓮座狀。

▲瘦果似蒲公英，但排列較為稀疏。

臺灣假黃鵪菜

Crepidiastrum taiwanianum Nakai

科名| 菊科 Asteraceae　　**英文名|** Taiwan Crepidiastrum

原產地| 臺灣、蘭嶼、綠島

形態特徵

具長主根。主莖粗而伸長，木質化，具許多分枝；葉基生，蓮座狀。花莖直接由主莖長出，莖生葉基部耳狀，互生於斜生的花莖上，花莖基部葉蓮座狀簇生，葉厚革質，卵形至匙形。頭花排列為繖房花序，花冠黃色。瘦果熟時冠毛白色。

地理分布

臺灣特有種。分布於烏石鼻、三仙臺與恆春半島最南端及蘭嶼、綠島海岸。

▲舌狀花邊緣有細裂。

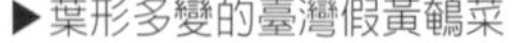

▶葉形多變的臺灣假黃鵪菜。

▲瘦果上的冠毛可藉助風力飛散。

▲臺灣假黃鵪菜常生長於岩縫中。

香茹

Glossocardia bidens (Retz.) Veldkamp

科名｜ 菊科 Asteraceae　　**英文名｜** Cobbler's Tack

別名｜ 風茹草　　**原產地｜** 臺灣、東南亞、澳洲

菊科

形態特徵

多年生草本，莖基部木質化。葉叢生於短莖，葉線形，多呈羽狀分裂。頭狀花序單生；花黃色，舌狀花 1 層。瘦果具芒。

地理分布

臺灣、東南亞及澳洲。臺灣則產於澎湖與南部海岸地區。

▼▶香茹是深根性植物，對於頑劣環境的適應頗為良好。

香茹主要分布於臺灣南部及澎湖各個離島的海濱，爲多年生草本植物，不怕陽光照射，且極能耐受乾旱的環境。葉片呈線形羽狀深裂，叢生於短莖上。耐旱，耐風、耐鹽、耐貧瘠土壤等耐逆境之能力甚強，極適合在離島澎湖生長，與蘆薈、仙人掌並稱爲「澎湖三寶」。

香茹的「一朵」黃色頭狀花其實是一個花序，由周圍的舌狀花及中間的管狀花形成。瘦果頂端有芒，並具有倒鉤刺，可黏附於動物身上以進行遠距離傳播。

香茹全株皆可利用，於夏秋間採收洗淨後可晒乾或鮮用，民間夏季天氣燠熱時會熬煮香茹茶飲用。香茹主根粗大，形似人參，且具有淡淡的香味，許多澎湖當地居民常採集入藥，認爲可延年益壽，俗稱「山蔘仔」，經科學研究證實其確實含有抗發炎成分，不過由於香茹爲深根性植物，在採集上費時費工，因此想要品嚐香茹的好味道可要花費一番功夫。

菊科

▶香茹的瘦果頂端有兩根倒鉤刺。

▲香茹的黃色頭花。

白鳳菜

Gynura divaricata (L.) DC. subsp. *formosana* (Kitam.) F. G. Davies

科名｜ 菊科 Asteraceae

別名｜ 白蘿菜、生毛菜、白廣菜、臺灣土三七

原產地｜ 臺灣

形態特徵

多年生草本，莖平臥或斜生。葉互生，薄肉質，匙形或長橢圓形，先端鈍，基部下延成葉柄，葉緣不規則裂片或琴狀羽裂，被毛。頭花少數，具長總梗。瘦果多稜形；冠毛柔細，白色。

地理分布

臺灣特有亞種。分布於臺灣北部、東部及恆春半島海濱地區，偶爾出現於低海拔溼地。

▶白鳳菜花色豔黃。

▶果實的白色冠毛可藉風力傳播種子。

▲長在面海草坡的白鳳菜，黃色是新鮮正在盛開的花。

濱斑鳩菊

Cyanthillium maritimum (Merr.) H. Rob. & Skvarla

科名｜ 菊科 Asteraceae

英文名｜ Seashore Ironweed

原產地｜ 菲律賓、臺灣

形態特徵

低矮亞灌木，莖基部多斜倚狀分枝，密被粗毛。下半部葉早凋，上半部葉常簇生，匙形，近於全緣，兩面密被柔絹毛。頭花繖房狀排列；總苞鐘狀；花冠紫紅色。瘦果不被毛，冠毛白色。

地理分布

菲律賓的巴丹島。在臺灣為稀少的海濱植物，生長在蘭嶼及恆春半島的東岸之珊瑚礁岩上。

▲生長在礁岩縫中的濱斑鳩菊。

▲紫色的頭狀小菊花。

▲全株布滿絨毛的濱斑鳩菊。

天人菊

紅皮書等級 NA

Gaillardia pulchella Foug.

科名｜ 菊科 Asteraceae

英文名｜ Indian Blanket, Blanket Flower

別名｜ 澎湖野菊花、忠心菊

原產地｜ 美國北部

形態特徵

一年生草本，全株被毛。莖基部多分枝，分枝斜生。葉無柄或近無柄，長橢圓形或匙形，兩面被剛毛。頭狀花序單一頂生，有舌狀花與長總梗；舌狀花花冠中心與邊緣黃色，中間環一圈深紅色或深黃色。瘦果 5 稜，被芒狀冠毛。

地理分布

原產美國北部。臺灣引進以作為觀賞植物，現已歸化於海濱地區，在澎湖群島尤為常見。

▲天人菊鮮豔的花朵容易吸引昆蟲訪花。

▲天人菊的球形果序，瘦果先端的冠毛尖刺狀。

◀天人菊常見歸化於海岸地區，與其他原生植物競爭棲地。

南美蟛蜞菊

Sphagneticola trilobata (L.)

科名 | 菊科 Asteraceae　**英文名 |** Yellow Creeping Daisy, Creeping Ox-eye, Trailing Daisy

別名 | 三裂葉蟛蜞菊　**原產地 |** 熱帶美洲

菊科

形態特徵

多年生匍匐草本，莖光滑或有軟毛，節間長。葉對生，肉質至革質，戟形為主，偶有橢圓或披針形，邊緣鋸齒。頭狀花序獨立長於伸長的花梗上，舌狀花橘黃色。瘦果成熟黑色，一端膨大。

地理分布

原產於熱帶美洲，廣泛引入世界各地作為綠美化之用。臺灣歸化於低海拔山坡或路邊。

▶南美蟛蜞菊的花如同其他蟛蜞菊屬的植物一樣呈鮮黃色，而葉子多呈 3 裂狀。

▲匍匐在沙地上生長的南美蟛蜞菊。

銀膠菊

Parthenium hysterophorus L.

科名 | 菊科 Asteraceae　　**英文名** | Santa Maria Feverfew

原產地 | 美國、中南美洲

形態特徵

直立一年生草本，上部多分枝。葉全緣或羽裂，形態及大小變化大；互生，莖生，幼時蓮座狀；葉兩面皆生絨毛與腺毛。頭狀花序圓錐狀或繖房狀排列；舌狀花 5 枚，花冠白色且小；管狀花多數，花冠白色。

地理分布

原產美國南部至中南美洲地區，廣泛歸化於舊熱帶地區。臺灣可見於全島海濱與平地之荒地。

▶幼時葉呈蓮座狀，兩面皆被絨毛與腺毛。

▲白色頭狀花序呈繖房狀排列，外形似滿天星的銀膠菊，花粉具毒性，吸入會造成過敏、支氣管炎等疾病。

白頂飛蓬

紅皮書等級 NA

Erigeron annuus (L.) Pers.

科名| 菊科 Asteraceae

英文名| Annual Fleabane

別名| 一年蓬

原產地| 北美洲

形態特徵

一至二年生草本，莖多分枝，被粗毛。葉互生，闊披針形或橢圓形，銳齒緣或缺刻，兩面被毛。頭花多數，繖房狀排列；總苞鐘狀，苞片 2-3 層，被毛；舌狀花雌性可稔，細長，白色；心花兩性可稔，多黃色；花冠 5 裂，有時紫色。瘦果橢圓形；冠毛 2 層，外層鱗片狀或無，內層細剛毛狀，易斷。

地理分布

原產北美洲。臺灣歸化於中部、北部之中、低海拔及濱海地區。

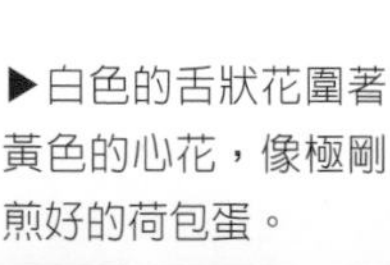

▶白色的舌狀花圍著黃色的心花，像極剛煎好的荷包蛋。

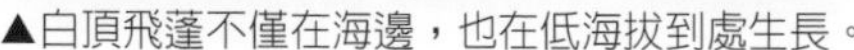

▲白頂飛蓬不僅在海邊，也在低海拔到處生長。

▲白頂飛蓬的基生葉像是好吃的蔬菜。

蘭嶼秋海棠

Begonia fenicis Merr.

科名｜ 秋海棠科 Begoniaceae

原產地｜ 菲律賓巴丹島、琉球群島、綠島、蘭嶼

形態特徵

全株肉質，具走莖。葉廣卵形，葉基心形且歪斜，具尾尖，葉緣有疏鋸齒。聚繖花序由莖基部抽出，雌雄同株異花；雄花花瓣 4 枚；雌花花瓣 5 枚。蒴果邊緣具延伸的膜質翼。種子細小，數量多。

地理分布

分布於菲律賓巴丹島及琉球。臺灣分布於蘭嶼及綠島。主要分布於林下，但在海岸礁岩環境亦可見其蹤跡。

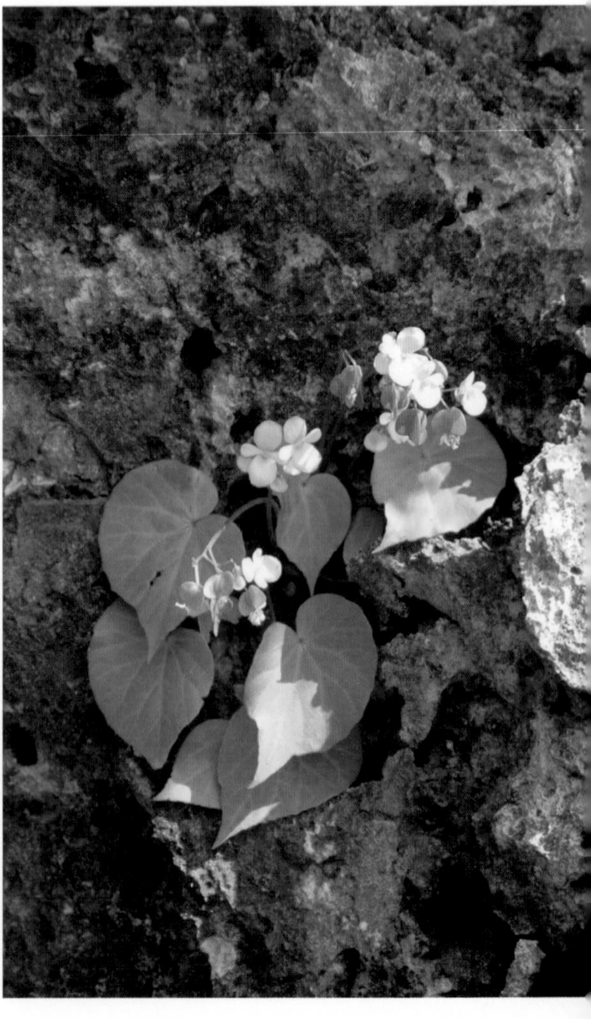

▶生長於海邊礁岩的蘭嶼秋海棠。

▲蘭嶼秋海棠的雌花花瓣2大3小，旁邊像是貝殼未開的花苞是雄花。

▶雌花花瓣後方的子房是立體三角形。

▲雄花沒有子房，花瓣2大2小。

▲成熟開裂的蒴果。

小花倒提壺

Cynoglossum lanceolatum Forssk.

科名 | 紫草科 Boraginaceae

英文名 | Smallflowers Hound Stongue

別名 | 島琉璃草

原產地 | 東半球溫暖地區

形態特徵

二年生至多年生草本，植株被剛毛。葉披針形至長橢圓披針形，基部葉長，往上葉長漸短，基部寬度漸減至枝條處，偶爾半抱莖；葉表葉毛基部一般具 1-4 圈鈣化細胞。花序多成對；花瓣多為 5，淺藍色，喉部具鱗片；子房深 4 裂，花柱基生。堅果背側略凸狀，具倒鉤刺，初呈綠色，成熟為褐色。

地理分布

廣泛分布於東半球溫暖地區。臺灣分布於丘陵地區的森林邊緣及路旁。

▲藍色系的小花在單調的沙灘中相當顯眼。

▲小花倒提壺生長在海濱沙地高莖類草叢中。

▲一串褐色的成熟果實，堅果背側略凸狀，具倒鉤刺。

基隆筷子芥

Arabis stelleri DC. var. *japonica* (A. Gray) F. Schmidt

科名| 十字花科 Brassicaceae　　**原產地|** 東北亞

形態特徵

多年生草本。基生葉無柄，匙形，邊緣波狀至微凹；莖生葉無柄，基部半抱莖或抱莖，倒披針形，全緣至波狀緣。花單一，被毛，萼片基部多呈囊狀；花瓣白色。長角果扁平，莢片具明顯中脈。

地理分布

韓國、日本及臺灣。臺灣目前僅知分布於北部海濱地區。

▲生長在海濱山坡上的基隆筷子芥。

▶基隆筷子芥是紋白蝶類的食草，植株常遭其幼蟲啃食。

▲基隆筷子芥開著白色花朵搭配墨綠又厚實的葉片，給人堅韌的感覺。

濱萊菔

Raphanus sativus L. f. *raphanistroides* Makino

科名｜ 十字花科 Brassicaceae

英文名｜ Garden Radish, Radish

別名｜ 濱蘿蔔、海濱萊菔

原產地｜ 東亞

形態特徵

一至二年生草本，被毛。基生葉具柄，琴狀羽裂，羽片多鈍齒，頂羽片最大，近圓形；莖生葉往上漸小。總狀花序，頂生；無苞片；花瓣粉紫色，多具較深色的脈。長角果不開裂，先端具長嘴喙。

地理分布

日本及琉球。臺灣分布於北部海濱地區。

▶粉紫色的 4 枚花瓣排列成十字。

▲濱萊菔的葉片與同家族的白蘿蔔非常相似，葉片深裂，簇生於莖的基部。

濱萊菔是菜市場中白蘿蔔的近親，屬同一物種，僅形態上有些微差異，因而被分類學家視爲不同型（form）的植物，臺灣產於北部海濱地區，以三芝與福隆附近較爲常見，受到海岸地區開發影響，數量已日漸稀少。

濱萊菔又稱濱蘿蔔，屬於十字花科植物，這科植物爲臺灣紋白蝶與日本紋白蝶等蝴蝶的幼蟲食草。春季，在天氣乍暖的陽光下，紋白蝶們紛紛於濱萊菔的葉片上產卵，而孵化出的青綠色幼蟲則會將濱萊菔羽狀深裂的葉片啃食得坑坑洞洞。其成熟植株會逐漸抽出細長的花序，淡紫色的花瓣秀麗高雅，當微風輕拂，十字狀的花冠像是一隻隻粉蝶，吸引著蝶類、蜜蜂等昆蟲爲它傳粉，授粉後的花朵發育爲一節節膨大的長角果，先端如鳥喙狀，成熟時會一節節斷裂，受到海綿狀果皮保護的種子，會因浮力增加使其順著水流傳播。

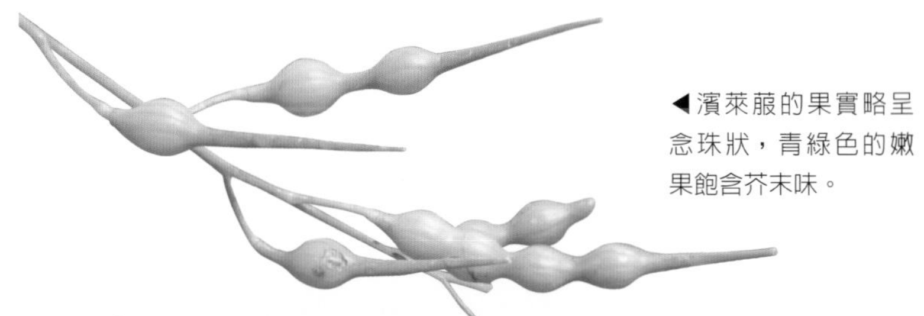

◀濱萊菔的果實略呈念珠狀，青綠色的嫩果飽含芥末味。

▲濱萊菔是早春就開花的海濱植物，4 月果實就陸續成熟了。

金武扇仙人掌

紅皮書等級 NA

Opuntia tuna (L.) Mill

科名｜ 仙人掌科 Cactaceae

英文名｜ Elephant Ear Prickly Pear

別名｜ 平安刺

原產地｜ 中南美洲、地中海沿岸

形態特徵

多年生多肉草本，莖具節，倒卵形，肉質，扁平，老莖木質化。刺狀葉，白色。花頂生，鮮黃色。漿果。

地理分布

中南美洲及地中海沿岸。臺灣分布於西部沙岸及泥岸、南北部岩岸及外島小琉球、澎湖、綠島與蘭嶼等地。

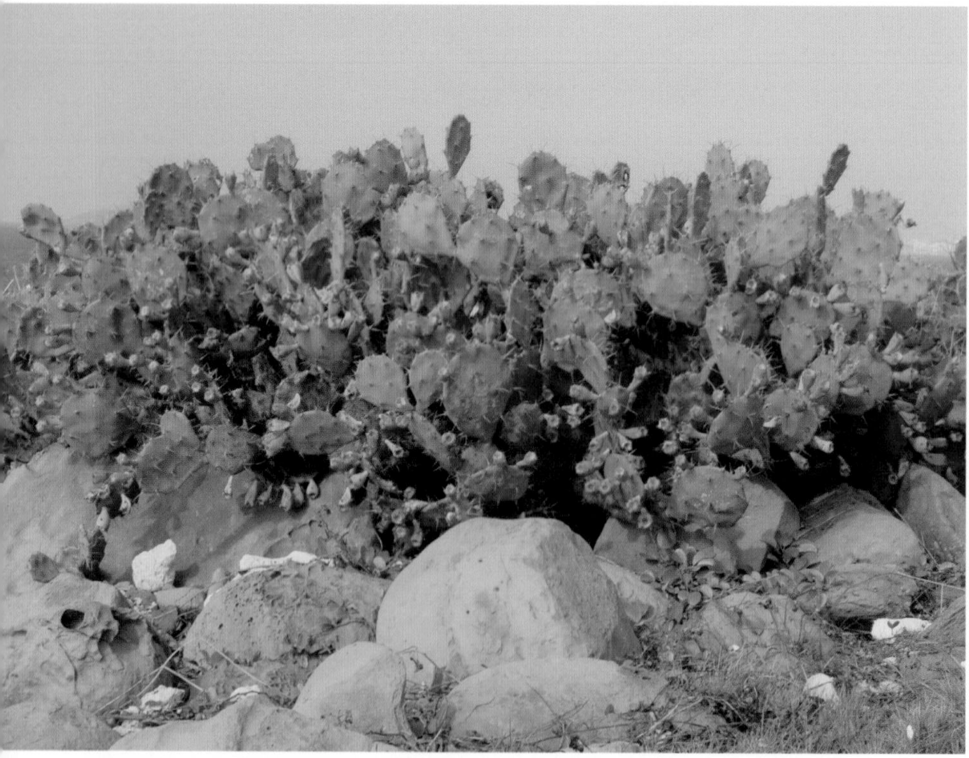

▲金武扇仙人掌的莖呈倒卵形且肉質扁平，形似一把把小扇子。

▲相當鮮黃豔麗的頂生花，讓全身被刺的金武扇仙人掌添加了不少的柔性。

▲澎湖名產仙人掌冰即是用金武扇仙人掌的漿果加工製作而成。

三角柱仙人掌

Selenicereus undatus (Haw.) D.R.Hunt

科名｜ 仙人掌科 Cactaceae

英文名｜ Moonlight Cactus, Night-blooming Cereus

別名｜ 三角柱、倒吊蓮、搭碧蓮

原產地｜ 南美洲

形態特徵

攀緣性肉質植物，莖三角柱狀，柱稜具刺。葉退化成刺。花漏斗狀；鱗片狀苞片，厚肉質；花萼線形，黃綠色，開花時向外反捲；花瓣長橢圓形，白色；雄蕊多數；雌蕊柱頭具多數裂片。果實長橢圓形，熟時紅色。

地理分布

原產南美洲巴西至墨西哥。臺灣歸化於海濱地區。

▲三角柱仙人掌的白色花。

▲三角柱仙人掌未成熟的綠色果實。

◀莖三角柱狀，柱稜具刺。

瓜槌草

Sagina japonica (Sw. ex Steud.) Ohwi

科名| 石竹科 Caryophyllaceae　　**英文名|** Japanese Pearlwort

別名| 漆姑草　　**原產地|** 東北亞、印度

形態特徵

一年或多年生草本，植株細小，直立或匍匐生長。葉線形，窄於 0.15 公分，極細。花細小，單生或幾朵花組成的聚繖花序；萼片 5 枚，離生，被腺毛；花瓣 5 枚，白色。蒴果。種子深褐色，表面具細小紋飾。

地理分布

分布於韓國、日本、中國大陸中部至印度等地。臺灣常見於濱海地區。

▶開裂後的蒴果可看到許多細小的黑褐色種子，像是裝在迷你瓶中的巧克力球。

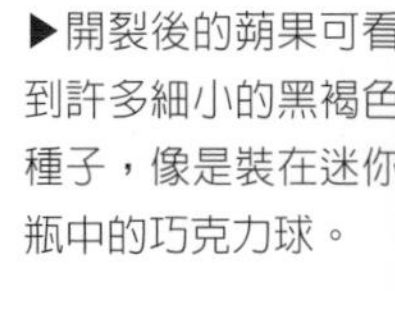

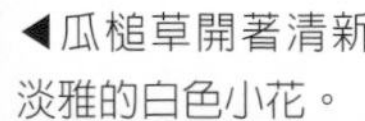

◀瓜槌草開著清新淡雅的白色小花。

▲在沙礫堆中生長的瓜槌草。

基隆蠅子草

Silene fissipetala Turcz. var. *kiruniinsularis* (Masam.) Veldk.

科名 | 石竹科 Caryophyllaceae　　**原產地 |** 臺灣

形態特徵

多年生直立草本。葉線狀倒披針形或倒披針形，葉表具瘤狀凸起，具緣毛。花白色；萼片 5，合生；花瓣 5，裂片先端條裂；雄蕊 10；花柱 3。蒴果長橢圓形。

地理分布

臺灣特有變種。目前僅知分布於臺灣北部沿海地區及基隆嶼。

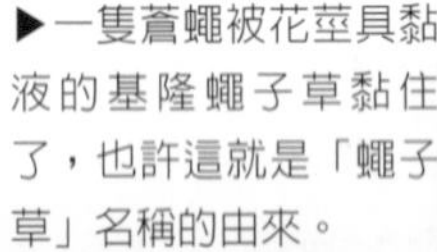

▶一隻蒼蠅被花莖具黏液的基隆蠅子草黏住了，也許這就是「蠅子草」名稱的由來。

▲在岩壁上成群綻放的基隆蠅子草，花色純白，花瓣 5，先端不規則剪裂。

提到石竹科的植物，很多人都會想到母親花 — 康乃馨。臺灣產的石竹科石竹亞科植物，包含兩個屬，分別爲石竹屬與蠅子草屬，花瓣、萼筒、種子及植株形態是種間區別的重要特徵。基隆蠅子草是蠅子草的變種，產於山區的蠅子草花色爲粉紅色，而生長於北部、東北部海岸的基隆蠅子草花色則爲白色。

初夏的北部海岸是基隆蠅子草盛開的時節，修長的花序上有長筒狀花冠隨風輕擺。花萼筒上有一層黏液，不知是否因爲會黏住蒼蠅等小蟲而有蠅子草的稱呼，細長的花筒隨後開放，純白的花朵裂成5瓣，先端呈剪裂狀，在人煙罕至的沙灘上或懸崖邊成群生長，烈日下素雅地綻放著。

▶蒴果長橢圓形，成熟時由頂端開裂。

▲野外偶見基隆蠅子草之粉紅花色個體。

濱旋花

Calystegia soldanella (L.) R. Br.

科名 | 旋花科 Convolvulaceae

英文名 | Seashore Giorybind

原產地 | 溫帶、亞熱帶地區

形態特徵

多年生匍匐草本，莖平臥或斜立，無毛。葉近無柄或具柄，厚革質，圓腎形或心形，兩端鈍、圓或凹頭，具光澤，無毛。花單生或數朵成聚繖花序，腋生；花萼宿存；花冠漏斗狀，淡粉紅，無毛；雄蕊內藏；柱頭 2 裂。蒴果球形，包被於增厚的花萼中，無毛。

地理分布

廣泛分布於全世界的溫帶、亞熱帶海濱地區。臺灣見於北海岸沙灘。

▲為多年生草本，和馬鞍藤一樣皆為海濱沙丘的第一線植物。

旋花科植物多爲蔓藤狀，在節處生根匍匐，海濱雖然強光多風，不少旋花科種類卻能適應生長，例如濱旋花、馬鞍藤、厚葉牽牛以及圓萼天茄兒等。

濱旋花爲多年生草本，和馬鞍藤都是海濱沙丘第一線的植物，不過比起馬鞍藤的數量，濱旋花少了許多。匍匐莖上的長葉柄掛著厚革質圓腎形葉片，輕描著淡綠放射狀脈，葉片厚實精緻，小巧可愛，還沒開花時就足夠令人驚豔。春夏花季時，葉腋間長出淡粉紅色的漏斗狀花冠，搭配淡橙色的雄蕊與雪白的雌蕊，清新淡雅，難怪有人將它比喻爲海濱的清純少女。花朵不限於早上開放，黃昏近晚也會見到開放的花，授粉後卵圓形的子房日益膨大，花萼宿存保護著果實。

◀正在發育期的果實。

▲淡粉紅色的漏斗狀花冠，搭配淡橙色的雄蕊與雪白的雌蕊，清新淡雅，讓它有「海濱的清純少女」之稱。

土丁桂

Evolvulus alsinoides (L.) L.

科名｜ 旋花科 Convolvulaceae

別名｜ 圓葉土丁桂、人字草、八重唐山草

英文名｜ Dwarf Morning-glory, Slender Dwarf Morning Glory

原產地｜ 泛熱帶、亞熱帶地區

形態特徵

多年生匍匐性草本，全株密被白柔毛，莖多分枝。葉無柄，互生，橢圓形。花 1 至數朵，腋生；花萼長絲狀，宿存；花冠圓盤形，多為藍色、淡藍或紫色，偶爾可見白色；花開後，果梗會更細長。蒴果卵球狀，熟時開裂。種子 4 顆。

地理分布

廣泛分布於全世界熱帶及亞熱帶地區，如非洲、馬達加斯加島、印度、中南半島、中國及臺灣。臺灣分布於南、北部海濱地區及外島。

▲土丁桂多分枝的特性在地上形成草毯。

旋花科植物多數為纏繞性藤本植物，但土丁桂屬*Evolvulus*，拉丁文原意指「不纏繞」的意思，是旋花科中少數不具纏繞性的草本植物。種小名*alsinoides* 拉丁文意指像石竹科的植物，大概是土丁桂這嬌小的植物體像石竹科大部分植物一樣，莖具有不斷分枝特性。

清晨陽光映照後，土丁桂的藍色小花朵也跟著開放，配上全身白色的柔毛，就像一把浪漫小花傘似的。除了藍色的花朵外，偶爾也可見到變異的白色花植株。

炎熱又乾旱的海岸環境，如草生地、珊瑚礁岩、沙地皆可看見土丁桂的身影。矮小的植物平貼地面生長，非生長季節時，植株部分乾枯，俟下一個生長季重新生長繁茂。

▲土丁桂的枝條多分枝向四周蔓長。

▲藍色小花亮麗迷人，現已有栽培作為草地綠化。

▲偶爾可見土丁桂變異的白色花朵。

▲成熟蒴果呈微黃色，內具 4 粒細小種子。

厚葉牽牛

Ipomoea imperati (Vahl) Griseb.

科名｜ 旋花科 Convolvulaceae　　**英文名｜** Beach Morning-glory

別名｜ 白馬鞍藤　　**原產地｜** 泛熱帶、亞熱帶地區

形態特徵

多年生無毛蔓性草本，節處常生根。單葉互生，革質，葉形變異大，全緣至3-5裂，披針形、卵形、長卵狀心形或線形，鈍或凹頭，基部鈍、截形或心形。花冠漏斗形，白色，花冠筒內淡黃色。果球形。

地理分布

泛熱帶及亞熱帶地區的海濱。臺灣分布於海濱沙灘地上，北海岸福隆、南部恆春半島、東部及澎湖群島等地較為常見。

▲走莖被埋在沙堆裡，只露出葉片的厚葉牽牛。

▲厚葉牽牛的蒴果，內具 4 粒種子。

▲厚葉牽牛多於春、夏早晨陽光不大時開花。

海牽牛

Ipomoea littoralis Blume

科名 | 旋花科 Convolvulaceae

英文名 | Whiteflower Beach Morning-glory

別名 | 細本牽牛花

原產地 | 熱帶太平洋、印度洋沿岸

形態特徵

纏繞性草質藤本或匍匐草本，莖右旋，幼莖實心，幼莖及葉上均無毛。葉卵形、闊卵形至橢圓形，葉基心形。花序腋生，2-3 朵為主；花冠漏斗狀，花紫色或粉紅色，花冠筒內紫紅色。蒴果近球形。種子黑色。

地理分佈

分布於太平洋海島、馬達加斯加島、印度、斯里蘭卡、中南半島、澳洲東部及北部、墨西哥等地的海岸地區。臺灣生長於南部及東部海濱地區的沙灘或灌叢。

▲喇叭狀的花朵與馬鞍藤花朵相似。

▶未成熟的果實。

▲在臺灣南部及東部的海岸灌叢或道路旁可見海牽牛的身影。

平原菟絲子

Cuscuta campestris Yunck.

科名 | 旋花科 Convolvulaceae

英文名 | Field Dodder

原產地 | 北美洲

形態特徵

寄生草本。莖黃褐色絲狀，纏繞性，以吸器穿入寄主莖中吸取養分。葉退化為鱗片狀。花密集簇生，花冠短鐘形，裂瓣向外反折且先端尖，白色至淡黃色；花柱 2。蒴果球形。

地理分布

原產北美洲。臺灣分布於低海拔地區，以海邊荒地最為常見。

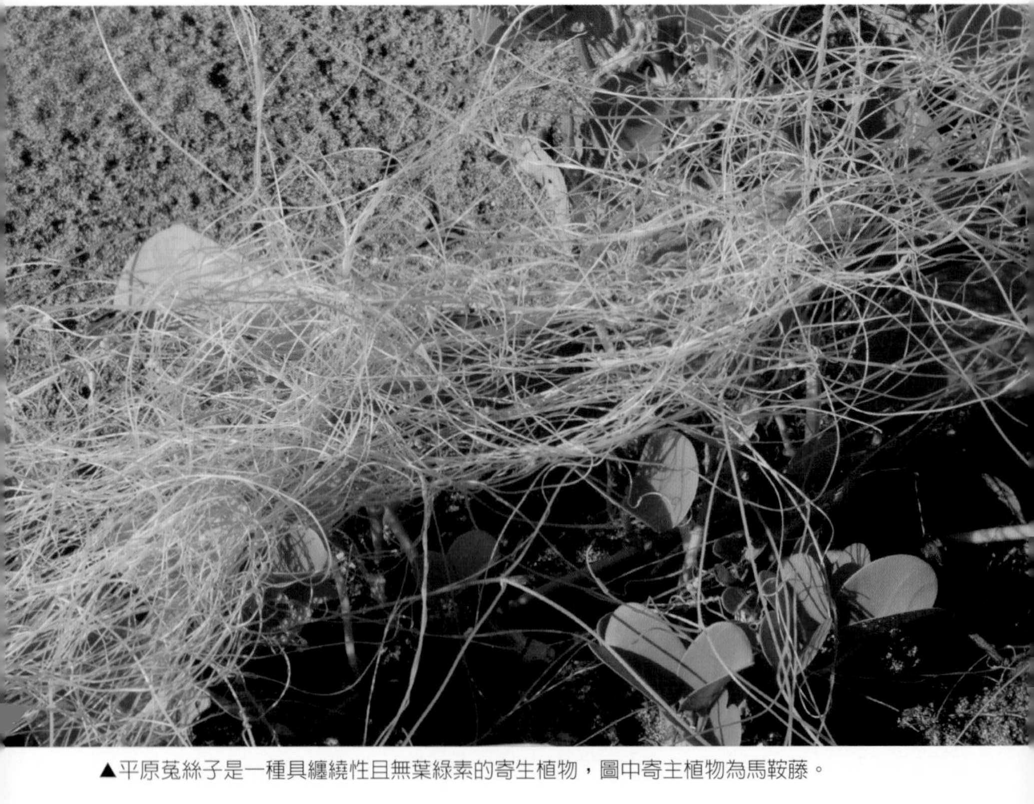

▲平原菟絲子是一種具纏繞性且無葉綠素的寄生植物，圖中寄主植物為馬鞍藤。

▲簇生在莖上的細小白花。

◀平原菟絲子的球形蒴果，呈黃褐色。

石板菜

Sedum formosanum N. E. Br.

科名 | 景天科 Crassulaceae

別名 | 臺灣佛甲草、白豬母乳、臺灣景天

原產地 | 東亞

形態特徵

一年生草本。葉互生，肉質，匙形，全緣，先端尖銳，基部楔形。聚繖花序；花黃色；萼片不等長。果實直立，5 瓣偶 4 瓣。

地理分布

日本、琉球及菲律賓。臺灣分布於北海岸、東北角、墾丁社頂地區與龜山島、基隆嶼等海濱地區。

▲成片生長在北海岸及東北角海岸的石板菜，在 4-5 月間亮麗開放，為海濱植物繽紛的花季展開序曲。

每年3、4月陰雨霏霏的時節，可在北海岸或東北角觀察到成片的石板菜正開著黃色小花，爲海濱植物繽紛的花季展開序曲。

石板菜爲景天科佛甲草屬，這類植物在臺灣的海濱主要有2個物種，即石板菜和疏花佛甲草。石板菜花多而明顯，葉片稀疏且較長（1公分以上），而疏花佛甲草花朵則較爲稀疏而少，葉片密集，且肉質葉短於0.5公分，比較少見。這兩種植物皆爲低矮的植株，肉質、多汁的葉片，都是因應海濱多風、多鹽、乾旱、強日照與土壤層較薄等嚴苛環境所演化出的形態適應。

石板菜於臺灣北部海岸相當常見，會在山坡上、岩石縫、漁村人家的紅瓦屋頂上成簇生長，一到初春便綻放金黃色五瓣星芒狀小花，燦爛如熠熠群星，搭配灰黑色安山岩或是紅瓦屋頂都相當美麗耀眼。

▲葉片肉質多汁，是石板菜對海濱多風、多鹽等嚴苛環境所演化出的適應形態。

▲結實纍纍的石板菜。

▲金黃色的 5 瓣星芒狀小花，燦爛如熠熠群星。

疏花佛甲草

Sedum japonicum Siebold ex Miq. var. *oryzifolium* (Makino) H.Ohba

科名 | 景天科 Crassulaceae

英文名 | Oneflower Buddhanail

原產地 | 東北亞

形態特徵

多年生肉質草本，莖不具腺點，葉腋不具珠芽。葉密集互生，肉質，柱狀寬匙形，全緣，先端尖鈍狀至銳狀，葉基楔形。花單一，或穗狀花序 5-6 朵花，黃色；萼片不等長。果實直立。種子黃色。

地理分布

日本、琉球及臺灣。臺灣主要分布於北部海岸地區。

▲疏花佛甲草除生長於海岬岩石地，也會出現在沙灘上。

佛甲草是景天科的多肉植物，這類植物名稱由來可能是因爲葉片肥厚狀如神佛的指甲而來。在臺灣，佛甲草屬植物約有15種，除石板菜和疏花佛甲草2個物種分布於濱海環境外，多數分布於山區。石板菜廣泛分布於臺灣北部、東北部、東部地區及各離島，常呈大面積生長；相較之下，疏花佛甲草的數量就顯得稀少，以宜蘭地區的海岬岩石峭壁上較爲常見。

圓短的多肉質葉片緊密地排列在矮小的莖枝上，疏花佛甲草從海岸邊的岩石堆中冒出小巧身軀；烈日下，肥厚的莖葉常呈紅褐色，雅致動人。春季時；莖頂蹦出黃色的星芒狀小花，陽光下閃耀著光芒；仲夏時，部分果實成熟，星芒化爲黃褐色的果實，五瓣的星狀果實，像是楊桃橫切面。蓇葖果成熟時開裂，飄散出多數細小的種子。

▲穗狀花序，由底部開始開出星芒狀的黃色小花。

▲五瓣的星狀果實，形似楊桃的橫切面。

▲疏花佛甲草圓短的肉質葉片緊密地排列在矮小的莖枝上。

鵝鑾鼻燈籠草

Kalanchoe garambiensis Kudo

科名 | 景天科 Crassulaceae

別名 | 鵝鑾鼻景天

原產地 | 臺灣

形態特徵

小草本，全株肉質。單葉具柄，對生，全緣。花瓣合生成筒狀，黃色，先端鈍或微凹。蓇葖果。

地理分布

臺灣特有種。分布於南部海濱的岩石地。

▶裂開的蒴果，種子彈出。

▲鵝鑾鼻燈籠草繖房花序上豔黃的花朵相當亮眼。

▲鵝鑾鼻燈籠草植株高度、葉片大小及葉色變異極大；近海礁岩上的個體特別矮小。

黃色飄拂草

Fimbristylis sericea (Poir.) R. Br.

科名 | 莎草科 Cyperaceae

英文名 | Sericeous Fluttergrass

原產地 | 東北亞、印度、澳洲

形態特徵

多年生草本，莖葉密被毛，地下根莖匍匐。莖單生，三角形。葉基生，無葉舌。小穗多數，常 3-10 聚生；花序鱗片螺旋狀排列，背面多條脈；柱頭 2-3 叉。瘦果截面稜鏡形。

地理分布

分布於日本、中國大陸至印度和澳洲。臺灣全島海邊沙地及林下可見。

▲小穗常 3-10 個聚生一起。

◀生長在沙地上的黃色飄拂草。

竹子飄拂草

Fimbristylis dichotoma (L.) Vahl

科名｜ 莎草科 Cyperaceae　　**英文名｜** Dichotomous Fluttergrass

原產地｜ 泛熱帶地區

形態特徵

一至多年生草本，稈單生或疏叢生，橫截面橢圓形，光滑至密被毛。葉基生，線形，先端鈍，扁平，綠色，無毛至密被毛；葉鞘緊繞著稈，圓筒狀，膜質，淡褐色；葉舌短毛狀。花序葉狀總苞片 2-5；小穗 2 至多數，卵形至長橢圓形，先端銳尖，褐色；鱗片螺旋排列，寬卵形，具光澤，紙質；背面 3 條脈，中肋綠色，兩側帶紅褐色；花柱扁平，柱頭 2。瘦果卵形至寬卵形，黃色，具短柄，橫截面稜鏡形，表面網格狀。

地理分布

泛熱帶分布。臺灣主要分布於開闊的潮溼地。

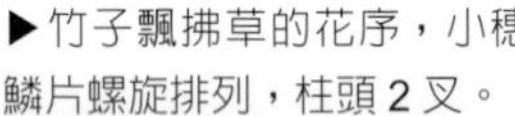

▶竹子飄拂草的花序，小穗鱗片螺旋排列，柱頭 2 叉。

▲生長於海邊休耕水田中的竹子飄拂草。

卵形飄拂草

紅皮書等級 LC

Abildgaardia ovata (Burm.f.) Kral

科名 | 莎草科 Cyperaceae

英文名 | Arrow Fimbristyle

別名 | 獨穗飄拂草

原產地 | 泛熱帶地區

形態特徵

多年生草本，稈叢生直立，密集，扁平三角柱狀。葉基生，葉身長；無葉舌。小穗單一，稀 2-3；花序鱗片 2 列排列，上部者近螺旋狀排列，背面 3 條脈；花柱三角柱狀，柱頭 3 裂。瘦果具短柄，截面三角形或近半圓形。

地理分布

泛熱帶地區。臺灣分布於開闊的草原、森林、茶園及海濱的草生地。

▲卵形飄拂草花序壓扁如箭矛，刷子狀的柱頭可幫助捕捉花粉。

▶植株特寫。

◀卵形飄拂草是一種矮小而纖細的小草。

小海米

Carex pumila Thunb.

科名 | 莎草科 Cyperaceae　　**英文名 |** Dwarf Sedge

原產地 | 亞洲、大洋洲

形態特徵

多年生草本，具長走莖，稈獨立或數枝叢生，橫截面三角形。葉基生。總狀花序；葉狀總苞不具鞘；頂生小穗雄性，線形；側生小穗雌性或先端具少數雄花，圓筒形；雌鱗片卵形，頂端具芒尖；柱頭3。果囊橢圓形，光滑。瘦果橫截面三角形。

地理分布

俄羅斯遠東地區、日本、中國大陸、新幾內亞及臺灣。臺灣分布於海濱沙質地區。

▲廣泛分布於臺灣海岸沙灘的小海米。

小海米是廣泛分布於臺灣海岸的沙灘植物，屬於莎草科，這類植物由於花部細小、花色不明顯且形態相近，因此辨識相當不易，然而大部分的莎草科植物，都生長在山區森林，或是水岸、稻田等溼地環境，只有少數種類生長於海濱地區。

小海米通常生長於沙灘上，其細長的走莖在沙中竄走，每隔一段距離就冒出芽來，抽出莖葉，以地下橫走莖適應沙灘上嚴酷的生活環境。早春時，葉叢中抽出花稈，常具3-4串小穗，最頂端的小穗爲雄花，底下的小穗則多數爲雌花，僅有小穗頂端具少數雄花。春末，頂端的雄花小穗逐漸凋萎，下方雌花漸發育爲果實，豐腴的三角形果實一串串地掛在稈上像是稻穗。

▲具細長的走莖，可在沙中竄走，每隔一段距離就冒出芽抽出莖葉。

▲三角形果實一串串地掛在稈上就像稻穗一樣，故得「小海米」之稱。

▲頂端小穗為雄花，呈線形；底下小穗則多為雌花。

乾溝飄拂草

Fimbristylis cymosa R. Br.

科名｜ 莎草科 Cyperaceae

英文名｜ Cymos Fluttergrass

別名｜ 黑果飄拂草、佛焰苞飄拂草

原產地｜ 熱帶、亞熱帶地區

形態特徵

多年生草本，稈密集叢生，鈍三角形。葉基生，狹線形，明顯向後彎曲，無葉舌。花序鱗片螺旋狀排列；花柱稍扁平，柱頭 2-3 裂；小穗單一或多數。瘦果具短柄，寬倒卵形，截面三角形或近稜形。

地理分布

廣泛分布於熱帶及亞熱帶地區。臺灣分布於全島沿海沙地及沙礫地。

▲乾溝飄拂草是臺灣海濱地區最常見的莎草科植物。

乾溝飄拂草是臺灣海濱地區最常見的莎草科植物，廣泛分布於熱帶、亞熱帶地區，臺灣海邊的草地、沙灘、礁岩上甚至堤岸、溝渠的水泥裂隙都可發現它的蹤影。

冬天地上部枯萎，春季時萌芽、展葉。夏季時開出黃褐色的穗狀花序，花穗單一或成簇，小穗線形；花穗在冬天時結為果實，暗紅棕色的瘦果，具短柄，截面呈三角形或接近稜形。

乾溝飄拂草抗風、耐旱、耐鹽，具強韌生命力。於冬季東北季風盛行期間，長在礁岩上的植株會因受海水長期浸泡而枝葉凋萎，看似枯死，但當春雨來臨沖淨植物體上的鹽分後，就會抽出新芽，再展綠意。

▲花初開時呈淡黃色。

▲花序小穗常多數，花序鱗片為緊密的螺旋狀排列。

硬短莖宿柱薹

Carex breviculmis var. *fibrillosa* (Franch. & Sav.) Matsum. & Hayata

科名｜ 莎草科 Cyperaceae　　**原產地｜** 東亞、澳洲

形態特徵

多年生草本，叢生。鬚根系細密，有芳香。根莖短，地下並具有長匍匐莖。稈橫截面三角形，高不超過 30 公分。葉細長。總狀花序，葉狀總苞具鞘；頂生一組雄小穗，側生小穗雌性或先端具少數雄花，雌鱗片頂端具芒；柱頭 3 叉。瘦果橫截面三角形。

地理分布

分布於中國大陸、日本、韓國、東南亞、澳洲等地。臺灣產於北部及東北部海岸沙地。

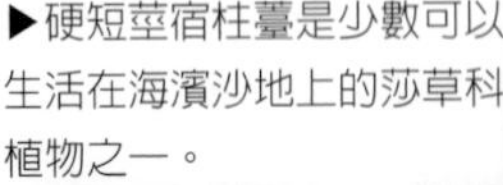
▶硬短莖宿柱薹是少數可以生活在海濱沙地上的莎草科植物之一。

▲花莖下方的雌花序授粉之後結成粒粒分明的瘦果，形態飽滿。

▲硬短莖宿柱薹花序。

扁稈藨草

Bolboschoenus planiculmis (F. Schmidt) T. V. Egorova

科名 | 莎草科 Cyperaceae　　**別名 |** 雲林莞草

原產地 | 東北亞

形態特徵

多年生草本；稈獨立，多節，橫截面三角形，基部具塊莖。葉基生或莖生。花兩性；鱗片覆瓦狀排列，多數可孕；下位剛毛 2-4，線形具倒刺；葉狀總苞 1-3，最下方者常直立；雄蕊 3；柱頭 2 裂；小穗單生，卵圓形至近橢圓形，紅褐色。瘦果倒卵形，黑褐色具光澤，橫截面凸鏡形。

地理分布

庫頁島、日本及中國大陸。臺灣分布於含鹽沼澤地。

▲扁稈藨草可生長於感潮帶溼地的環境下，相當耐鹽。

◀扁稈藨草的花穗。

▲扁稈藨草植株。

▶果穗倒卵形。

大甲藺

Schoenoplectus triqueter (L.) Palla

科名｜ 莎草科 Cyperaceae

英文名｜ Streambank Bulrush

別名｜ 蒲、藨草、大甲草、席草

原產地｜ 歐亞亞熱帶、溫帶地區

形態特徵

多年生高大草本，具長走莖；稈獨立，不具節，橫截面三角形。繖房狀花序；小穗 3-15 個；柱頭 2 裂。瘦果，腹背壓扁，棕色，具下位剛毛。

地理分布

廣泛分布於亞洲亞熱帶、溫帶地區、南歐及地中海地區。臺灣偶見，苗栗一帶有許多栽培

▲大甲藺的稈獨立不具節，橫截面為三角形。

大甲藺爲莎草科植物，這類植物可以編織成草蓆、草帽等物品。曾名聞遐邇的「大甲蓆帽」，就是苑裡的藺草蓆帽，因以大甲爲集散地而得名。大甲藺由於纖維柔軟富彈性、韌性強、具清香味等特性，而成爲編織的優良材料。早在清代初期，就有平埔族婦女利用藺草編織草蓆，由於品質優良，漢人也群起學習編織技巧，並加以改良，到日本時代已成爲行銷海內外的鄉土特產。在從前工業未發達的時代，由它製成的產品與人們的日常生活息息相關。

我們所稱的鹹草，通常包含兩種不同的莎草科植物，一種是前文所介紹的「單葉鹹草」，另一種則是「大甲藺」。二種植物都具有三角形的稈，不易區分，不過單葉鹹草的花序由多數線形小穗組成的輻射枝生長在頂端，而大甲藺則是由數個卵形的小穗生長在稈近頂端的側邊。

大甲藺屬爲宿根草本植物，生長於感潮帶的溼地環境，地下莖橫走於泥地中，地上部主要由三角形的稈所組成，高可達1公尺以上。葉片細小，夏季時，莖稈頂端長出細穗的小花，隨風搖曳。隨著藺草工業沒落，近年來臺灣中部地區大甲藺的栽植區域已相當稀少，但卻陸續有人於臺灣東北部的海邊或河口發現到該種植物。

▲小穗生長在稈近頂端的側邊。

單葉鹹草

Cyperus malaccensis Lam. subsp. *monophyllus* (Vahl) T. Koyama

科名｜ 莎草科 Cyperaceae

別名｜ 短葉茳芏

原產地｜ 琉球、臺灣、中國大陸

形態特徵

多年生草本，具長走莖；稈獨立或近叢生，不具節。葉退化成鞘狀。葉狀總苞 2-3；小穗線形，橫截面近圓形；花柱短於瘦果。瘦果寬線形，棕色。

地理分布

琉球南部、臺灣及中國大陸南部。臺灣分布於海岸溼地。

▶生長於海岸溼地上的單葉鹹草。

▲單葉鹹草的花序。

▲與大甲藺一樣具三角形的稈，但單葉鹹草的花序由多數的輻射枝生長在頂端。

彭佳嶼飄拂草

Fimbristylis sieboldii Miq. ex Franch. & Sav.

科名 | 莎草科 Cyperaceae

英文名 | West Indian Fimbry

原產地 | 泛熱帶地區

形態特徵

多年生草本，稈叢生直立，疏離，扁平三角柱狀。下部葉無葉身，上部葉具葉身，質硬，狹線形，葉舌短毛狀。繖房花序，總苞葉狀，每 1 花序具 3-15 小穗，小穗鱗片螺旋狀排列，窄卵形或長橢圓形，先端尖，鏽色；花柱扁平，柱頭 2 叉。瘦果具短柄，倒卵形至寬倒卵形，截面稜鏡形，黑褐色。

地理分布

泛熱帶地區。臺灣分布於海濱向陽的水域溼地。

彭佳嶼飄拂草與乾溝飄拂草爲臺灣海濱最常見的兩種飄拂草屬植物，乾溝飄拂草的稈密集叢生，橫剖面爲鈍三角形，葉基生；而彭佳嶼飄拂草的稈較稀疏，橫剖面呈扁平三角形，下部葉無葉身，上部葉具葉身。

除了外觀形態上的差別之外，這兩種植物的生育地選擇也不太相同，乾溝飄拂草多生長於海岸前線乾燥的珊瑚礁岩縫或乾旱沙地上；而彭佳嶼飄拂草則生長於海岸溼地、紅樹林旁或潮池積水處。

除了以上兩種飄拂草外，本書還介紹黃色飄拂草、卵形飄拂草與高雄飄拂草，黃色飄拂草是典型的沙灘植物，小穗多數，常3-10聚生；卵形飄拂草與高雄飄拂草通常單一小穗，前者小穗卵狀扁平，多生長於海邊草生地上；高雄飄拂草多生長於海岸溼地上，小穗倒卵形。

▶彭佳嶼飄拂草別緻的小穗，刷子般的白色柱頭 2 叉，可幫助捕捉花粉。

▲生長於海岸礁石積水處的彭佳嶼飄拂草。

海米

紅皮書等級 CR

Carex kobomugi Ohwi

科名 | 莎草科 Cyperaceae

英文名 | Asiatic Sand Sedge

別名 | 篩草

原產地 | 東亞地區

形態特徵

多年生草本，具長走莖及短粗稈。葉互生或叢生。雌雄異株，頂生圓錐狀花序，葉狀總苞不具鞘，小穗長 1-1.5cm；雌花柱頭 3。瘦果卵形，長尾芒尖。

地理分布

韓國、日本、大陸北方以及臺灣等地區。臺灣見於東北角以及馬祖東莒島。

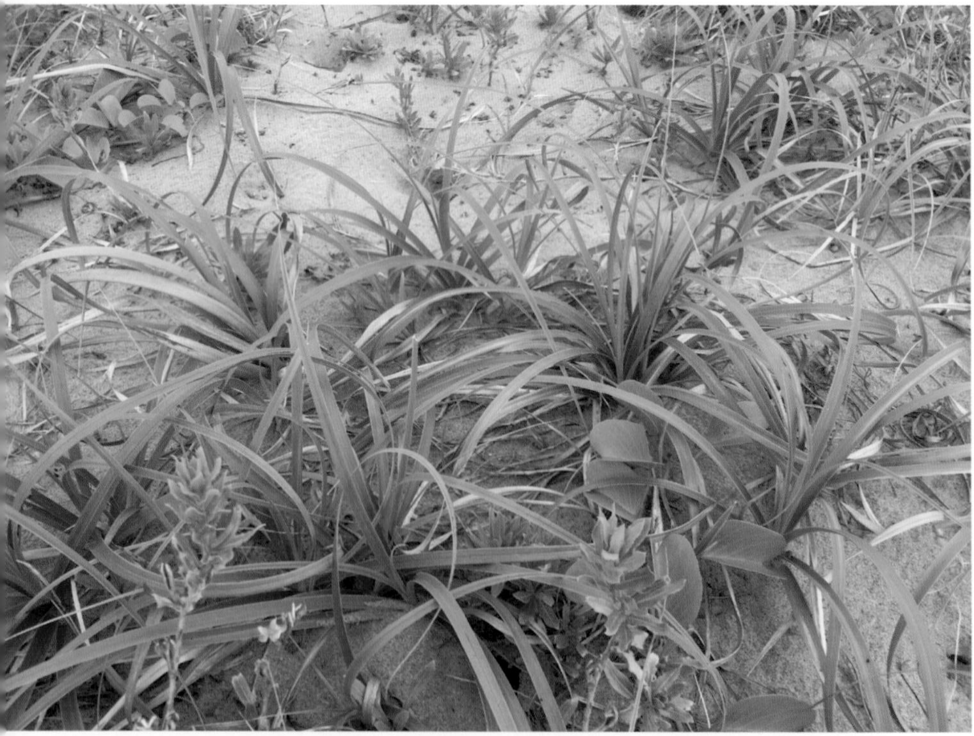

▲海米混生在其他沙灘植物中，外形與其他禾本、莎草植物非常相似而不易辨認。

廣泛分布於東亞地區的海米，臺灣是其地理分布的南界，與馬鞍藤、濱剪刀股、天蓬草舅等生長在沙灘前線。海米在臺灣僅有少數幾筆的採集紀錄，集中在基隆至福隆一帶海灘，目前族群僅剩幾十株，「2017臺灣維管束植物紅皮書名錄」評估其屬於極危（CR）等級，分布範圍狹隘、生育地面積破碎，而且成熟個體也極爲少數的物種。除了臺灣本島北部，馬祖的東莒島也有小面積族群，除了族群本身更新狀況不良，沙灘上的外來入侵植物如毛車前草、裂葉月見草等也是威脅海米及其他原生海濱植物生長的主要原因。

海米與小海米生長在一起，乍看之下並不容易區分，兩者差別在於葉片，前者葉片寬度較寬，葉緣有倒鉤細刺，黃綠顏色；小海米葉略窄，葉面綠但略帶灰白，葉緣是細鋸齒緣。

早春時節海邊還是冷颼颼的天氣，海米的花序就在叢生的葉片中間悄悄冒出頭，雌雄花生長在不同的花序上。海米的細長走莖，可以深入沙灘下方超過一公尺，並往四周擴散，這樣的生長型式與其他海濱植物的群聚生長是穩定沙丘的力量。海米的種子被包覆在一層海綿狀的果皮裡，不僅可以受保護不被海水侵蝕，也能漂浮由海洋傳播，是典型的海漂植物。

◀海米的果實。

▲雄花序。

▲雌花序。

高雄飄拂草

Fimbristylis polytrichoides (Retz.) Vah

科名｜ 莎草科 Cyperaceae

英文名｜ Rusty Sedge

別名｜ 細葉飄拂草

原產地｜ 東亞、印度、澳洲、非洲

莎草科

形態特徵

多年生草本，莖密集叢生，扁平狀。葉基生，短而纖細；葉舌密集短毛狀。小穗單一，稀2，多花；小穗鱗片螺旋狀排列，背面多條脈；花柱扁平，柱頭2叉。瘦果倒卵形，截面稜鏡形。

地理分布

分布於印度、中南半島、馬來西亞、澳洲北部、中國大陸、臺灣及日本。臺灣西南部海岸含鹽分地區有較多的族群。

▶小穗單一，鱗片螺旋狀排列。

▲高雄飄拂草的莖密集叢生。

元寶草

Hypericum sampsonii Hance

科名｜ 金絲桃科 Hypericaceae　　**英文名｜** Sampson St. John's Wort

別名｜ 大還魂、合掌草、對月蓮、大翻魂　　**原產地｜** 東亞

形態特徵

多年生草本，莖直立，分枝，光滑。葉對生，節上對生葉合生穿莖，長橢圓狀披針形，全緣。花單生，兩性，黃色；萼片5；花瓣5；雄蕊多數；子房3-5室。蒴果。種子具縱條紋。

地理分布

日本、琉球、臺灣北部、中國大陸中部、越南北部、緬甸東部及印度。臺灣分布於北部道路旁、草地及海濱地區。

▲結實纍纍的元寶草。

◀元寶草節上的對生葉合生穿莖。

蒟蒻薯

Tacca leontopetaloides (L.) Kuntze

科名 | 薯蕷科 Dioscoreaceae **別名** | 雷公槍

英文名 | Batflower, Polynesian Arrowroot, Fiji Arrowroot

原產地 | 太平洋地區

形態特徵

多年生草本植物，地下塊莖肥厚，扁球形。葉叢生，葉深裂為羽狀或掌狀；葉柄長而中空。花莖亦由基部抽出，可比葉子高度還高，小花叢生於花莖頂端；總苞卵披針形，4-6 枚，有長尾尖，小苞片長線形；花被片 6 片（3 大 3 小），宿存；雄蕊 6 枚。漿果圓球形。種子 10-20 顆。

地理分布

太平洋地區。臺灣僅見於恆春半島東部沙岸地區。

▲地上部植株一年生，以地下圓形球莖度過乾旱的冬季。

▲蒟蒻薯植株高度可達 1.5 公尺，葉片也很大型。

蒟蒻薯廣泛分布於太平洋地區，早期當地許多人會利用它的地下塊莖來烹調，是良好的澱粉類來源，過去恆春有不少居民會在自家宅院種植蒟蒻薯來食用。

偌大開裂成羽狀的葉形極似天南星科植物，連名字也容易被誤認爲是天南星一族，因此當地人將蒟蒻薯與天南星的密毛魔芋、臺灣魔芋等一併同稱爲「雷公槍」。本屬植物在東南亞地區可是出了名的園藝寵兒，因爲它具有富神祕色彩的大型總苞，再加上有如鬍鬚的細長小苞片，造型特殊，受到愛好植物人士關注，而成爲收藏對象。

蒟蒻薯生長於海岸叢林內，每年到了落山風季節，地上部就開始枯萎，待來年雨季開始時再長出新的葉片，其基部有一圓形的球莖，具有貯藏水分的功能，球莖會隨著時間慢慢增大，也可行無性繁殖，由側邊長出小球莖，形成叢生的群落。種子當年成熟後並不會立即發芽，而是等到隔年雨季時才從沙地上冒出小苗來。

▲未成熟的漿果。

▲位於花莖頂端的花苞，花梗細長。

全緣貫眾蕨

Cyrtomium falcatum (L. f.) C. Presl

科名｜ 鱗毛蕨科 Dryopteridaceae

英文名｜ House Holly Fern

原產地｜ 東亞

形態特徵

多年生草本，植株叢生，根莖短，具鱗片，不具毛。一至二回羽狀複葉，厚革質，卵狀鐮形，頂羽片明顯，側羽片 6-14 對，全緣。孢子囊群排於羽軸兩側，孢膜圓形。

地理分布

中國中南部、朝鮮、日本、琉球及越南。臺灣分布於全島及離島海岸至低海拔山區。

▲一回奇數羽狀複葉呈放射狀。

多數人印象中，蕨類大多生長於陰暗潮溼的森林底層，然而在海邊強風、烈日的環境下卻也有少數幾種蕨類生長，像是全緣貫眾蕨就普遍出現於臺灣與離島的海濱林緣或礁石岩縫中。

全緣貫眾蕨根莖短而直立，一回奇數羽狀複葉呈放射狀，羽片卵狀鐮形，邊緣不具鋸齒（全緣），因而得名。厚革質的葉片在陽光下閃閃發亮，迎著海風搖曳生姿，簡單的線條，厚實的觸感，是蕨類中較容易辨識的物種。

全緣貫眾蕨孢子囊群圓形，散生於羽片背面，覆蓋著的孢膜也是圓形。

▶孢子囊群呈圓形，散生在羽片背面。

▲普遍出現於礁石的岩縫中。

濱大戟

Euphorbia atoto G. Forst.

科名｜ 大戟科 Euphorbiaceae

英文名｜ Littoral Euphorbia

別名｜ 鹹花生

原產地｜ 太平洋地區

大戟科

形態特徵

多年生匍匐草本，莖匍匐至斜上，稀直立，光滑，具白色乳汁。葉柄短，對生，橢圓至卵狀長橢圓形，先端鈍至圓，基部略心形、歪基，全緣，兩面光滑。大戟花序；苞片 5，腺體 4-5；雄花聚繖花序，1 至數朵，無花被；雌花單生，具柄，花被小或無，子房光滑或被毛，花柱 3。蒴果光滑。

地理分布

印度、中國南部、馬來西亞、爪哇、澳大利亞、菲律賓、琉球、日本及波里尼西亞。臺灣分布於東部及南部的珊瑚礁及沙灘等環境。

◀未成熟的蒴果，表面光亮。

▶濱大戟的大戟花序。

◀濱大戟常匍匐生長於岩縫間。

鵝鑾鼻大戟

Euphorbia garanbiensis Hayata

科名｜ 大戟科 Euphorbiaceae　　**原產地｜** 臺灣

形態特徵

多年生草本，莖匍匐至斜上，光滑，具白色乳汁。單葉對生，柄短，具細小托葉；葉圓至倒卵形，基部歪斜，略心形，細鋸齒緣，兩面光滑；葉柄光滑。雄花成聚繖花序；雌花單生，具柄。蒴果光滑。

地理分布

臺灣特有種。特產於恆春半島鵝鑾鼻地區，大多生長於珊瑚礁、沙地與沿海草地上。

▶未成熟的蒴果，子房柄細長。

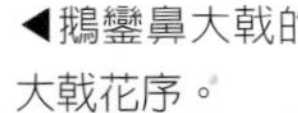

◀鵝鑾鼻大戟的大戟花序。

▲鵝鑾鼻大戟植株在衝風處細密生長。

岩大戟

Euphorbia jolkinii Boiss.

科名 | 大戟科 Euphorbiaceae

英文名 | Jolkin Spurge

別名 | 約大戟、南大戟、上蓮下柳

原產地 | 東北亞

形態特徵

多年生草本，莖直立，光滑，具乳汁。葉互生，緊密排列呈螺旋狀，線狀披針形至線狀倒披針形，先端鈍、圓或微凹，全緣，無托葉。大戟花序，頂生，黃綠色；苞片先端鈍或圓；雄花為具柄雄蕊；雌花子房 3 室。蒴果扁球形，具 3 稜。

地理分布

韓國、日本、琉球、中國西南及臺灣。臺灣主要分布於北部海岸岩石隙縫間。

▲岩大戟多生長於東北角海濱的岩縫間。

岩大戟數量稀少，僅零星出現於臺灣北部海岸沙灘或岩石裂縫上。挺直的枝條，粉綠全緣的線狀披針形葉片配上白皙的葉脈，顯得光潔而亮麗。在臺灣，另有一些植物形態與岩大戟十分相近，例如：臺灣大戟（*E. formosana* Hayata）、霞山大戟（*E. shouanensis* Keng）與太魯閣大戟（*E. tarokoensis* Hayata），其主要差異點在於岩大戟的葉片與苞片先端較爲圓鈍，此外，岩大戟僅分布於北海岸與東北角海邊，該屬其他種群則多分布於北海岸及東北角以外地區。大戟屬的植物多含劇毒，但有許多種類是傳統的藥用植物。

岩大戟是雌雄同株異花的植物，雄花僅爲一有柄的雄蕊；雌花則較爲醒目，子房3室，圓球形子房具一短柄凸出於苞片之上，密布著顆粒；先端3裂的柱頭造型玲瓏有趣，也方便昆蟲停棲。早春時，岩大戟抽出新枝，展開嫩綠稍帶白粉的新葉，潔淨的枝枒間也略起變化，吐出花蕊；黃綠色的苞片醒目，可吸引昆蟲協助授粉。夏季花化爲果，散播出種子；而完成終身大事的植株則逐漸枯黃，於海岸沙灘上或岩石間枯立著一株株褐黃色的身影。

◀蒴果外表密布著滿滿的小顆粒。

▲散播種子後的植株會逐漸枯黃。

▲將轉變為果實的花朵，相當小巧可愛。

猩猩草

Euphorbia cyathophora Murray

科名｜ 大戟科 Euphorbiaceae　**英文名｜** Painted Spurge, Dwarf Poinsettia

別名｜ 火苞草、草一品紅　**原產地｜** 美洲、西印度群島

大戟科

形態特徵

多年生草本，莖斜上或直立，光滑或疏被毛，具乳汁。葉互生，提琴形、卵形或卵狀披針形，全緣、細鋸齒緣或微裂。大戟花序，莖頂端苞片基部具 1 紅色斑塊；雄花僅為 1 枚具柄雄蕊；雌花子房 3 室。蒴果。

地理分布

原產於美洲及西印度群島，歸化於東半球。臺灣分布於低海拔荒地及海濱地區。

▲大戟花序，莖頂端苞片基部具紅色斑塊。

▲猩猩草細小的花朵與桃子狀的蒴果。

◀歸化於臺灣海濱地區的猩猩草。

臺灣天芹菜

Heliotropium formosanum I. M. Johnst.

科名｜ 天芹菜科 Heliotropiaceae　　**英文名｜** Taiwan Heliotrope

別名｜ 山豆根　　**原產地｜** 臺灣

形態特徵

一年生至多年生草本，植株匍匐狀，全株密布剛伏毛。葉互生，線形至線狀卵形，全緣，單脈，近無柄。聚繖花序頂生或近頂生。花漏斗狀，瓣白色。堅果狀核果，熟時開裂成 2 粒分核。

地理分布

臺灣特有種。分布恆春半島及澎湖的海邊沙地。

▶成熟的堅果狀核果呈褐色。

▲生長在沙質環境的臺灣天芹菜。

鵝鑾鼻決明

Chamaecrista garambiensis (Hosok.) H. Ohashi, Tateishi & T. Nemoto

科名 | 豆科 Fabaceae　　**英文名** | Oluanpi Senna

原產地 | 臺灣

豆科

形態特徵

一年生草本，直立或蔓性。一回偶數羽狀複葉，互生，小葉鐮刀狀，全緣，葉柄上具腺體。花單生；花瓣 5，左右對稱；雄蕊 9，花絲短。莢果線形扁平，內具種子 10-20 顆。

地理分布

臺灣特有種。分布於臺東海岸、恆春半島海濱沙質區域及內陸草生地。

▶鵝鑾鼻決明生長於臨海的草生地中。

鵝鑾鼻決明是否爲臺灣的特有種植物，各分類學者意見略有出入，有人認爲此種植物廣泛分布於熱帶亞洲地區及大洋洲、澳洲等地。在恆春東半部地區的草生地上相當常見，此種植物的稀有性在於其分布僅局限一隅。

鵝鑾鼻決明個頭嬌小，只有10-20公分高；一回偶數羽狀複葉，小葉很小，約有15對以上，每一片小葉約僅0.5公分長，因此每一片羽狀葉看起來像羽毛似的；豔黃色花一朵朵單生於葉腋，花朵比小葉大上好幾倍，在翠綠的草叢中相當顯眼。

▲一回偶數羽狀複葉，葉柄上有腺體。

▲鐮刀形的果莢內有 10-20 粒種子。

▲鵝鑾鼻決明的花是少數具 9 枚雄蕊的豆科植物。

鵝鑾鼻野百合

Crotalaria similis Hemsl.

科名 | 豆科 Fabaceae

英文名 | Pingtung Rattlebox

別名 | 鵝鑾鼻黃野百合

原產地 | 臺灣

豆科

形態特徵

草本，莖匍匐，全株被白色柔毛。葉近圓形。花黃色；萼片 5，上方 2 片裂，下方 3 片深裂；雄蕊 10；花朵比葉子大。莢果長橢圓筒形，無毛，熟時變黑。種子 10-22 顆。

地理分布

臺灣特有種。分布於恆春半島東南部。

▶秋冬乾季的植株。

▲春天的時候鵝鑾鼻野百合在沙地上開出豔黃的小花。

被臺灣維管束植物紅皮書名錄列爲瀕危（EN）等級的鵝鑾鼻野百合是恆春半島特有的植物，分布局限於恆春半島東南方的沙生或草生地上，野外族群數量相當稀少，生長區域常受到干擾及踐踏，近年更加罕見，像是風吹砂停車場附近過去曾有不少族群，但由於大量遊客人潮停駐，如今觀景臺周邊已難以尋覓。

種子間不凹縮且呈圓胖狀的豆莢是黃野百合屬的重要特徵，果莢內有許多小種子，當種子成熟，搖晃時會聽到沙沙的聲響，收集後可作爲孩童的野外樂趣——沙鈴。鵝鑾鼻野百合的果莢相當小，其圓圓胖胖的模樣看起來非常逗趣。

有許多小型匍匐生長的海濱植物，常見其繁殖器官——花或果比例上比葉子大上許多，這或許就是海濱環境繁殖不易而演化出的特徵，除了鵝鑾鼻野百合，另外像是鵝鑾鼻決明、長梗木藍、臺灣灰毛豆、土丁桂、小葉捕魚木等物種也有相似特徵。

▶豆莢呈圓胖形，成熟時由綠轉為黃色、黑色。

▲黃色的蝶形花比葉子還大。

豆科

長梗木藍

Indigofera pedicellata Wight & Arn.

科名 | 豆科 Fabaceae

原產地 | 印度、臺灣

豆科

形態特徵

匍匐小灌木。三出複葉，頂小葉倒卵形，兩面被毛，葉背具腺點。總狀花序；花紅色。豆莢線狀四角形。種子 4-7 粒。

地理分布

印度及臺灣。臺灣分布於恆春半島。

本種植物在臺灣過去的採集鑑定一直被誤認爲是三葉木藍，直到1984年才由一印度學者釐清兩者在臺灣的區別。長梗木藍在地理上乃呈跳躍性分布，見於印度及臺灣，而臺灣地區則僅見於恆春半島鵝鑾鼻至佳洛水之間。

長梗木藍與三葉木藍兩者的區別爲前者花序比葉子長，果莢約2公厘寬；後者花序較短，果莢寬度約4公厘。同樣喜歡海岸珊瑚礁岩的岩縫環境，有少量土壤聚積之處，也可見於海灘後方的草生地或山坡草原上。果莢長條形，具有4稜的不分節果莢。

▲長梗木藍於礁岩上成片生長。

▲長梗木藍的總狀花序。

▲果莢長條形具 4 稜。

貓鼻頭木藍

Indigofera byobiensis Hosok.

科名｜ 豆科 Fabaceae

英文名｜ Maopitou Indigo, Hengchun Indigo

別名｜ 恆春木藍、屏東木藍

原產地｜ 臺灣

形態特徵

多年生灌木，被伏毛。一回奇數羽狀複葉，具葉枕，小葉 5-7 枚，對生，長橢圓形，兩面被毛。總狀花序；花瓣蝶形，紅色。莢果具 4 稜角，線形，種子 5-7 粒。

地理分布

臺灣特有種。分布於恆春半島乾燥而開闊的地區，以海邊的高位珊瑚礁岩或近海草生地較為常見。

▲以地名來命名的貓鼻頭木藍分布零星，族群稀少。

▲貓鼻頭木藍未成熟的果莢。

▶貓鼻頭木藍的總狀花序。

◀蝶形花是淡淡的粉紅色。

臺灣灰毛豆

Tephrosia obovata Merr.

科名 | 豆科 Fabaceae

英文名 | Taiwan Tephrosia

別名 | 倒卵葉鐵富豆、藥仔草

原產地 | 菲律賓、臺灣

形態特徵

多年生草本，多平臥生長，莖及枝條密布白色長毛。奇數羽狀複葉，小葉長卵形 11-13 枚，先端漸尖，葉背具灰白色毛。花紫色。莢果長橢圓形，表面密布白毛。

地理分布

菲律賓及臺灣。臺灣主要分布於南部高雄、屏東地區、澎湖群島及小琉球等外島。

▶可見於沙灘、珊瑚礁岩及草生地的臺灣灰毛豆部分葉片呈肉質化現象。

▲臺灣灰毛豆常見於靠海的草生地上、礁岩及沙地上。

屬名*Tephrosia*是希臘語「灰色的」，指其莖枝與葉片披有灰白絨毛具灰色外觀；中名又稱「鐵富豆」，乃是音譯而來。其葉片不具托葉、小葉側脈明顯平行以及豆莢的種子之間不明顯分節，爲與其他相似植物容易區別的重要特徵。

臺灣灰毛豆爲匍匐性多年生草本，常成片平鋪於地面上；一回羽狀複葉，短總狀花序上的紫紅色蝶形花要接近正午時分才會開放；生長環境可見於沙灘、珊瑚礁岩及草生地，常與土丁桂、小葉括根等植物聚集生長，喜好陽光且耐旱。

臺灣灰毛豆雖有臺灣之名但並不是臺灣的特有種植物，此種植物第一次發現於菲律賓，在世界上的分布則見於臺灣及菲律賓兩地。

◀密布白色絨毛的未成熟果莢。

▲紫紅色蝶形花要接近正午時分才會開放。

細枝水合歡

Neptunia gracilis Benth.

科名 | 豆科 Fabaceae

英文名 | Native Sensitive Plant

原產地 | 澳洲、菲律賓

形態特徵

多年生草本，根常木質化，莖枝幼時多少有稜角。二回偶數羽狀複葉，對觸摸敏感。葉羽片 2-4 對，每一羽片 8-20 對小葉；小葉長橢圓形。頭狀花序；花瓣綠色，雄蕊白色。莢果簇生，扁平，具柄，熟時棕紅色。

地理分布

澳洲、菲律賓。臺灣歸化見於恆春半島龍坑、後壁湖、車城、保力等開闊地區。

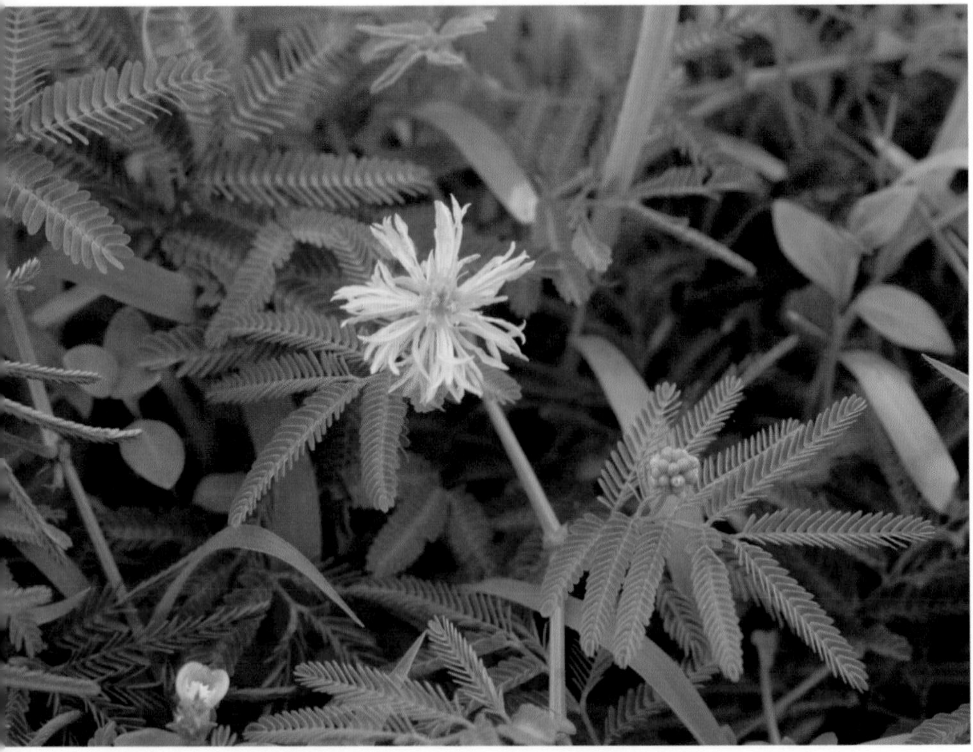

▲葉片及花形都像極含羞草的細枝水合歡，一點都不難辨認。

▲成熟的果莢。

◀球形的頭狀花序。

▲潮溼環境下長出海綿狀的呼吸根。

▲細枝水合歡喜歡略為潮溼的草生環境。

三葉木藍

Indigofera trifoliata L.

科名｜ 豆科 Fabaceae

英文名｜ Threeleaf Indigo

別名｜ 土豆葉仔

原產地｜ 太平洋地區

豆科

形態特徵

匍匐性灌木。葉互生，三出複葉，小葉先端凹。總狀花序比葉子短，腋生，蝶形小花紅色。莢果內具種子 6-8 顆。

地理分布

廣泛分布日本、大陸、印度、南太平洋群島及澳洲地區。臺灣分布於恆春半島、綠島及蘭嶼。

▲三葉木藍常見分布在珊瑚礁岩縫中，或者在草生地上。

▶三葉木藍未成熟的莢果，有明顯 4 稜。

▲三葉木藍花序短於葉長，是與長梗木藍容易區別的特徵。

百金花

Centaurium pulchellum (Sw.) Druce var. *altaicum* (Griseb.) Kitag. & H.Hara

科名 | 龍膽科 Gentianaceae **原產地 |** 歐洲、亞洲

形態特徵

草本，高度 5-40 公分，全株光滑無毛；莖四方形，單生，也常見多分枝。葉無柄，長卵形或披針，長 0.8-2.0 公分，葉先端圓鈍，脈 3-5 出，不明顯。二歧聚繖花序；小花粉紅色，花梗長 0.3-0.7 公分，瓣 5；萼片絲狀或線披針狀，先端尖。蒴果橢圓形，2 裂。

地理分布

歐洲東部、中東、中國大陸沿海以及臺灣。臺灣見於北海岸的基隆、桃園等地。

▶桃紅色小花聚生於頂端的花序。

▲生長於面海草坡的百金花，植株大小由高度 5 公分至 3、40 公分都有。

百金

Centaurium japonicum (Maxim.) Druce

科名 | 龍膽科 Gentianaceae　**英文名 |** Japan Centaurium

原產地 | 東北亞

形態特徵

一年生草本，莖直立，具分枝，枝近四稜形，無毛。葉無柄，卵形至橢圓形，先端鈍圓，全緣。聚繖花序；萼片外側多具稜脊；小花無梗，花冠裂片平展，紫紅色，亦有全白色者；柱頭單一。蒴果狹橢圓形，2 瓣裂。

地理分布

日本、琉球及臺灣。臺灣分布於北部及東部的蘭嶼、綠島。

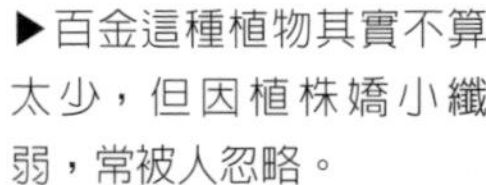
▶百金這種植物其實不算太少，但因植株嬌小纖弱，常被人忽略。

▲百金的葉片兩兩對生，無葉柄。

▲百金和石板菜一起長在岩縫中，像是花園的漂亮角落。

百金是住在海邊的小個子，全緣卵形的粉綠葉片在方形的莖上相對而生，小巧可人，臺灣僅零星分布北、東部、蘭嶼及綠島的海濱沙地或珊瑚礁岩上。有些人認為這種植物數量稀少而價值超過「百金」，其實這種植物在北海岸、東北角與宜蘭地區並不算太少，只是植株嬌小纖弱，常被人忽略。開花季節通常在陽光炙熱的夏季，因此鮮少被注意，必須細心觀察，並蹲坐於滾燙的沙礫灘上，才能一睹它的芳容。

百金與百金花兩者非常相似，百金植株相對較小，主要差別在於百金花的小花有花梗，聚繖花序較大，頂生，柱頭2。

百金於春雨後逐漸滋長，初夏時，淡綠色植株的葉腋間冒出小巧的長筒狀粉紅色花苞，嬌羞如蒙紗的女孩，待粉紅色的五花瓣完全展開時，增添些許嫵媚，配上粉綠的對葉，更顯得清新脫俗。盛夏時，授粉過後的花朵變成呈現淡淡黃褐色的細長果實，當秋冬時節東北季風吹起，百金也逐漸萎黃，並散出多數細小的種子，隨風傳遞。據傳百金具有清熱解毒之效，但這麼嬌滴滴的植物，怎堪摘折？

▶受粉過的花朵轉為淡黃褐色的細長果實。

▲百金於粉紅色的花瓣完全展開時增添不少嫵媚之感。

射干

Iris domestica (L.) Goldblatt & Mabb.

科名｜ 鳶尾科 Iridaceae

英文名｜ Blackberry Lily, Leopard Lily

別名｜ 鐵扁擔、紅蝴蝶花、尾蝶花、扁竹、剪刀鉸、黃知母、紫良薑

原產地｜ 東亞、印度

形態特徵

多年生宿根性草本，莖直立，具肉質地下莖，莖梗長。葉互生，嵌疊狀，廣劍形，扁平，全緣。聚繖花序，頂生；花瓣 6，橙色；花冠橘黃色，被暗紅色斑點。蒴果橢圓形或倒卵形，具 3 稜，熟時 3 瓣裂。種子球形，黑色，具光澤。

地理分布

日本、韓國、琉球、印度北部及中國大陸南部。臺灣分布於北部及東部海濱地區，已大量栽培應用於各地公園花圃綠化。

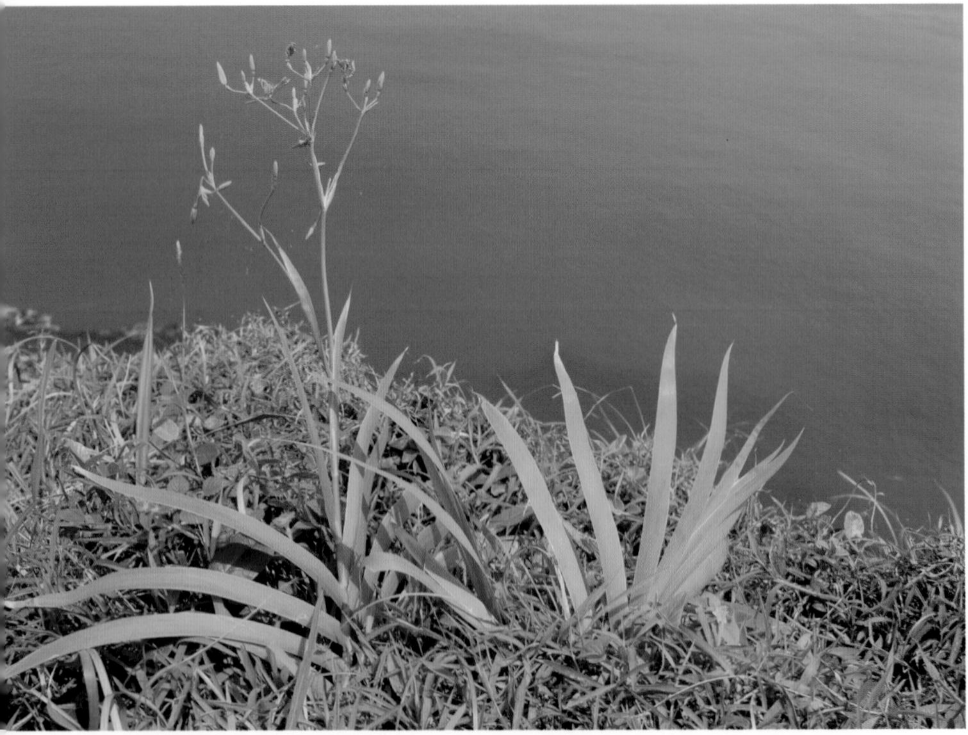

▲色彩鮮豔的射干搭配著蔚藍的海，形成一幅美麗的景象。

▶花冠橘黃色，
被暗紅色斑點。

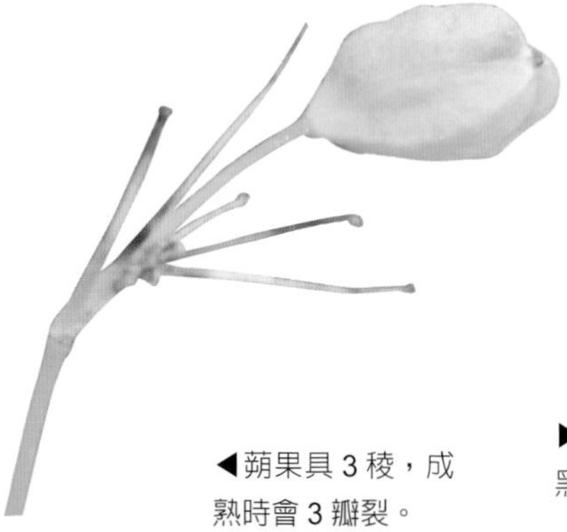

◀蒴果具 3 稜，成
熟時會 3 瓣裂。

▶射干的種子呈藍
黑色且具光澤。

▲射干的葉片呈扁平狀劍形。

夏枯草

Prunella vulgaris L. subsp. *asiatica* (Nakai) Hara

科名 | 唇形科 Lamiaceae

英文名 | Common Selfheal

別名 | 棒槌草、鐵色草、鐵包草、大頭花、夏枯頭、夏枯花、六月乾、枯草穗

原產地 | 東北亞

形態特徵

多年生草本，莖四稜形，全株疏被毛或近無毛。葉對生，卵形，先端銳尖至鈍形，基部楔形，微鋸齒緣。輪繖花序頂生；花冠筒狀，上唇船形，下唇 3 裂，淡紫紅色；雄蕊 4，2 強。堅果橢圓形。

地理分布

中國大陸、日本、韓國及臺灣。臺灣分布於北部海拔 1,500 公尺以下地區。

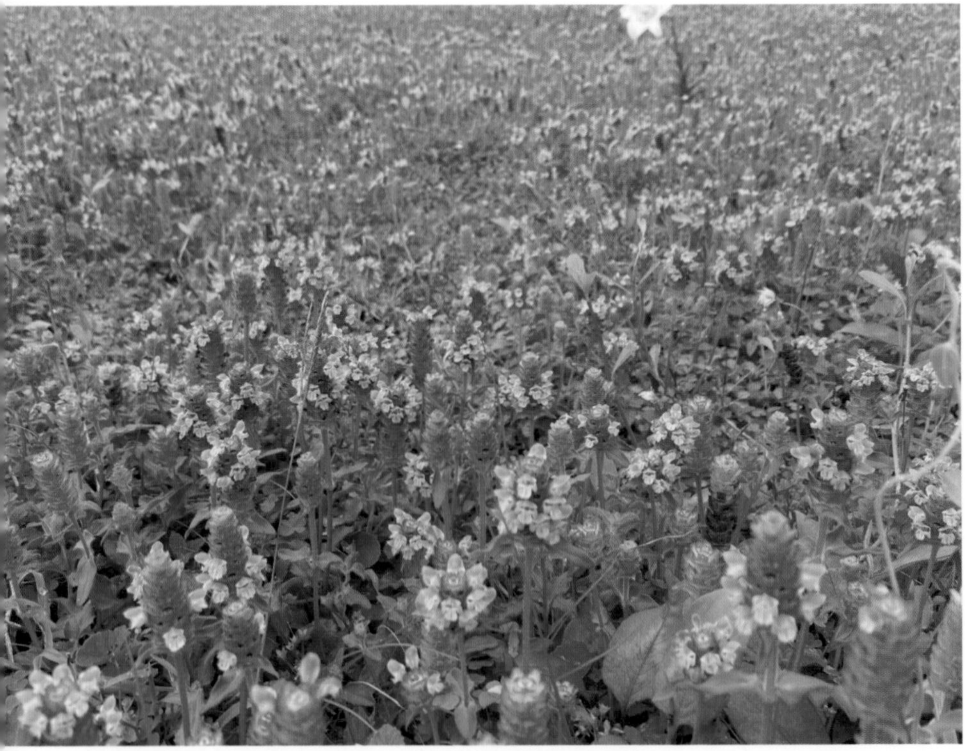

▲夏枯草在山上和海邊都有蹤跡，於春末夏初開花，夏末植株逐漸枯黃，故稱「夏枯草」。

夏枯草是一種分布很廣的植物，山上和海邊都可見到它的蹤跡，其微帶紅色的方形莖上對生卵形微鋸齒緣的葉片，靠著走莖群生成一整片。大型紫色的圓筒狀花序，總是引人駐足徘徊，好奇它的芳名。

夏枯草的美麗是短暫的，春季時，身形略顯嬌小的莖頂上結出圓筒形花序，每一朵紫色的唇形小花都有一枚多毛的苞片保護著，花朵由下往上依序綻放。到了夏季，花序變成一串果序，內含許多深褐色長橢圓形的小堅果，植株也逐漸枯黃，散播出堅果，地下部分也進入休眠，等待翌春，再展姿態，因而稱爲夏枯草。

◀輪繖花序密集成頂生穗狀花序，花冠紫色或白色。

▲夏枯草的花苞，盛開的花和成熟的果實同時存在。

矮筋骨草

Ajuga pygmaea A. Gray

VU 紅皮書等級

科名｜ 唇形科 Lamiaceae　　**原產地｜** 東北亞

別名｜ 矮金瘡草、紫雲蔓、金瘡小草、姬金瘡草

形態特徵

多年生草本，具走莖。基生葉，葉倒披針形或長橢圓狀倒披針形，疏被長柔毛，波狀齒緣。花腋生；花萼鐘形，被柔毛，5 齒；花冠藍紫色，上唇極短，2 淺裂，下唇 3 裂，中裂片較長，倒心形，側裂片長橢圓形，內面近基部具毛環；雄蕊 4，2 強，花藥 2 室；子房 4 裂。小堅果倒卵狀三稜形。

地理分布

日本、琉球及臺灣。臺灣分布於北海岸開闊的海濱坡面。

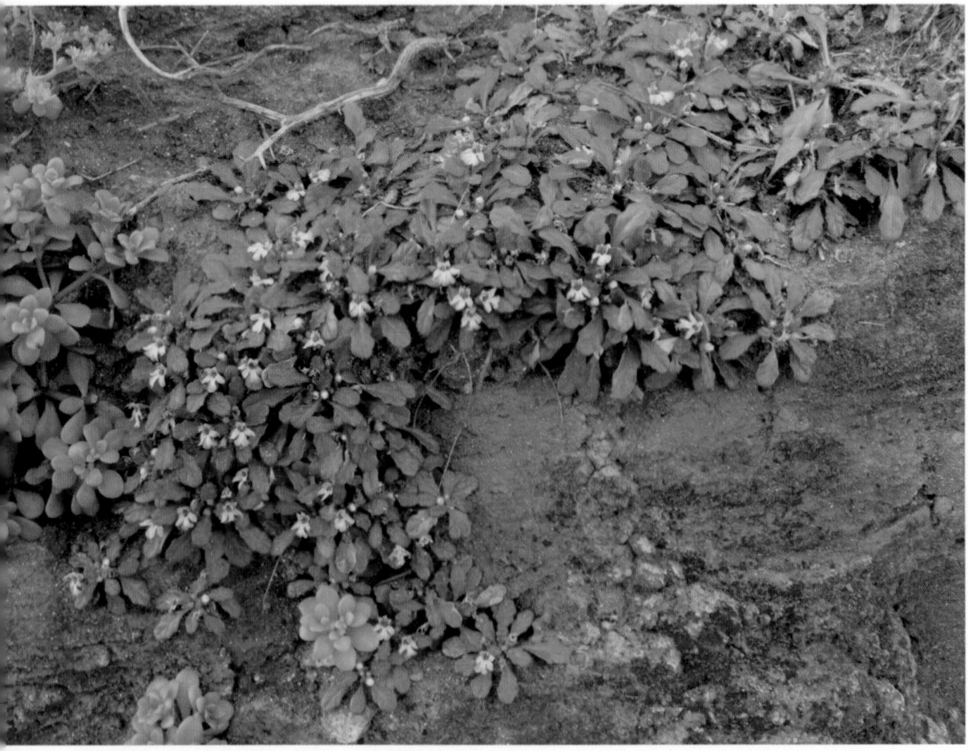

▲生長於北海岸臨海岩坡上的矮筋骨草。

矮筋骨草爲唇形科筋骨草屬海濱植物，在野外數量相當稀少且分布範圍局限。但這種植物卻因爲有潔淨的葉片與相對大型的豔麗紫花而被園藝化，在花市中獲得新生，化名紫雲蔓，從臺灣土生土長的野花翻身爲廣受歡迎的盆栽植物，算是原生植物開發成園藝植物成功的案例之一。

春末夏初，北海岸開闊的臨海岩坡上，矮筋骨草成群地匍匐生長，葉片被海風與烈日磨練得更爲油亮，不同於溫室中栽培的親族，野外的族群往往伏地生長，結實的葉片較爲短小，花朵的顏色也更爲深紫，雖無法令人聯想起如紫色雲朵般的花蔓，卻更有堅韌的美感。

◀矮筋骨草園藝化選育出大而豔麗的紫花，名為「紫雲蔓」。

▲矮筋骨草花冠紫白色，唇瓣特別大，先端淺裂。

▲野外偶見白色花的矮筋骨草。

白花草

Leucas chinensis (Retz.) R. Br.

科名｜ 唇形科 Lamiaceae

英文名｜ Loosehairy Leucas

別名｜ 小葉魅草、白風輪菜、白花仔

原產地｜ 中國大陸、臺灣、緬甸

唇形科

形態特徵

多年生草本至亞灌木。葉卵形，粗鋸齒緣，兩面被白毛。腋生輪生聚繖花序，苞片線形；花萼筒狀，10 齒，約略相等，萼齒狹三角形；花冠白色，筒狀。小堅果三稜形，平滑。

地理分布

分布於中國大陸中部、臺灣及緬甸。臺灣生長於中、低海拔灌叢、草地與海濱。

▲白花草的小堅果生長於宿存的花萼筒內。

▲花冠上下裂開的白色小花，看起來像極一張大的嘴巴。

▲常見於礁岩上的白花草。

蘭嶼小鞘蕊花

Coleus formosanus Hayata

科名｜ 唇形科 Lamiaceae

英文名｜ Lanyu Coleus

原產地｜ 菲律賓之巴丹島、琉球、臺灣

形態特徵

草本；莖基部匍匐生根。葉卵形至寬卵形，鋸齒緣，被短毛，背面具腺點。頂生總狀聚繖花序；花萼鐘形，二唇，上唇 3 裂；花冠紫紅色，漏斗狀，二唇，下唇延長，上唇 3 裂。小堅果橢圓形，平滑。

地理分布

分布於琉球、臺灣及菲律賓的巴丹島。臺灣產於東海岸及蘭嶼的海濱珊瑚礁岩上。

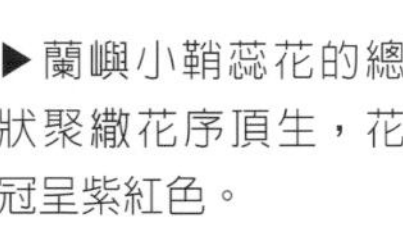

▶蘭嶼小鞘蕊花的總狀聚繖花序頂生，花冠呈紫紅色。

▲生長在陽光充足之海岸礁岩上的蘭嶼小鞘蕊花。

▲蘭嶼小鞘蕊花的葉片毛而多肉，與同屬的左手香十分相似。

小金梅葉

Hypoxis aurea Lour.

科名｜ 仙茅科 Hypoxidaceae

英文名｜ Golden Star Grass

別名｜ 小金梅草

原產地｜ 東亞、印度

形態特徵

多年生草本，植物體被毛；根莖肥厚，球形或長橢圓形。葉基生，線形，背面中肋及葉緣被毛。穗狀花序，花 1 或 2 朵，黃色；萼片及花瓣皆 3 枚；花柄與總花梗接處有小苞片。蒴果棒狀，胞間開裂。

地理分布

印度、馬來西亞、中國大陸、琉球及日本。臺灣分布於北部海岸、恆春半島、蘭嶼等海濱，亦有少數紀錄於中海拔山區。

▶小金梅葉的萼片及花瓣皆 3 枚，且都為黃色。

▲小金梅葉於臺灣南、北兩端海岸較為常見；葉狹長或披針形，葉緣有白色長柔毛。

綿棗兒

Barnardia japonica (Thunb.) Schult. & Schult. f.

科名 | 天門冬科 Asparagaceae　　**英文名 |** Japanese Jacinth

別名 | 地棗兒　　**原產地 |** 東北亞

形態特徵

多年生草本。葉基生，線形，鱗莖葉由正常葉的葉基及花莖苞片所形成。總狀花序密生，苞片及先出葉小；花粉紅色；花被片 6，離生；雄蕊 6，花絲基部膨大；子房上位，短柄，具蜜腺。蒴果頂端開裂。

地理分布

中國大陸、韓國、日本及琉球。臺灣主要分布於北部沿海草地上，並不常見。

▶總狀花序密生，花呈粉紫色的綿棗兒。

▲綿棗兒植株。

▲綿棗兒主要分布於北部沿海的草地上。

粗莖麝香百合

Lilium longiflorum Thunb. var. *scabrum* Masam.

百合科

科名 | 百合科 Liliaceae

英文名 | Longflower Lily, Easter Lily

別名 | 鐵砲百合、糙莖麝香百合

原產地 | 北部地區海岸、蘭嶼、綠島等地

形態特徵

多年生草本，莖直立或斜生，多單一，具鱗莖，鱗片覆瓦狀被覆。葉無柄，互生，披針形，基部抱莖，多無毛。花1至數朵，漏斗形；花被片6，伸展或稍外彎，白色，中肋紅褐色；具蜜腺；子房上位，柱頭膨大，3裂。蒴果，胞背開裂。

地理分布

臺灣特有種。北部地區海岸常見，蘭嶼、綠島也有。

▲每年4-6月粗莖麝香百合妝點北部海岸的景致。

▲相對於莖葉，花朵的比例算大；花藥是鮮黃至紅橘的顏色。

粗莖麝香百合爲多年生球根植物，球狀鱗莖埋於地中，春天時萌發新葉，葉叢生，肉質披針形，花莖在4-5月間抽長，莖頂結出白色大型的花苞，常1-5朵開，有的花數也會多一些。花朵清香，雖是荒蕪的海邊，也能吸引許多昆蟲前來。夏末，子房膨大爲長長的3瓣果莢，綠色的植株逐漸枯黃；果莢先端則逐漸開裂爲6瓣，果莢裡整齊地堆疊著帶有薄膜的種子，成熟時由上而下隨風依序飛出，散播子嗣。地下的鱗莖則等待翌春重新發芽，年復一年，鱗莖也越長越大，隨著所儲存的養分變多，開花量也逐漸增多。

臺灣百合與粗莖麝香百合外觀十分相似，兩者的花瓣外側皆有紅色條紋，但這不是一個穩定的識別特徵，有些個體的花瓣純白。葉片的形狀可作爲概略區分的特徵，前者葉線狀披針形，寬度約1-1.3公分，長8-20公分；後者葉披針形，寬約1.5-2公分，長度8-12公分；又兩者在天然分布上並不會重疊，臺灣百合見於內陸地區，從低海拔至中、高海拔皆可見，粗莖麝香百合僅分布於北海岸、東北角與宜蘭等的濱海地區。現今園藝或者諸多社區進行百合的繁殖與綠化推廣工作，所培育者多是臺灣百合。

▲一朵朵即將綻放的粗莖麝香百合，對著海的方向點頭搖曳。

▲未成熟的蒴果。

闊片烏蕨

Sphenomeris biflora (Kaulf.) Tagawa

科名| 鱗始蕨科 Lindsaeoideae

原產地| 東亞

別名| 水羊齒、水防風、水胡蘿蔔

鱗始蕨科

形態特徵

多年生草本植物，植株叢生，根莖短。三至四回羽狀複葉，簇生，厚革質至肉質，裂片倒三角形，基部楔形，最下羽片最長，葉柄稻褐色，葉片與葉柄約等長。孢子囊群在每 1 裂片上端 1-2 個，每 1 囊群蓋下具 1-2 小脈，囊群蓋開口朝外。

▲每一裂片的上端具 1-2 個孢子囊群。

地理分布

日本、琉球、臺灣、中國大陸南部及菲律賓。臺灣分布於海岸、巨石、崖壁及珊瑚礁上。

▶闊片烏蕨為少數無懼海風、烈日的蕨類，植株叢生於岩縫間。

▲闊片烏蕨的根莖短，葉片為三至四回羽狀複葉。

紅花黃細心

Boerhavia coccinea Mill.

科名 | 紫茉莉科 Nyctaginaceae

英文名 | Scarlet Spiderling

原產地 | 熱帶美洲

形態特徵

多年生草本，莖匍匐向上斜生，油綠而帶紫紅色，被腺狀短柔毛，疏被長毛。葉對生，肉質，全緣或波浪緣，卵圓形至近圓形，先端鈍至圓形，基部略心形，葉表綠色有時略帶黃綠色或藍綠色，葉背蒼綠色，葉脈被短柔毛。聚繖花序或圓錐花序，3-6 朵花簇生於花梗先端，幾無柄，小苞 2；花被於接近中央處驟縮，桃紅至暗紅色，5 裂，先端微凹；雄蕊 1-2。摻花果，倒圓錐形棍棒狀，先端平寬至圓形，5 稜，具腺毛，初為綠色，熟時為褐色。

地理分布

原生熱帶美洲，引進及歸化於非洲、澳洲及夏威夷。在臺灣常見於海邊或近海地區的路邊、河岸、草地或沙地上。

▲紅花黃細心的摻花果呈倒圓錐形棍棒狀，外表具腺體。

▲紅花黃細心的葉片較寬大。

◀紅花黃細心的花色紫紅。

光果黃細心

Boerhavia glabrata Blume

科名｜ 紫茉莉科 Nyctaginaceae　　**英文名｜** Tar Vine

別名｜ 黃細心　　**原產地｜** 太平洋熱帶地區

形態特徵

多年生草本，莖匍匐，從中間向四周伸展，油綠而帶紫紅色，常具腺毛、短柔毛或光滑。葉對生，肉質，全緣或波浪緣，狹卵形，葉表墨綠，葉被灰白，葉脈被短柔毛。聚繖花序或假繖形花序腋生或圓錐花序頂生，花單一或 3-6 朵簇生於花梗先端，幾無柄，小苞片 2；花被於中央處驟縮，白色略帶紫暈或粉紅色，5 裂，先端微凹；雄蕊 1-2。摻花果，倒卵形或橢圓形，先端圓形，5 稜，具腺毛。

地理分布

分布太平洋熱帶地區、爪哇、密克羅尼西亞、琉球及夏威夷群島等地。在臺灣分布於沙灘及海岸山坡地或近海地區的路邊、草地或沙地上。

▶光果黃細心的摻花果呈倒卵形，先端圓形，5 稜，具腺毛。

▲光果黃細心嬌小的粉紅花朵；花序聚繖狀腋生。

黃細心屬於紫茉莉科黃細心屬植物，在10餘年前，臺灣僅記錄一種該屬植物中名黃細心（當時使用學名爲*Boerhavia diffusa* L.），經過許多植物分類學者的採集與觀察後，目前在臺灣所記錄到的黃細心屬植物共有5種，分別如下：黃細心（*B. repens* L.）、紅花黃細心（*B. coccinea* Mill.）、直立黃細心(*B. erecta* L.）、光果黃細心（*B. glabrata* Blume）與花蓮黃細心（*B. hualienense*）。

光果黃細心與花蓮黃細心植株較纖細呈匍匐狀，高度多低於20公分，且葉片較小，1.5-3公分長，0.5-2.5公分寬。其中光果黃細心植物體較深綠色，花約4-6朵集合成聚繖狀或繖形花序；花蓮黃細心植物體爲綠色帶粉白，花多單生，偶爾2朵合生。花蓮黃細心目前僅花蓮地區有紀錄，而光果黃細心則在東部的花蓮、臺東至南部的墾丁地區有分布。

另外三種植物體則較爲粗壯，高度約30-80公分高，且葉片較大，約有3-8公分長，2-7公分寬。其中，黃細心呈匍匐狀，花序聚繖狀腋生，主要分布於南部的臺南、高雄、屏東地區及東部的宜蘭、花蓮與臺東地區；紅花黃細心與直立黃細心植株挺直或呈傾斜生長，花序爲多分枝的圓錐狀頂生，直立黃細心花多爲淡粉紅色，果實倒圓錐形具5深稜，外表光滑，形似楊桃但先端平截，主要分布於西南海岸；而紅花黃細心花色紫紅，果實棍棒狀外表具腺體，分布於東部的花蓮與西部新竹以南的近海地區。

黃細心屬植物的果實上具有黏質腺體，因此可藉由依附動物身上來協助散播。

▲光果黃細心莖匍匐，向四周伸展。

◀匍匐生長於岩石上的光果黃細心。

裂葉月見草

Oenothera laciniata Hill

科名 | 柳葉菜科 Onagraceae

英文名 | Cut-leaved Evening Primrose

別名 | 待宵花、待宵草、美國月見草

原產地 | 北美洲

形態特徵

多年生草本植物，莖直立至匍匐，多分枝，被疏柔毛，上部具腺毛。多具蓮座狀基生葉，莖生葉狹倒卵至狹橢圓形，疏鋸齒緣。雌雄同株；花輻射對稱，4數，腋生；花瓣暗黃或黃變為暗橙色。蒴果圓柱形，具4稜，熟時4片向下翻裂。種子橢圓形。

地理分布

原產北美洲東部，廣泛歸化於亞洲、歐洲、澳大利亞、太平洋群島、南美洲及南非。在臺灣已經歸化於全島海濱及開闊地。

▲裂葉月見草花開時間從黃昏天色昏暗時至隔日清晨。

裂葉月見草原生於北美地區，爲臺灣海濱沙地適應力強的歸化植物，在沙灘的最前線與濱刺草、馬鞍藤並肩作戰，擴展新的領域，但也因爲適應力強而占據許多原生海岸植物的生育地。

剛發芽時以蓮座狀的姿態匍匐於沙地或草堆間，之後分出許多匍匐莖向四方開展。倒伏的莖常被半埋於海風帶來的沙堆中，從沙堆裡探出部分枝葉與花朵，葉子深裂呈齒裂狀。傍晚或天色昏暗時，花苞逐漸裂開，露出一條黃色裂縫；夜色更暗時，鮮黃色的花朵就會完全掙脫苞片，迎著月光綻放出淡黃色的大型花朵；翌日清晨陽光升起時花朵便逐漸凋謝，顏色由黃轉成淡橘紅。裂葉月見草的果實是長而彎的蒴果，形狀像是香蕉，成熟後會開裂，播散很多細小的種子。

◀隨清晨陽光的升起，裂葉月見草的花朵便逐漸凋謝，花色由黃轉變為淡橘紅。

▲當夜晚來臨時，裂葉月見草的花迎著月光綻放淡黃色的花瓣。

▲長而彎的蒴果，形似香蕉。

禾草芋蘭

Eulophia graminea Lindl.

科名 | 蘭科 Orchidaceae

別名 | 美冠蘭、禾芋蘭

原產地 | 東亞

蘭科

形態特徵

多年生草本植物，卵球形塊狀地下莖半露於土表。葉線形基生，開花時有葉或無葉。總狀花序或圓錐花序側生，細長，直立；花暗綠，具褐脈紋；萼片與花瓣略等大；唇瓣基部具囊或距，略 3 裂。蒴果。

地理分布

分布於琉球、中國大陸南方、印度、泰國與馬來西亞等地。臺灣常見於海邊草地與沙地。

▶禾草芋蘭是少數可以生長在海邊沙灘上的蘭花。

▲花暗綠色，具褐脈紋，
唇瓣內面具紫紅色斑紋，
萼片與花瓣略等大。

▲禾草芋蘭的蒴果具稜。

▲禾草芋蘭的球莖卵球形，半埋土中。

◀總狀花序細長且直立。

列當

Orobanche coerulescens Stephan

科名｜ 列當科 Orobanchaceae

英文名｜ Broomrape

原產地｜ 歐洲、亞洲

形態特徵

寄生無葉綠素草本，莖直立，短，被長柔毛。葉鱗片披針形，螺旋狀排列，被柔毛。穗狀花序；花藍紫或灰藍色；花萼筒4-5裂；花冠上唇直立。蒴果2-3瓣裂。

地理分布

歐洲、西伯利亞、蒙古、俄羅斯、尼泊爾、中國大陸、韓國及日本。臺灣分布於海岸與中、高海拔山區。

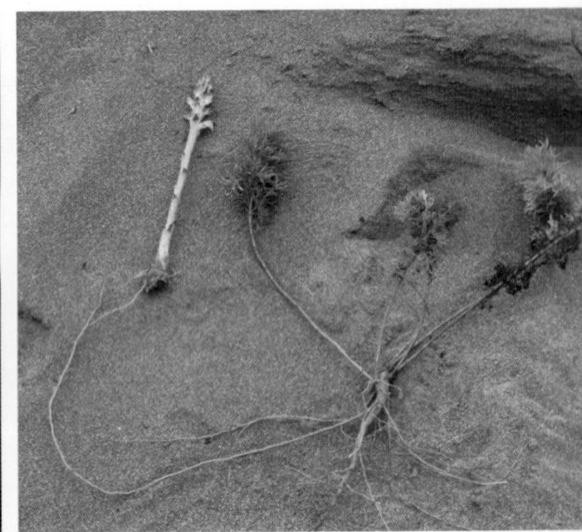

▲列當通常寄生於茵陳蒿的根上，以吸取養分及水分來成長。

◀列當植株呈淡黃色，不能行光合作用，葉片為鱗片披針形，呈螺旋狀排列，被柔毛。

列當是一種寄生植物，本身不進行光合作用，在臺灣的數量原本就不多，再加上海岸的開發與藥用採集等壓力，讓它們更加難得一見，不僅數量稀少，其出現的季節也頗爲短暫。每年2、3月間，於海岸沙灘上的茵陳蒿叢中，列當一一冒出生長，其淡黃褐色被柔毛的植株，葉片細小如鱗片般披針形，一朵朵神祕的藍色花朵排列在莖頂依序開放，吸引著紋白蝶等昆蟲爲其授粉，短短數週後，花朵化爲果實，植株轉爲深褐色，當果實成熟後，全株也逐漸凋枯，只見細小的種子散落在沙灘上，在大部分海濱植物正進入花季，大展笑顏的季節，列當卻已枯槁，完成這一次的生命週期。

生長在臺灣海邊的列當寄生於茵陳蒿，在中、高海拔山區則寄生於山艾、細葉山艾等植物。過去臺灣北部、東北部幾處沙灘每年可定期觀察到列當，近年來已少見芳蹤，除了人爲採集，或許是因爲部分沙灘被架設防風竹籬、栽植木麻黃林，微環境的改變造成這種植物在臺灣海岸地區逐漸消失。

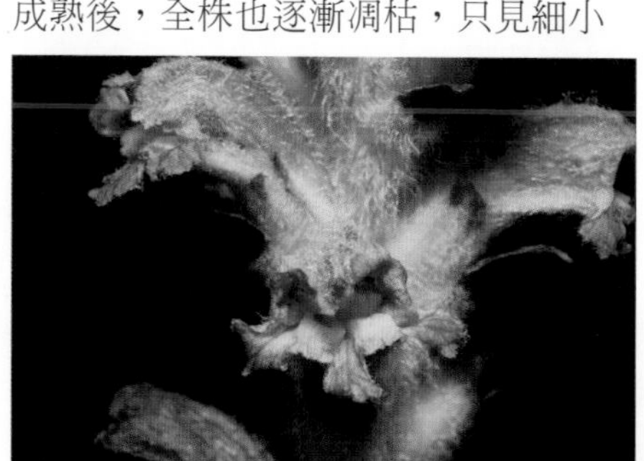

◀列當的花朵相當地豔麗。

▲藍色花一朵朵依序排列在植株頂部，吸引昆蟲為其授粉。

▲當花轉化為果實時，植株會跟著轉為深褐色；待果實成熟後，植株也就逐漸凋枯。

密花黃菫

Corydalis koidzumiana Ohwi

科名 | 罌粟科 Papaveraceae

原產地 | 中國南部、琉球和臺灣。

形態特徵

二年生草本。二回羽狀複葉，羽片卵形或倒卵形，缺刻緣。總狀花序；花黃色；苞片卵形或披針形，有時缺刻；花瓣外輪較大，基部具距；雄蕊6，2叢；花柱宿存，柱頭扁平，邊緣絨毛狀。蒴果線形，種子間略有收縮，種子多數。

地理分布

琉球、中國大陸南部及臺灣。臺灣北海岸數量不少，也見於中部低海拔山麓。

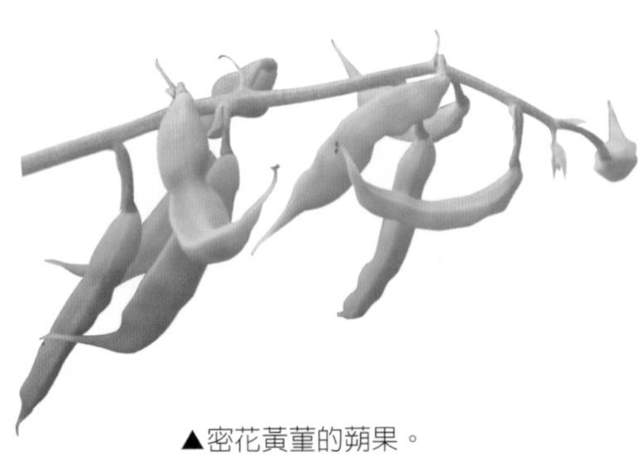

▲密花黃菫的蒴果。

▲密花黃菫的羽狀複葉，葉緣是弧形的凹刻。

▲總狀花序，花黃色，花冠筒基部有突出的距。

薊罌粟

Argemone mexicana L.

科名｜ 罌粟科 Papaveraceae

英文名｜ Maxican Prickly Poppy

原產地｜ 西印度群島

形態特徵

一年生草本。葉無柄，倒披針狀倒卵形至橢圓狀倒卵形，羽裂，具針刺，抱莖。花柄無或甚短；花苞直立；萼片 3，綠色，具針刺；花瓣 6 枚，花徑約 6mm，鮮黃色；柱頭 3-7 裂。蒴果被剛毛，蒴片 3-7。

地理分布

原產西印度群島。臺灣歸化於南部及澎湖等之海濱沙地。

▶薊罌粟蒴果，果皮外有尖刺。

▲葉片羽裂，先端具針刺。

假葉下珠

Synostemon bacciformis (L.) Webster

科名 | 葉下珠科 Phyllanthaceae

別名 | 桃實草、山蓮霧、艾堇

原產地 | 太平洋地區

形態特徵

多年生草本。葉互生，肉質，長橢圓至長橢圓卵形，先端銳尖，具小突尖頭，基部鈍或圓，全緣，具 1 對托葉。花腋生；花被片 6，2 輪；雄花單生或數朵簇生，雄蕊 3，花盤 6 裂；雌花單生，子房 3 室，花柱 3。蒴果。

地理分布

廣泛分布在中國大陸南部、菲律賓、爪哇、斯里蘭卡、印度及模里西斯。臺灣分布於西南部海濱地區。

▶假葉下珠在草叢中顯得小巧可愛。

假葉下珠爲葉下珠科假葉下珠屬植物，該屬植物在臺灣僅有一種，無類似種。從這種植物細小的全緣肉質葉片與多分枝且呈傾伏狀的枝條，不難想像它也是適應海濱環境的高手。假葉下珠於全世界熱帶、亞熱帶地區分布很廣，但在臺灣卻僅分布於雲嘉南與澎湖群島等海濱鹽地環境。

假葉下珠模樣小巧可愛，植物全株呈光潔的綠色，枝條4稜，肉質的橢圓形葉片正面青綠，背面灰綠，不清楚的葉脈使得葉片看起來更顯厚實。植物體雖小，細看處處充滿美感。假葉下珠小時候常呈直立狀，大一點就長出許多分枝且呈倒伏狀，倚靠著其他植物延長枝葉。春夏之間葉腋開出很小的黃綠色花朵，雌雄同株異花，小巧的花朵有6裂的花被片，短短的梗懸掛在葉腋間。要一睹它的芳顏，需翻轉整個枝條才能看得仔細，同一棵植株上常常可以同時看到花朵和果實。蒴果淡綠色和葉子同色，形狀卻逗趣，像茶壺、像桃子、像未熟的蓮霧，因此這種植物又有「桃實草」與「山蓮霧」等別稱。這種迷人的植物在臺灣分布範圍並不廣，隨著海岸地區的開發，數量已日趨減少。

▲假葉下珠淡黃色的小花朵。

▲翠綠的果實就像袖珍版的綠色蓮霧。

矮形光巾草

Mitrasacme pygmaea R. Brown

科名｜ 馬錢科 Loganiaceae　　**英文名｜** Pygmy Bishop's Hat

原產地｜ 亞洲、澳洲

馬錢科

形態特徵

纖弱草本，莖具微粗毛。葉無柄，僅基部具對生葉，葉卵形至長橢圓形，先端銳尖或鈍，全緣，具微粗毛。聚繖花序；花白色；先端多4裂；花冠鐘形或杯形；子房2室。蒴果近球形，先端2裂。

地理分布

廣泛分布於南亞、東亞及澳大利亞。臺灣分布於低海拔向陽處。

矮形光巾草是一種相當細小纖弱的植物，分布不廣，多以東北角岬角與龜山島等地較爲常見，主要生長於海風常年吹襲、土質較硬的海濱山坡上。由於該種環境風勢強勁、土壤發育不良，通常植物稀疏，僅有土丁桂、臺灣翻白草與卵形飄拂草等小型草本伴生。

矮形光巾草不僅數量稀少，其細小的植株也常令人忽略，迷你的葉片貼地對生，只有趴在草地上才能清楚觀察它的身影。春夏期間，葉間抽出細長花梗，先端開出白色的杯形花朵，排列成聚繖狀，花後結爲圓球形的蒴果，果實成熟時先端開裂出兩個圓形小孔，散出細小的種子，只有在環境開闊的向陽地沒有其他草木遮蔭處，種子才能發芽生長。

▶果實成熟時先端會開裂兩個圓形小孔，由此散出細小種子。

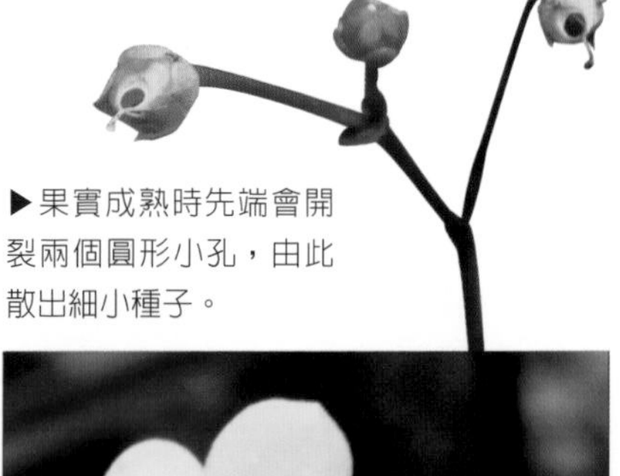

▲花冠杯狀，白至淡紫色的矮形光巾草。

▶個子嬌小隱身於苔蘚中的矮形光巾草。

烏芙蓉

紅皮書等級 CR

Limonium wrightii (Hance) Kuntze

科名｜ 藍雪科 Plumbaginaceae

英文名｜ Wright Sea Lavender

別名｜ 藍花磯松

原產地｜ 小笠原群島、琉球群島、臺灣

形態特徵

多年生的低矮無毛灌木；葉、莖枝頂部簇生。葉倒披針形，全緣，厚，側脈不明顯。花序短小，單側生長，有肉質短柄；花漏斗狀；苞片褐色；花萼白色或稍帶黃色；花冠淡紫色，中心黃色。胞果包在宿存花萼內。

地理分布

小笠原群島及琉球群島。臺灣生長於南部、蘭嶼與綠島的海邊岩石地。

烏芙蓉在恆春半島的族群是黃色花，花序抽長似穗狀（總狀）且柔軟，葉尖有旋轉的現象。

在蘭嶼的族群花為紫紅色，花序似繖房，葉長橢圓形，平直。在綠島的族群多樣性更高，花色由黃、橙、紫紅及中間色都有，另有花瓣中央具條紋者。恆春、蘭嶼及綠島的族群花萼都是白色，但綠島筆者有紀錄到淡黃色花萼的個體，花序及葉片的外形類似蘭嶼族群。

▲生長於礁岩縫中的烏芙蓉面臨嚴重的採集壓力。

▲烏芙蓉的多樣花色。

▶烏芙蓉雖稱「藍花磯松」，然而其花色在不同地區會呈現多樣不同的顏色。

石蓯蓉

Limonium sinense (Girard) Kuntze

科名｜ 藍雪科 Plumbaginaceae

英文名｜ Sea Lavender

別名｜ 黃花磯松、一條根

原產地｜ 東北亞

形態特徵

多年生草本。葉基生於短莖，呈放射狀排列，長橢圓狀匙形。圓錐狀複聚繖花序；花萼鐘狀，白色，淺 5 裂；花冠黃色 5 裂；雄蕊 5，與花瓣對生，著生於花瓣基部。胞果包在宿存花萼內。種子細小。

地理分布

日本、琉球、中國大陸、臺灣等地。臺灣則見於西海岸的雲林、嘉義、臺南、屏東以及小琉球，澎湖等地。

▶石蓯蓉的葉片叢生狀似花朵。

▲石蓯蓉的生育地環境多樣，礁岩或者魚塭坡堤皆可生長。

藍雪科植物在臺灣種類及數量不多，因此較不為人所熟悉，但是說起花卉市場上的星辰花或不凋花，大家一定有印象。星辰花與烏芙蓉、石蓯蓉同屬藍雪科，膜質的花萼乾燥之後還能持續保有原來的花色；學者拿臺灣原生種進行雜交育種，育出美麗、耐熱又高生產量的品系作為切花材料。

石蓯蓉望文生義可知該種植物是生長於海邊礁岩上，在臺灣除了海岸的礁石外，西部海岸廢棄的鹽田、魚塭等泥質海岸亦可見其蹤跡。石蓯蓉與烏芙蓉為同科同屬植物，前者葉形較大，花為黃色；後者身形嬌小，葉短約5公分長，花色由黃到紫紅色皆有。石蓯蓉主根特別粗大，又有「一條根」之稱，因此常被誤認為是具有藥用的烏芙蓉，在市場上也常被魚目混珠拿來交易，因而面臨採集壓力。

◀石蓯蓉種子細小，生長於宿存花萼內。

▲石蓯蓉花瓣膜質。

濱刺草

Spinifex littoreus (Burm. f.) Merr.

科名 | 禾本科 Poaceae

英文名 | Littoral Spinifex

別名 | 濱刺麥、貓鼠刺、老鼠芳、大號刺球

原產地 | 東亞、印度

形態特徵

多年生海濱植物，稈粗壯，硬質。葉彎曲，先端銳，葉舌為一圈叢毛。雌雄異株；雌花序頂生，由多數雌小穗組成球形頭狀花序，具長芒，頭狀花序具鞘狀物包住基生的小穗，部分穗軸延長成芒刺；雄花序頂生，或與稈先端 1-2 節叢生，由多數穗狀花序組成，穗狀花序外伸具多數小穗和短尖頂端；穎和小穗等長或較短。

地理分布

印度、斯里蘭卡、緬甸、中南半島、馬來西亞及中國大陸南部。臺灣分布於全島的沿海沙丘上。

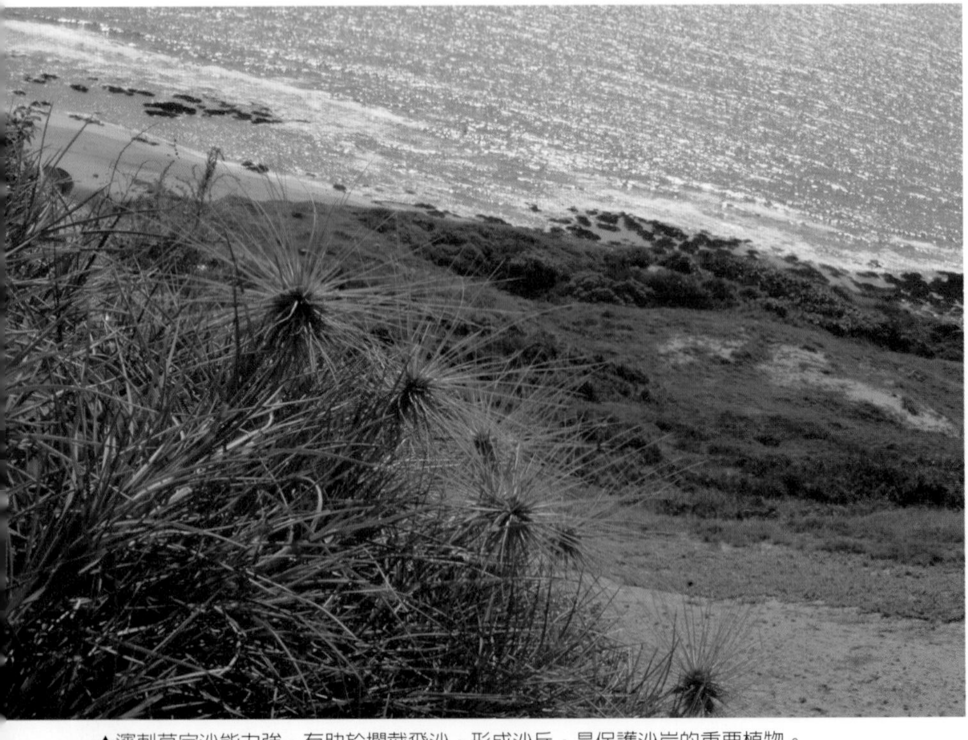

▲濱刺草定沙能力強，有助於攔截飛沙，形成沙丘，是保護沙岸的重要植物。

濱刺草和馬鞍藤應該是海岸沙灘上最常見的植物，爲沙丘上的先驅者，其能夠忍受強風、烈日、缺水、多鹽與風沙傷害的惡劣環境，發展出一套生存法寶。多年生、木質化堅硬而強壯的匍匐莖，常竄過沙礫地，向四周擴展領域。

葉片線形，顏色較一般的禾本科植物淡，末端針刺狀，因此少有動物或昆蟲取食，人們穿短褲行走於沙灘時，要小心勿遭其刺傷。

春季時，植株上結出球狀的雌雄花序，雄花序約棒球大小，爲繖形的穗狀花序；雌花序較大，頭狀花序，呈圓球形。秋天時，雌花發育爲果，當種子成熟時，花毬自花梗先端處斷裂，隨風滾動，以沿途散布種子，像是沙灘上的滾球遊戲，因此只要有風，種子就能四處被散播。

濱刺草匍匐的莖與種子的傳播方式，都有助於攔截更多的飛沙，以形成更大的沙丘，與其他沙灘植物共同穩定海岸，也提供其他生物食物來源和棲地，增加了生物多樣性。

▲在沙地上滾動的濱刺草。

▲濱刺草的雌花序，整體似圓球形。

▶濱刺草的雄花序集生成繖形。

芻蕾草

Thuarea involuta (G. Forst.) R. Br. ex Sm.

科名 | 禾本科 Poaceae　　**英文名 |** Kuroiwa Grass

別名 | 濱箬草　　**原產地 |** 泛熱帶地區

禾本科

形態特徵

多年生草本，稈匍匐走莖狀，節上生根。葉披針形，葉舌為一圈毛。雌雄同株；總狀花序早落，總狀花序軸葉狀；兩性小穗或雌小穗宿存；雄小穗多，早落，於花序軸上部；孕性小穗的外穎及下位外稃背向花序軸；外穎透明狀；內穎、下位外稃與小穗略等長。

地理分布

琉球、臺灣、中國大陸南部、印度、馬來西亞、澳洲與馬達加斯加島等地。臺灣分布於沙岸地區。

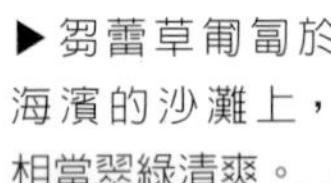
▶芻蕾草匍匐於海濱的沙灘上，相當翠綠清爽。

▲葉披針形，葉舌為一圈毛。

一般人對禾本科植物的印象多為花朵細小，彷彿是難以辨識的雜草，但芻蕾草的花卻比一般禾本科植物來的大型。其厚實的莖枝、肥厚的披針形葉片除可保水定沙外，一片翠綠匍匐於海岸邊的細石礫灘或沙灘上，清爽動人。

春季時，枝條頂端淡綠如翠玉的苞片中，會生出一排潔白的大型雄蕊，雌花或兩性花則位於穗軸基部，授粉後苞片處的枝條會向下反折，果實發育後花序的枝條先端再向下反折，使得整個枝條呈ㄇ字形，如此，果實就能更接近地面。不同於其他禾本科植物一個花序上常有多數細小的果實，芻蕾草一個花序大多僅發育出一個大型果實，果序反折向地的生長方式，更能確保每個後代的存活機會。

▶受粉後苞片處的枝條會向下反折。

▲翠綠色的苞片中，開著一排潔白的雄花。

▲果實發育後，花序的枝條先端會再向下反折，以讓果實能更接近地面。

芒穗鴨嘴草

Ischaemum aristatum L.

科名｜ 禾本科 Poaceae

英文名｜ Awned Duckbeak Grass

原產地｜ 東北亞

形態特徵

多年生草本，稈直立。葉片線形或披針形；葉舌圓頭，膜質，上緣無毛或具纖毛，葉基楔狀。總狀花序對生；穗軸具纖毛。無柄小穗，披針形，具直芒或否；外穎寬橢圓形，不具橫皺紋，基部革質，無毛；上位外稃 2 深裂。

地理分布

中國大陸、日本、沖繩島及臺灣。臺灣主要分布於低海拔山丘及草地。

◀無柄小穗呈披針形。

▲芒穗鴨嘴草的稈直立，葉片呈線形。

▲在海濱岩石上生長的芒穗鴨嘴草。

馬尼拉芝

LC

Zoysia matrella (L.) Merr.

科名 | 禾本科 Poaceae

英文名 | Manila Grass

原產地 | 亞洲熱帶地區

形態特徵

多年生草本，具地下莖或走莖。葉線形，葉緣捲。總狀花序；小穗側扁，自小穗柄頂端脫落，先端無短突尖，具一朵兩性花。外穎無；內穎革質，具 5 不明顯脈，外表面無毛，與小穗等長。

地理分布

廣泛分布於亞洲熱帶地區，引進美國當牧草。臺灣多分布於沙質地區。

▶馬尼拉芝個頭小，頂著紫紅色的小穗，顯得相當別緻。

▲馬尼拉芝靠匍匐的莖拓展，具定沙保土的功能。

亨利馬唐

Digitaria henryi Rendle

科名｜ 禾本科 Poaceae　　**英文名｜** Henry Crabgrass

原產地｜ 東亞

禾本科

形態特徵

多年生直立至匍匐性草本植物，全株光滑或疏被剛毛。莖稈的質感硬；節間短，節膨大，易折斷。葉及葉鞘常宿存，葉常有紫紅色線狀或帶狀縱紋。總狀花序 4-10 枚，成束，不散開；穗軸扁平，具翅。穎果。

地理分布

分布於越南、中國大陸南部及琉球。臺灣全島臨海地區普遍可見。

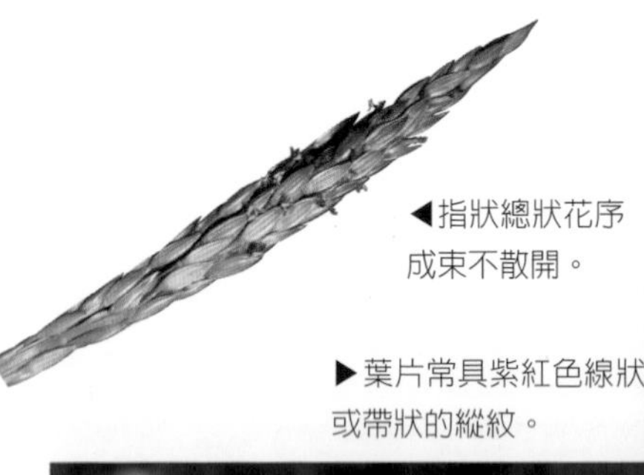

◀指狀總狀花序成束不散開。

▶葉片常具紫紅色線狀或帶狀的縱紋。

▲在海濱山坡上生長的亨利馬唐。

假儉草

Eremochloa ophiuroides (Munro) Hack.

科名 | 禾本科 Poaceae

英文名 | Centipede Grass

原產地 | 中國大陸、臺灣、越南

形態特徵

多年生匍匐草本，常密集叢生，植物體扁平狀；節間一般很短，裸露之根莖形如蜈蚣的體節。葉片線形，葉舌短膜；葉鞘壓扁狀，具龍骨。總狀花序單一，頂生，具關節。穎果。

地理分布

分布於中國大陸、臺灣及越南。廣泛運用於臺灣各地的人工草皮，普遍易見。

◀假儉草的植物體呈扁平狀。

▲常成片生長的假儉草。

▲總狀花序頂生，具關節。

臺灣蘆竹

Arundo formosana Hack.

科名｜ 禾本科 Poaceae

原產地｜ 琉球、臺灣、菲律賓

英文名｜ Taiwan Giantreed、Pendent Reed、Formosan Giantreed

形態特徵

多年生高大草本，具地下莖，稈下垂，上端分枝。莖生葉無柄，平行細脈間無橫脈，葉舌膜質，具微毛緣。圓錐花序，大，展開或緊縮；小穗具小花 2-5 朵；外穎與小穗近等長；小花基盤短，無毛；外稃外被毛。

地理分布

琉球、臺灣及菲律賓。臺灣廣泛分布於海岸及內陸的岩石峭壁及乾旱草地。

▲臺灣蘆竹像極了縮小版的竹子。

▲成片生長於海濱峭壁上的臺灣蘆竹。

◀去年抽出的果穗還宿存著。

扭鞘香茅

Cymbopogon tortilis (J. Presl) A. Camus

科名 | 禾本科 Poaceae

英文名 | Wild Citronella Grass

原產地 | 東亞

形態特徵

多年生具香味草本。稈叢生，節處被覆白粉。葉細長；葉舌膜質，明顯；葉鞘宿存。圓錐花序由多數成對的總狀花序聚合而成。小穗成對，兩型，下位小穗無柄。穎果。

地理分布

分布於中國大陸南方、臺灣、菲律賓與越南等地。臺灣自海濱至高山的向陽草生地皆有。

▲扭鞘香茅的小穗成對。

◀生長在海邊岩壁上的扭鞘香茅。

海雀稗

Paspalum vaginatum Sw.

科名 | 禾本科 Poaceae　　**英文名 |** Saltwater Couch

別名 | 濱雀稗、沙結草、紅骨草、鞘雀稗、安平雀稗

原產地 | 東半球熱帶、亞熱帶地區

形態特徵

一年生草本，具長走莖，無毛。葉互生，紙質，線形或披針形。總狀花序多2枚，對生；穗軸3稜，反覆曲折。小穗單生，覆瓦狀排列；內穎質薄，無毛；上位外稃船形，頂端被1束短毛。

地理分布

東半球熱帶及亞熱帶地區。臺灣分布於海濱土壤具鹽質地區。

▶總狀花序常二枚對生，呈V字形。

▲匍匐生長於海岸溼地上的海雀稗。

蘆葦

Phragmites australis (Cav.) Trin. ex Steud.

科名｜ 禾本科 Poaceae

英文名｜ Common Reed

別名｜ 葦、蘆、蘆笋

原產地｜ 全球熱帶至溫帶地區

形態特徵

高大多年生草本，稈空心，具地下莖。葉舌短，膜質，具長緣毛。圓錐花序，最下方分枝基部被絲狀毛。小穗具小花多朵；穎短於小穗；穗軸被毛；小花基盤延伸成軸狀，被白毛。

地理分布

廣泛分布於全球熱帶至溫帶地區。見於臺灣全島近海之沼澤、河口、溝渠等潮溼向陽環境。

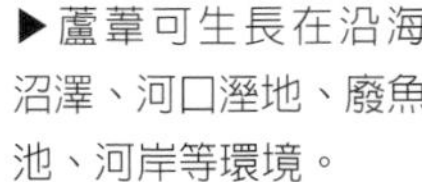

▶蘆葦可生長在沿海沼澤、河口溼地、廢魚池、河岸等環境。

▲蘆葦的圓錐花序，果實已成熟。

▶秋冬開花結實成一片茫茫花海的蘆葦。

鹽地鼠尾粟

Sporobolus virginicus (L.) Kunth

科名 | 禾本科 Poaceae

英文名 | Saltwater Smut Grass

別名 | 針仔草、鐵釘草

原產地 | 泛世界性分布

形態特徵

多年生草本，稈叢生，纖細，具 5-10 節，基部曲膝，具堅硬地下莖。葉革質，兩側上捲，多具硬緣。圓錐花序，狹長狀；小穗略側扁；穎短於稃，前端均無芒。

地理分布

泛世界性分布，澳洲、非洲、美洲、西印度群島、琉球、中國與東南亞等地。臺灣歸化於全島海岸的河口處，如澎湖、綠島、蘭嶼，中南部沿海尤為常見。

▲鹽地鼠尾粟常成群生長在泥地上，抗鹽性強，為優良的護岸植物。

鹽地鼠尾粟常成群生長於中南部沿海的泥地、鹽地與魚塭堤岸，抗鹽性極強，爲優良的護岸植物。因緊縮圓錐花序狀如鼠尾而得名，也因爲葉子細小成線形，先端銳尖，不小心觸碰到會有刺痛感，當地居民稱其爲「針仔草」或「鐵釘草」。

臺灣西南部的紅樹林受海潮週期性浸泡的溼沙地上，常可見到鹽地鼠尾粟和紅樹林植物生長在一起。滿潮時植株常被海水淹沒，然而鹽地鼠尾粟的地下莖可在泥灘地中橫走，莖稈匍匐向外延伸，因此常蔓生成一大片草皮，捍衛著海岸第一線的疆土，是與海爭地的大功臣，也常布滿魚塭堤岸上，成爲定沙護岸的優良植物，而與耐鹽度高的海雀稗、裸花鹼蓬及海馬齒等同爲鹽田的優秀族群。

老一輩的海岸居民常將其花穗除去小穗只留下花軸，然後在細枝末端綁上蚯蚓，接著探入螃蟹洞中不停擺動，以誘引螃蟹出洞俟機捕捉，這種童趣是許多海邊長大的人們難以磨滅的幼時記憶。

◀鹽地鼠尾粟是中南部沿海的泥地、鹽地與魚塭堤岸最常見的禾本科植物之一。

▲葉子先端銳尖，不小心觸碰到可是會有刺痛感。

▲小穗略側扁，因緊縮圓錐花序形狀似鼠尾，而有「鹽地鼠尾粟」之名。

蒺藜草

紅皮書等級 NA

Cenchrus echinatus L.

科名｜ 禾本科 Poaceae

英文名｜ Bur Grass, Southern Sandur

別名｜ 刺殼草、鬼見仇、恰查某

原產地｜ 熱帶美洲

禾本科

形態特徵

一年生草本，稈稍扁，基部曲膝生根。葉片長，葉舌為1圈毛。單一總狀花序，似穗狀。小穗被刺殼物所包，每一刺殼物內具小穗3-6。

地理分布

原產熱帶美洲。臺灣廣泛歸化於全島，以南部地區較為常見。

蒺藜草是一年生單子葉草本植物，原產於熱帶美洲，廣泛歸化於全島，以南部地區較爲常見，其環境適應能力強，常出現於海邊沙地，於離海較遠處的路邊或荒地等環境亦常見。

蒺藜草莖部匍匐蔓延生長，稈呈圓形中空，基部膝曲狀，於節上生根，呈叢生狀。多數禾本科植物相當不容易辨識，常被認爲是雜草，蒺藜草的植株亦相當平凡，但長出花序後就很好辨識，因爲其果實被長刺毛，會黏附於動物或人身上來散布果實，被沾附衣褲後想取下它時常遭刺傷，令人印象深刻。頑童總喜歡抽出它的花序或刺殼物，偷偷射向玩伴，讓它的刺毛黏在衣服上，因此得小心拔除才不致受傷。

蒺藜草通常生長於田野間，農人赤腳時易遭其刺傷，因此對它非常厭惡，而稱其爲「恰查某」，和咸豐草類有著相同的中文別名。此外，海濱有一種蒺藜科的植物名爲「臺灣蒺藜」，果實形狀與蒺藜草類似，但植株與花朵的形態卻有很大差別。

▲蒺藜草的果實密被長刺毛，可黏附在人、畜身上為其散布種子。

▶蒺藜草環境適應能力極強，常出現在海邊的沙地上。

大穗茅根

Perotis rara R. Br.

科名｜ 禾本科 Poaceae

別名｜ 大花茅根

英文名｜ Comet Grass

原產地｜ 熱帶亞洲、澳洲、大洋洲

形態特徵

稈叢生，纖細，植株高度約 40 公分；葉 2-5 公分長，葉舌有纖毛。頂生之總狀花序，長度可達 20 公分，小穗鬆散排列，一朵花；上、下穎幾乎等長，頂端有一長芒，約 2 公分。

地理分布

廣泛分布於熱帶亞洲中國南部、東南亞、巴布亞新幾內亞、澳洲等地。臺灣分布於沙質海岸，北海岸及東北角、金門零星可見。

▶大穗茅根的總狀花序像一把奶瓶刷。

▲光照充足的沙丘，植株基部斜生，特殊的花序一眼就讓人辨認出大穗茅根來。

鼠鞭草

Hybanthus enneaspermus (L.) F. Muell.

科名| 堇菜科 Violaceae　　**英文名|** Spade Flower

原產地| 泛熱帶地區

形態特徵

小型草本，植物體基部略木質化。葉互生，無柄或近無柄，披針狀橢圓形，鋸齒緣；托葉透明。花單生於葉腋，花小，左右對稱；花萼略呈三角形，宿存。蒴果，熟時開裂。

地理分布

廣泛分布於非洲、馬達加斯加島、印度、斯里蘭卡、中南半島、中國大陸東南部、菲律賓、婆羅洲、爪哇東部、新幾內亞和澳洲等地。臺灣可見生長於恆春半島的草生地或岩縫中。

▶鼠鞭草左右對稱的紫色小花。

▲生長於岩生環境的鼠鞭草。

▲未成熟的蒴果。

酸模

Rumex acetosa L.

科名｜ 蓼科 Polygonaceae　　**英文名｜** Dock, Garden Sorrel, Greensauce Dock

別名｜ 野菠菜　　**原產地｜** 歐亞大陸

形態特徵

多年生雌雄異株的直立草本，根肥厚。基生葉與莖生葉之葉形不同，基生葉箭形，莖生葉少，葉片嚐起來味酸。圓錐花序，花被片常粉紅色。瘦果熟時暗棕色，具光澤。

地理分布

原產於歐亞大陸，現已廣泛歸化於北半球溫帶地區。臺灣可見於全島低海拔荒地、濱海地區與北部中海拔地區。

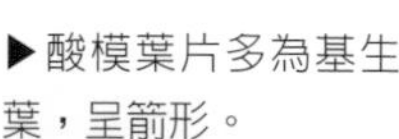

▶酸模葉片多為基生葉，呈箭形。

▲青綠色的葉片搭配粉紅色的圓錐花序，在陽光下相當耀眼。

◀圓錐花序，花被片多粉紅色。

毛馬齒莧

Portulaca pilosa L.

科名｜ 馬齒莧科 Portulacaceae　　**英文名｜** Hairy Purslane

別名｜ 午時草、翠草、白頭紅、禾雀舌、日頭紅、禾雀花

原產地｜ 泛熱帶地區

形態特徵

多年生草本，莖匍匐或斜上，多分枝，節光滑。葉螺旋狀著生或近對生，線形、倒卵形至橢圓形，葉腋明顯被毛。花單生、頭狀或總狀花序；萼片2；花瓣4-6，短，基部合生；雄蕊 4 至多數，1 輪。蒴果蓋裂。

地理分布

泛熱帶地區。臺灣分布於全島海邊或低海拔的荒野。

▲線形葉輪生圍繞著桃紅色的花朵，相當豔麗。

▶生長於岩石縫中的毛馬齒莧，展現出旺盛的生命力。

毛馬齒莧原廣泛分布於全島的溪邊及海岸沙地。肉質葉螺旋狀輪生於匍匐矮小的莖上，葉腋內被著稀疏的長柔毛，種種形態特徵都是為了適應海岸乾旱環境的特性。喜歡高溫、陽光的環境，除了海岸或河濱的沙礫灘上可以觀察到它的身影外，有時也會生長於岩石縫中或住家的屋頂上，展現出旺盛的生命力。

毛馬齒莧葉肉質，線形輪生葉圍繞著桃紅色的花朵，看起來相當豔麗，其花期相當長，幾乎一年四季都開花，頂生的紫紅色花瓣豔麗動人，只可惜每一朵花開放時間並不長，很快就謝了。花後化為黃褐色的卵形果實，果實成熟後上方會如鍋蓋般開裂，此時可見細小黑色具光澤的種子。

除了觀賞用途之外，毛馬齒莧也具藥用及食用功能，民間常將它的莖葉搗碎敷貼於腫脹患部，據傳有消腫功用。

◀果實成熟後如鍋蓋般開裂，黑色具光澤的細小種子隨風或雨水散布。

▲肉質葉螺旋狀輪生於匍匐矮小的莖上，葉腋間被稀疏的白色長柔毛。

馬齒莧

Portulaca oleracea L.

科名｜ 馬齒莧科 Portulacaceae

英文名｜ Purslane

別名｜ 豬母菜、豬母乳

原產地｜ 泛熱帶分布

形態特徵

一年生的多肉草本，枝條無毛，分枝多、匍匐生長。葉片螺旋狀排列或近對生，葉腋處有少許短毛；葉倒卵形至披針形，鈍頭至凹頭。花單生或少數，黃色。蒴果熟時蓋裂，內藏黑色種子數枚。

地理分布

廣泛分布於熱帶地區。臺灣見於全島低地。

▲綠葉黃花的馬齒莧為單調的沙地增添不少活潑的氣息。

◀蒴果熟時蓋裂，內具許多細小的黑色種子。

▲花單生或少數幾朵簇生。

▲馬齒莧尚未成熟的蒴果。

沙生馬齒莧

Portulaca psammotropha Hance

科名 | 馬齒莧科 Portulacaceae

別名 | 針仔草、鐵釘草

原產地 | 臺灣、海南島、菲律賓

形態特徵

多年生草本，莖多分枝，肉質，基部木質化。葉無柄，互生，肉質，葉腋具毛，在乾旱季節葉常成肥厚的圓球狀，多雨時葉則較為寬大；花黃色，單生於葉腋，花瓣 5；雄蕊約 25-30；花柱 2-5 裂。蒴果。種子細小，黑色。

地理分布

臺灣、海南島及菲律賓。臺灣則見於恆春半島、東沙、蘭嶼、綠島、小琉球及澎湖。

▲常見於礁岩縫隙積沙處。

一說到馬齒莧就不禁聯想到早期農家餐桌上那一道清脆有味的風味菜，馬齒莧是早期農地田野間常見的野菜，而沙生馬齒莧則是生長於海濱的親戚，兩者同科同屬，共同特徵為植物體肉質與上下可打開的蒴果。

沙生馬齒莧在臺灣於2008年才被正式釐清身分，過去相關植物誌並未處理本分類群。沙生馬齒莧與四瓣馬齒莧（*Portulaca quadrifida* L.）的區別在於前者花瓣5數，後者4數；與馬齒莧的區別則是沙生馬齒莧葉腋有白毛，且葉面有明顯紋路。

夏季的時候，水分充足，沙生馬齒莧的葉子飽滿平整，植株多分枝生長旺盛；但是冬季東北季風強勁，蒸發散量大，水分缺乏，因此部分植株枯萎，僅留一部分的分枝度過冬季，且其葉片會變得更為圓厚，似圓珠狀。

▲花黃色單生於葉腋。

◀夏季水分充足，葉片飽滿多肉。

▲蓋果成熟開裂，可見細小的藍色種子。

琉璃繁縷

Lysimachia loeflingii F. J. Jiménez-López & M. Talavera

科名｜ 報春花科 Primulaceae

別名｜ 海綠、藍繁縷、火金姑

英文名｜ Poor Man's Weatherglass,Scarlet pimpernel

原產地｜ 溫帶、亞熱帶地區

形態特徵

一至二年生草本，莖匍匐，具4稜。葉無柄，對生，卵形，先端銳尖，基部圓。花多單生葉腋，具柄；萼裂片披針形或寬披針形，5深裂；花冠輪狀鐘形，花瓣淡藍紫色，偶見橘紅色，5深裂；雄蕊5。蒴果球形，蓋裂。

地理分布

遍布溫帶地區、南亞、西北非、澳大利亞、歐洲、北美洲及南美洲。臺灣分布於中、北部海邊沙地及低海拔開闊地及農田。

▲琉璃繁縷的花朵與低矮植株相較下，顯得碩大而亮眼。

於海濱地區沙灘地，或是近海的耕地、路旁，幸運的人可近距離觀察到這花色夢幻的草本植物「琉璃繁縷」。在它尚未開花時總易被人忽略，直到春夏初葉腋冒出與群花迥異的藍紫色花朵，才令人驚豔其美麗的身影。

琉璃繁縷的花約1公分直徑大小，在與矮小植株相較下顯得大而亮眼，其藍紫色5裂的花瓣圍著紫紅色的花冠中心，搭配上5枚鮮黃色的雄蕊，相當光彩而動人。除了花色特別，琉璃繁縷的葉片和果實也非常迷人。其成對生長的卵形葉片緊抱住方莖，葉腋伸出長梗頂住耀眼的花朵，直到夏末，花朵化爲果實，長長果梗上宿存的花萼依舊保護著圓球形的蒴果，蒴蓋頂端還留著花柱，之後，果實的蓋子掉落，散出無數細小種子，此時殘留的果實基部就像是一盞盞造型特殊的街燈。

▶藍紫色的花瓣繞著紫紅色的花心，再搭配 5 枚鮮黃色的雄蕊，光彩動人。

▲宿存花萼保護著圓球形的蒴果，蒴蓋頂端還保留著花柱。

▲單調的沙地上，琉璃繁縷的藍色增添了許多生氣。

地錢草

Androsace umbellata (Lour.) Merr.

科名｜ 報春花科 Primulaceae
英文名｜ Umbellate Rockjasmine
別名｜ 點地梅
原產地｜ 東亞

報春花科

形態特徵

一至二年生草本，無莖。葉基生，卵圓形，基部截形或楔形，粗齒緣，兩面被柔毛。花單生或數朵繖形排列枝端，花莖長；花小，花瓣白色；萼 5 深裂；花筒短於萼，喉部隘縮；雄蕊 5，藏於筒內，花絲短；子房球形。蒴果卵球形，5 瓣裂。

地理分布

日本、韓國及臺灣。臺灣分布於低海拔的海濱地區及草地。

▲地錢草植株小，葉片基生呈蓮座狀排列。

▶偶爾也可見到 4 瓣小花的地錢草。

地錢草植株細小，卵圓形的葉片基生，呈蓮座狀排列。由於身形迷你，平日鮮少人注意，早春時，抽出細長的花梗，別緻的白色5瓣小花單生或繖形著生於枝端，像是地面上冒出的點點梅花，因此又有一個頗富詩意的名字 —— 「點地梅」。

地錢草多生長於海岸地區的沙地或草生地上，低海拔山區偶爾可見。初春開花，白色小花向著天空，吸引小昆蟲為它授粉，春末花朵發育為果實。一盞盞圓球形的果實像是別緻的美術燈，果實成熟後，花梗向下翻轉，蒴果開裂，灑下細小如沙的種子。由於植株小，數量不多，且花季短暫，因此要有心人才會發現它的芳蹤。

▲圓球形的果實伴著宿存的 5 裂花萼，像是別緻的美術燈。

▲蒴果成熟開裂，裡面具有細小如沙的種子。

▲別緻的白色 5 瓣小花著生於枝端，像從地面上冒出點點的梅花，因此又有「點地梅」之稱。

茅毛珍珠菜

Lysimachia mauritiana Lam.

科名｜ 報春花科 Primulaceae

英文名｜ Spoon-leaf Yellow Loosestrife

別名｜ 濱排草

原產地｜ 太平洋地區

形態特徵

二年生草本，莖單生或叢生，薄肉質，無毛，上部多分枝。葉近無柄或無柄，薄肉質，匙形或倒卵形，全緣反捲，先端鈍或銳，具黑色線點。圓錐狀總狀花序，頂生；花白或淡粉紅色。蒴果球形，頂端具孔裂。

地理分布

印度、日本、韓國、琉球、太平洋群島及中國大陸。臺灣分布於北、南部海濱地區的海灘、岩縫及外島蘭嶼、綠島。

▲叢生多分枝的茅毛珍珠菜。

茅毛珍珠菜又名濱排草，是二年生草本植物，以兩年爲一個生長週期，第一年種子發芽，植物日漸成長，主要是根莖葉等營養器官逐漸茁壯，第二年時，才開始開花結果，之後漸漸枯萎並散出種子，完成一生的循環。

茅毛珍珠菜生於沙礫地也生於岩隙，具有互生、多肉、具光澤的倒卵形葉片和紫紅色的莖。春、夏時節開花，花色白或粉紅，花季時，莖枝上方每一葉片的葉腋都有一個花苞，排列成一圈一圈，有如花塔，花朵由下往上逐漸綻放。花季末期，植株的頂端花朵還開著，下方卻已結出果實。初形成的果實先端有細長的花柱，且有5枚萼片保護著，待果實完全成熟時，植株會跟著死亡，此時葉片枯黃凋落，殘存挺立的枝幹上掛著一串圓圓的果實，最後，果蓋脫落，種子散播出來，茅毛珍珠菜完成了最終任務。

◀初形成的果實先端具細長的花柱，且具5枚萼片保護。

▶長得有如搖鈴般的茅毛珍珠菜果實，可以留存植株上至隔年。

▲也常看見白色花的茅毛珍珠菜族群。

▶花季時，每一葉片的葉腋皆具一個花苞，花朵由下往上逐漸綻放。

蓬萊珍珠菜

Lysimachia remota Petitm.

科名｜ 報春花科 Primulaceae

別名｜ 蓬萊珍

原產地｜ 臺灣、中國大陸東南部

形態特徵

匍匐或蔓性草本，莖具稜，被柔毛。葉對生，卵形至菱狀卵形，先端鈍或銳尖，基部銳或近圓形，葉無透明腺點。花單生葉腋；萼 4-9 裂，多深 5 裂，宿存；花冠 4-9 裂，黃色；花瓣緣具細齒；雄蕊著生於冠筒；子房卵形。蒴果棕色，具縱裂，被柔毛。

地理分布

臺灣及中國大陸東南部。臺灣分布於北部、西北部近海岸的丘陵及田地。

▶蓬萊珍珠菜的果實布滿白色細毛。

▲蓬萊珍珠菜鮮黃色的花瓣上緣有細鋸齒。

海岸星蕨

Microsorum scolopendria (Burm. f.) Copel.

科名 | 水龍骨科 Polypodiaceae

英文名 | East Indian Polypody

別名 | 琉球金星蕨、密網蕨、海岸擬茀蕨、蜈蚣擬茀蕨

原產地 | 亞洲、波里尼西亞、非洲

形態特徵

多年生草本，根莖粗短匍匐狀，鱗片窗格狀，黑褐色。一回羽狀複葉，裂羽片 2-5 對，對生或近對生，頂羽片最長，羽片末端短尖至漸尖，葉脈不明顯，葉柄稻稈色。孢子囊群圓形，著生於中肋兩側葉肉中，各具 1-2 排。

地理分布

印度、中國大陸南部、小笠原群島、琉球、臺灣、菲律賓、波里尼西亞及非洲。臺灣分布於山溝及海濱石礫地。

▲海岸星蕨的羽片末端成漸尖，葉脈不明顯。

◀生長於岩縫間，其孢子囊群呈圓形，著生於中肋兩側葉肉中。

海岸鳳尾蕨

Pteris minor (Hieron.) Y.S.Chao

科名 | 鳳尾蕨科 Pteridaceae　　**別名 |** 小傅氏鳳尾蕨

原產地 | 東亞

形態特徵

多年生草本，植株叢生，根莖短。二回羽狀複葉，廣卵形至三角形，頂羽片羽裂，小羽片梳齒狀，羽軸兩側小羽片對稱，基部羽片1至數對，小羽片長、羽裂，葉柄草稈色。孢子囊群沿羽片邊緣著生，包於假孢膜內。

地理分布

日本及臺灣。臺灣分布於海濱地區及山壁石縫間。

▲喜歡生長於向陽且開闊地區的海岸鳳尾蕨。

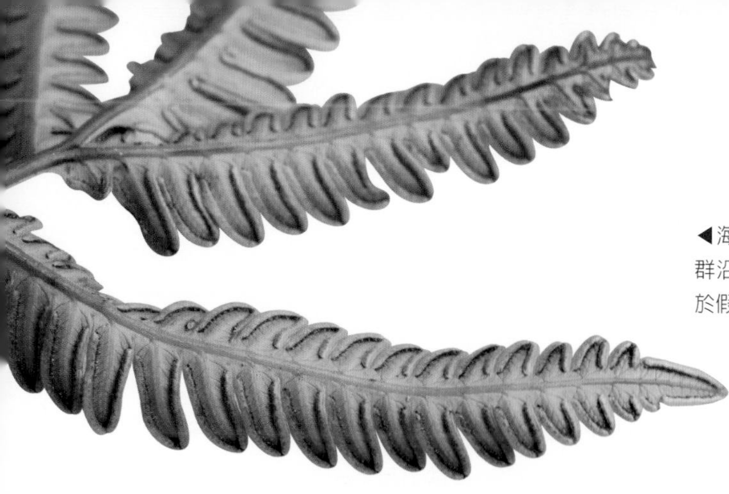

◀海岸鳳尾蕨的孢子囊群沿羽片邊緣著生，包於假孢膜內。

◀生命強韌的海岸鳳尾蕨生長於海濱岩石縫中。

鹵蕨

Acrostichum aureum L.

科名｜ 鳳尾蕨科 Pteridaceae

英文名｜ Mangrove Fern

別名｜ 鬯蕨

原產地｜ 泛熱帶地區

形態特徵

多年生蕨類，具有厚肉質且粗的根和木質的短直立莖。一回羽狀複葉大型；孢子葉與營養葉同型，孕性羽片 1 至數枚集中生於葉片頂端，背面覆滿褐色孢子囊群；其餘羽片皆為營養羽片。

地理分布

分布於世界泛熱帶地區，臺灣可見於恆春半島東海岸與花蓮羅山、臺東鹿野。

▲羅山的鹵蕨族群生長於泥火山旁（右下水潭為噴口）。

鹵蕨類植物全世界共有3種，其中之一的鹵蕨分布於美州、澳洲、印度、中國大陸東南沿海、日本琉球及臺灣，是一種泛熱帶分布的植物，在臺灣以外的地區常生長於微鹹性的沼澤或紅樹林中，因此被稱爲紅樹林蕨（Mangrove Fern）。

鹵蕨的葉片長可逾2公尺，在東南亞地區的葉長甚至可達4公尺，當地居民會利用其葉片搭成屋頂，並採食其嫩葉。每年春季，成熟植株會長出孢子葉，孢子葉僅頂端1至十數枚羽片爲孕性，夏季釋放孢子後即枯萎；而孢子葉的下方爲營養羽片，其葉形與營養葉上的營養葉片相似。

由於生育地的消失與惡化，鹵蕨在臺灣及許多國家都被入瀕危物種名單中，5,000多年前的臺北盆地與蘭陽平原曾有廣泛分布，目前臺灣地區僅於恆春半島佳樂水地區、花蓮富里與臺東有較穩定族群，但分布狹隘。在佳樂水地區生長於海邊石礫地上，與林投混生；而羅山地區僅生長於泥火山泥漿噴出口一帶的泥灘地上，該種環境可能因爲土壤透氣性較小，造成大部分植物無法生存，伴生鯽魚膽與鴨舌癀等海濱植物，目前該地的鹵蕨族群分布面積日益縮減，前途堪慮。

▶鹵蕨的繁殖羽片特寫。

▲生長於開闊礫石灘地的鹵蕨。

▶鹵蕨的繁殖葉，頂端褐色者為繁殖羽片。

毛茛

Ranunculus japonicus Thunb.

科名｜ 毛茛科 Ranunculaceae

英文名｜ Japanese Buttercup

別名｜ 洋牡丹

原產地｜ 東亞地區

形態特徵

多年生草本，具長走莖及短粗稈。葉互生或叢生。雌雄異株，頂生圓錐狀花序，葉狀總苞不具鞘，小穗長 1-1.5cm；雌花柱頭 3。瘦果卵形，長尾芒尖。

地理分布

日本、大陸以及臺灣。臺灣分布於北海岸宜蘭、中部中海拔山區。

▲毛茛花瓣是閃著金屬光澤的鮮黃色。

▲花瓣才剛掉落，雄蕊還掛在花朵周圍，一個個的離生心皮清晰可辨。

▲春天北海岸面海草坡上的毛茛成群綻放。

脈耳草

Leptopetalum coreanum (H.Lév.) Naiki & Ohi-Toma

科名 | 茜草科 Rubiaceae　　**原產地 |** 東亞

形態特徵

多年生草本，莖叢生，肉質，無毛。葉無柄，對生，肉質，橢圓形或長橢圓狀倒披針形，無毛，側脈不明顯，托葉鞘三角形。圓錐狀聚繖花序；花冠白色或粉紅色，喉部被毛；雄蕊著生於冠筒上部，內藏。蒴果。

地理分布

日本、韓國、臺灣及菲律賓。臺灣常見於海濱地區的珊瑚礁岩及峭壁。

▲脈耳草果梗短具宿存花萼，果實像是一個個小杯子。

▲常見生長在石頭縫中，全株肉質光滑。

▲生長在海邊珊瑚礁石上的脈耳草。

翻白草

Potentilla discolor Bunge

科名 | 薔薇科 Rosaceae

英文名 | Discolor Cinquefoil

原產地 | 東北亞

薔薇科

形態特徵

多年生草本。羽狀複葉，基生葉叢生，具 5-7 小葉，莖生葉多具 3 片小葉，小葉粗鋸齒緣。聚繖花序，多兩性，頂生；萼片 5，與 5 副萼片互生；花瓣 5，黃色；雄蕊 20。瘦果卵形。

地理分布

中國大陸、日本及韓國。臺灣分布於馬祖、東北角地區。

▲翻白草的基生葉常具 5-7 片小葉，可與日本翻白草區別。

▲日本翻白草的基生葉具7-13片小葉。

◀翻白草地下莖直立，葉片叢生。

翻白草為薔薇科翻白草屬植物，這類植物因葉片背面常具綿密的白色絨毛而得名。本屬植物臺灣有6種，其中4種生長於高山地區，另外2種分布在海邊，為翻白草與日本翻白草，均為一回羽狀複葉。這兩種植物的數量皆相當稀少。此外，翻白草的葉片多為基生葉，且其基生葉多數具5-7片小葉，莖生葉常具3片小葉；日本翻白草基生者有7-13片小葉，莖生者則為5-9或3片小葉，以此區別。

海岸凸岬的草地上，海風常年地吹拂著，翻白草緊貼於地表生長，常被忽視而遭鋤草機所刈除，少數僅存的個體只有在春季開出豔黃色大型花朵時才被人關注。

◀翻白草的細小種子。

▲翻白草僅在矮小植株上開出豔黃色的花朵時才容易引人注目。

流蘇菜

Ruppia maritima L.

科名｜ 流蘇菜科 Ruppiaceae

英文名｜ Widgeon Grass

別名｜ 草蓑

原產地｜ 歐亞、北美、非洲

形態特徵

沉水的水生草本。莖延長且多分枝，節處生根。葉互生或近對生，絲狀綠色或近紫紅色，全緣，但葉頂端附近細鋸齒緣，先端漸狹；葉鞘膜質，具有半圓形葉耳。花序頂生；花兩性，小且無花被。

地理分布

分布於歐亞、北美和非洲。臺灣生長於南部半鹹水環境中。

▶流蘇菜花序頂生，當結實時花梗延長，果序呈繖形排列。

▲莖分枝多且節節生根的流蘇菜。

水燭

Typha angustifolia L.

科名｜ 香蒲科 Typhaceae

英文名｜ Narrowleaf Cattail

別名｜ 水蠟燭、長苞香蒲

原產地｜ 北美洲、太平洋地區

形態特徵

多年生草本，具匍匐地下莖。葉2列，直立，線狀半圓柱形。穗狀花序；上半部雄花；雄蕊1-3，被毛，花藥基著，線形，黃色，頂端膨大，花絲短；子房1室，子房柄具小苞片；小苞片細長，厚，全緣，頂端棕色，比毛稍長。果實小，和果梗一起脫落。

地理分布

馬來西亞、印尼、中國大陸、菲律賓及北美洲。臺灣常見於海岸溼地。

▲橘紅色圓筒狀的花序似蠟燭，因而有「水蠟燭」之稱。

▲在海岸溼地常可見到大面積生長的水燭。

鴨舌癀

Phyla nodiflora (L.) Greene

科名 | 馬鞭草科 Verbenaceae

英文名 | Knottedflower Phyla

別名 | 過江藤、鴨嘴黃、石莧、鴨母嘴、岩垂草

原產地 | 泛熱帶、亞熱帶地區

形態特徵

多年生匍匐草本，被丁字狀毛。葉倒卵形或匙形，先端鈍形，基部狹楔形，鋸齒緣，兩面被短毛。頭狀花序，腋生，具長柄；花無柄，生於苞腋；萼膜質，2深裂；花冠二唇形，白色轉紫色或粉紅色，4-5裂；雄蕊2強；子房2室。乾果球形，熟時裂為2小堅果。

地理分布

全世界熱帶及亞熱帶地區的海濱地帶，如中國大陸湖北、貴州、雲南及廣東等。臺灣分布於全島海濱地區或淡水溼地環境。

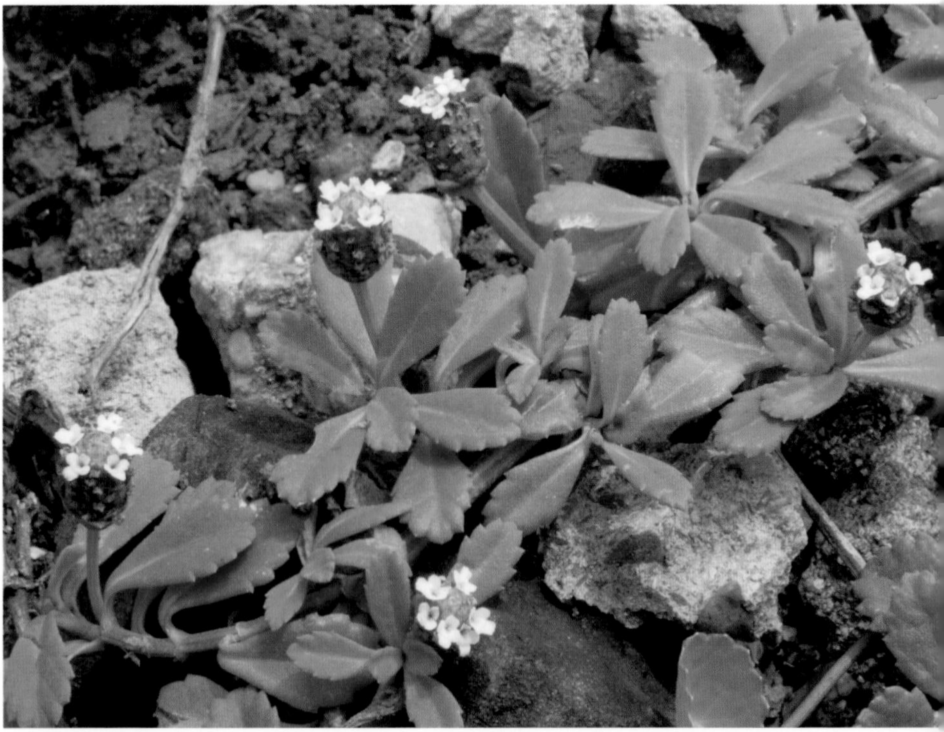

▲秋季時，鴨舌癀的花序成一長串，外形似一根根被啃過的玉米穗，只有頂端開著數朵小花。

鴨舌癀是一種喜歡陽光的植物，常出現在海邊沙礫灘上，有些時候也出現在低海拔地區的水田低窪處、池塘邊或圳溝旁等環境。匍匐的枝葉沿著水岸生長，並向水中蔓衍，因此又有過江藤這個名字。

全株被覆硬毛，莖枝細長，多分枝，平鋪於地面或懸垂於水岸，植株矮小但生命力強韌，往往長成一整片，即使在常遭踩踏的海濱也能生長得不錯。厚實的倒卵形葉片，上半部有數對鋸齒搭配嬌小的身形顯得玲瓏別緻。花色為白、粉紅或淡紫色，腋生長花軸的圓筒形頭狀花序，由下往上逐次開放，使得花穗越來越長，花期可以由晚春一直持續到初秋。秋季時，鴨舌癀的花序便成一長串，形狀像是一根根啃過的玉米穗，只有頂端開著數朵小花。

由於鴨舌癀抗鹽、耐風、抗旱和耐踐踏，為護岸、定沙、綠肥之適選植物。鴨舌癀同時也是孔雀蛺蝶和孔雀青蛺蝶的幼蟲食草之一，所以鴨舌癀生長的海邊常可以看到這兩種蝴蝶。

▲白色和粉紅色相間的小花，模樣相當地可愛。

▲在岩縫中蔓爬的鴨舌癀，節上對生的葉片像是繫著蝴蝶結的走莖。

臺灣蒺藜

Tribulus taiwanense T. C. Huang & T. F. Hsieh

科名｜ 蒺藜科 Zygophyllaceae　　**原產地｜** 臺灣

別名｜ 刺蒺藜、三腳虎、三腳丁、白蒺藜、三角馬仔

形態特徵

匍匐性多毛草本。羽狀複葉對生，多一長一短，托葉 4；小葉 4-8 對，長橢圓形，先端鈍至圓，基部歪，全緣，被貼伏長毛。花單生葉腋，黃色；萼片 5；花瓣 5；雄蕊 10，2 輪，外輪花絲較長；子房單一，柱頭 5 裂。離果 5 稜，具芒刺。

地理分布

臺灣特有種。臺灣主要分布於中南部海岸區域及外島澎湖、小琉球等地。

▲低伏的臺灣蒺藜莖從地表開始分枝，向四周呈放射狀匍匐生長。

臺灣蒺藜通常出現於海濱沙礫灘上，也會出現在遠離海邊的空曠地，臺灣西部臺南以南的海岸與澎湖、小琉球等離島較容易觀察到它。臺灣蒺藜莖分枝，莖從地表就開始分枝，向四周呈放射狀匍匐生長。偶數羽狀複葉相對而生，被覆銀色柔毛，陽光下閃閃發亮。

春末夏初，由較短的羽狀複葉葉腋開出花朵，十分亮麗；萼片5片，狹披針形，5枚倒卵形的黃色花瓣；10枚雄蕊分成2輪。果實5稜，成熟後會裂開，但果皮仍然包著種子不分離，稱爲離果，每個分離果片外有2枚長刺和2枚短刺，果實上的刺相當堅硬。包住種子的果片具刺因此可保護種子被動物取食，這種刺也可以攀附於動物腳上，藉以傳播到更遠的地方；此外，臺灣蒺藜的果實也可漂浮於水面上，以藉海水潮流漂送。

▲春末夏初，臺灣蒺藜會由較短的羽狀複葉葉腋開出黃色花朵，十分亮麗。

▲臺灣蒺藜狀如流星槌的果實。

▲荒廢地上的臺灣蒺藜，利用走莖蔓延生長。

爬森藤

Parsonsia laevigata (Moon) Alston

夾竹桃科

科名 | 夾竹桃科 Apocynaceae

英文名 | Helicoid-Stamenal Parsonsia

別名 | 同心結、乳藤

原產地 | 熱帶亞洲

形態特徵

攀緣灌木，枝光滑。葉對生，卵狀橢圓形或長橢圓狀橢圓形，羽狀脈4-6對，革質，全緣。繖房狀聚繖花序，兩性花；花黃色。蓇葖果。

地理分布

熱帶亞洲。臺灣產於海岸地區的岩石與灌叢中。

▶爬森藤未成熟的蓇葖果。

▲爬森藤是大白斑蝶幼蟲的食草。

鵝鑾鼻鐵線蓮

Clematis terniflora DC. var. *garanbiensis* (Hayata) M. C. Chang

科名｜ 毛茛科 Ranunculaceae　　**原產地｜** 臺灣

別名｜ 鵝鑾鼻牡丹藤

形態特徵

莖熟時光滑。羽狀複葉，近革質，小葉 5-11 片，心形或長橢圓形，先端鈍尖凸頭，基部稀 3 淺裂，全緣，兩面光滑，5 出脈。花白色，平展；萼片 4。

地理分布

臺灣特有變種。僅產於臺灣南部的恆春半島與高雄柴山等地。

鐵線蓮屬植物在世界上是偏溫帶的植物類群，尤其在北美及歐洲，爲一類重要的觀賞用藤本植物；在臺灣的鐵線蓮屬植物中花朵大而奇特的種類不多，大多是像鵝鑾鼻鐵線蓮這種秀麗雅致的類型。

藤本植物攀附其他植物的方式有許多種，鐵線蓮則是利用葉柄會捲繞的特性以攀附於其他支撐植物來爭取陽光。鵝鑾鼻鐵線蓮生長於開闊的環境，常與烏柑仔、北仲、雀梅藤等植物混生，多見於珊瑚礁岩積沙之處，生態幅度相當狹窄。離生心皮發育成的果實形似海星，上面長滿絨毛，成熟時可藉由風飛散傳播。

鵝鑾鼻鐵線蓮是臺灣的特有變種，分布僅見於恆春半島及高雄柴山地區，數量相當稀少。

▲鵝鑾鼻鐵線蓮種子尾端帶有羽絨狀的附屬物。

▲鵝鑾鼻鐵線蓮是臺灣特有變種，僅見於恆春半島及高雄柴山。

馬鞍藤

Ipomoea pes-caprae (L.) R. Br. subsp. *brasiliensis* (L.) Ooststt.

科名 | 旋花科 Convolvulaceae

英文名 | Seashore Vine Morning Glory

別名 | 鱟藤、厚藤、馬蹄草、馬蹄花、二葉紅薯

原產地 | 泛熱帶地區

形態特徵

多年生匍匐藤本，莖平臥，節上生根。葉互生，革質，馬鞍形，全緣，先端凹、截形至深裂，基部截形或心形。聚繖花序，腋生；萼片5；花冠漏斗形，粉紅或紫色，5 淺裂。蒴果卵狀橢圓形，熟時棕褐色。種子 4 顆，黑褐色，被柔毛。

地理分布

熱帶澳洲、非洲、亞洲，中國廣東、廣西、福建。臺灣分布於全島海岸及離島。

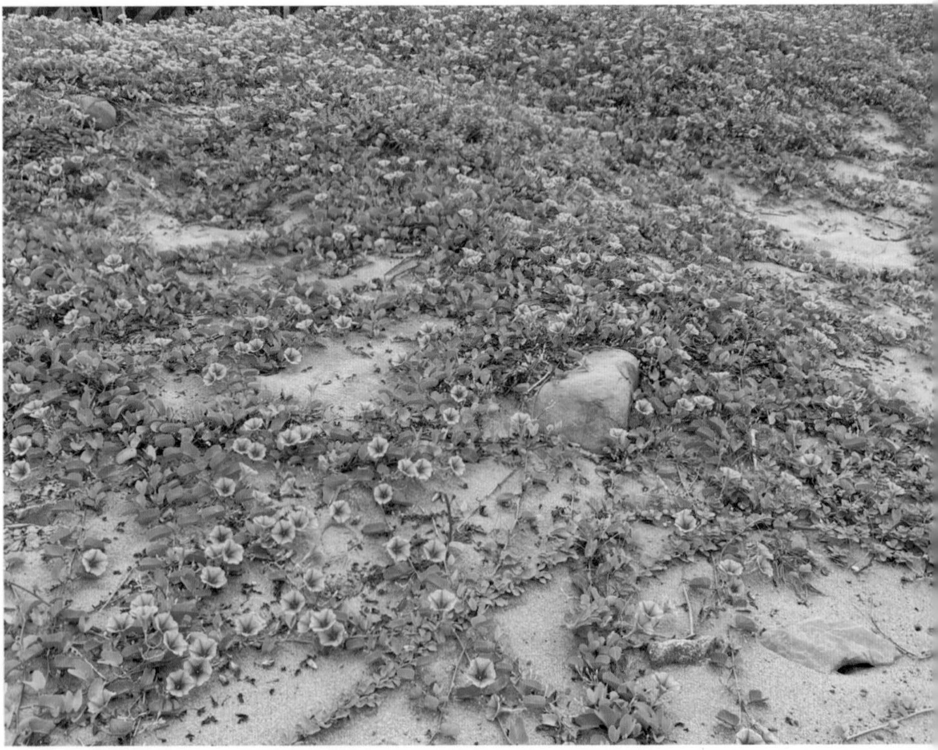

▲生長在海邊沙礫灘上的馬鞍藤，是海岸植物的先驅。

馬鞍藤是多年生匍匐性的蔓狀藤本，生長在海邊的沙礫灘上，是海岸植物先驅。莖節上會長出不定根和葉片，向四面八方擴展地盤。

馬鞍藤因葉子先端凹裂深刻形似馬鞍而得名，與羊蹄甲的葉形相似，但較厚革質。粉紅色的花朵大而豔麗，聚繖花序由葉腋長出，一個至多個花苞，不過通常一次只開一朵花。馬鞍藤的花期很長，全年都會開花，但以夏季最爲壯觀，沙灘上一片花海，奼紫嫣紅，有「海濱花后」之稱。花後化成黃綠色球形蒴果，成熟時則轉爲棕褐色。

馬鞍藤是一種泛熱帶分布的海岸植物，幾乎在全世界熱帶地區海邊都有它的蹤影，臺灣各地海邊容易見到它。種子可漂浮在海上，順著海流擴展族群。

馬鞍藤葉形優美、花朵豔麗，耐鹽、抗旱，在沿海地區栽植可作爲海岸定沙植物。

▲蒴果成熟時開裂，內具4粒黑褐色被柔毛的種子。

▲未成熟的蒴果呈淡綠色。

◀馬鞍藤的花朵奼紫嫣紅，有「海濱花后」之稱。

圓萼天茄兒

Ipomoea violacea L.

科名｜ 旋花科 Convolvulaceae　　**英文名｜** Beach Moonfolwer

原產地｜ 泛熱帶地區

形態特徵

纏繞性藤本，右旋；莖光滑。葉大，心形至圓心形，全緣。花冠高腳碟狀，大型，白色。果球形。

地理分布

泛熱帶地區。臺灣生長於南部地區及恆春半島的低海拔與海岸。

▲乾燥後的果實，裂開的蒴果可看見毛茸茸的種子。

▲細長管狀的白色喇叭花朵。

▲愛心形的葉片。

大萼旋花

Stictocardia tiliifolia (Desr.) Hallier f.

科名｜ 旋花科 Convolvulaceae

英文名｜ Spotted Heart

別名｜ 腺葉藤、腺萼藤

原產地｜ 泛熱帶地區

形態特徵

大型木質藤本，右旋；莖幼嫩部分具毛。葉寬心形至圓心形，表面有毛或漸變無毛。花冠漏斗形，淡紫紅色。蒴果球形，被增大的花萼包住。種子黑或深褐色。

地理分布

泛熱帶地區。臺灣分布於低海拔地區，常見於恆春半島。

▲大萼旋花漂亮的粉紅色花朵。

◀大萼旋花成熟的果實為膨大的花萼所包覆。

▲大萼旋花常在路旁或林緣出現。

印度鞭藤

Flagellaria indica L.

科名 | 鞭藤科 Flagellariaceae

別名 | 藤仔竹

英文名 | Indian Flagellaria

原產地 | 泛熱帶地區

形態特徵

攀緣性藤本。葉無柄，葉鞘包莖，葉尖細長成卷鬚。圓錐花序，頂生；花被片6，白色；雄蕊6數。核果肉質。

地理分布

亞洲、非洲及澳洲等泛熱帶地區。臺灣分布於宜蘭海濱地區、恆春半島及龜山島、蘭嶼等外島。

▶葉片尾端呈捲線狀，是用來攀附其他枝條往上生長的利器。

▲印度鞭藤的花於春天盛開，其長形的葉子容易被誤認為竹葉。

藤本植物無法直立生長，需藉助其他植物或支撐物才可向上生長吸收光線，特殊的構造能藉以攀附其他物體，常見的方式是以細長的莖捲繞其他植物，有些則長出卷鬚，有些靠鉤刺。

印度鞭藤是以卷鬚方式攀附其他植物生長，多數植物的卷鬚是由托葉特化而來，但印度鞭藤相當特別，它的葉片尾端細長形成卷鬚，可以勾住其他枝條或葉片。在海岸林林緣或孔隙內，常可見到印度鞭藤成叢的生長。

印度鞭藤是單子葉植物，葉鞘包莖，葉脈平行，外觀看來像似竹類植物。粉紅色的成熟果實圓珠狀，種子內有氣室可漂浮於水面。

◀成熟的肉質核果。

▲頂生圓錐花序。

無根草

Cassytha filiformis L.

科名｜ 樟科 Lauraceae

英文名｜ Filiform Cassytha, Cassytha

別名｜ 無根藤、無葉藤、砂蔓、蟠纏藤、羅網藤、膠藤

原產地｜ 泛熱帶地區

形態特徵

纏繞寄生草本，莖纖細，黃綠色、黃色至橘黃色。葉互生，鱗片狀。穗狀花序，花 5 朵，黃白色；花被片 6，2 輪，外輪三角狀卵形，內輪長橢圓狀卵形；可孕雄蕊 9，3 輪，第 3 輪花藥外向。漿果球形，白色。

地理分布

亞洲、非洲及澳大利亞。臺灣分布於低海拔地區，以海岸地區較為常見。

▲莖細長的無根草，能不斷地分枝，彼此交錯纏繞。

無根草是纏繞性寄生植物，葉片細小不明顯，細長的莖能不斷地分枝，彼此交錯纏繞，常一大片群生，有如一堆黃色的絲線，爬滿海灘，遇到藤蔓、野草與樹木時，會先順著寄主植物的莖攀爬，而後緊緊地纏繞著，再將吸盤伸入寄主的組織內吸取水分與營養，以壯大自己，擴展生存範圍。

無根草的莖具葉綠素可行光合作用，常生長於日照強烈、有鹽分的土地上。夏、秋之間開出黃白色小花，花後結爲圓滾滾的果實，形態似樟樹的果實，也具樟腦味，這種海邊細絲狀的寄生植物竟與山上高大的喬木樟樹、楠木類同屬樟科家族的成員，令人驚奇。

無根草有時會與同種的藤蔓糾纏一起，長出吸盤相互寄生，幾乎所有海濱沙礫灘上的植物都可能被它寄生，如馬鞍藤、海埔姜、白茅、變葉藜、草海桐和濱刺草等較低矮的灌木或草本植物，有時也會寄生於榕樹、黃槿等較高大的樹木上。無根草生長速度緩慢，隨著人爲開發，海岸環境的變化，臺灣島上無根草的數量亦日趨減少，想要看到它也變得不太容易。

▲圓滾滾的果實，外形似樟樹的果實，也具樟腦味。

▲無根草花朵細小，呈黃白色。

三星果藤

Tristellateia australasiae A. Richard

科名｜ 黃褥花科 Malpighiaceae

英文名｜ Vining Galphimia

別名｜ 星果藤

原產地｜ 太平洋地區

形態特徵

木質藤本。葉對生，長卵形，基部漸尖，具 2 個腺點，光滑無毛。總狀花序，頂生；每朵小花皆具長梗，梗上具關節；花瓣具柄 5 枚，鮮黃色；雄蕊 10；花絲在花朵開放初為黃色，後轉鮮紅色。翅果星狀。

地理分布

東南亞至澳洲、太平洋群島的熱帶島嶼。臺灣分布於恆春半島及蘭嶼熱帶海岸林邊緣。

▲三星果藤生長在海岸林林緣，喜歡高光量的環境。

臺灣因人口稠密，因而對海岸地區的利用也達到最大化，目前僅保有一片完整的原始海岸林，即墾丁國家公園境內的香蕉灣生態保護區。該區呈狹長形，長度約1.5公里，因濱海公路臺26線的通過而被一分爲二，加上當地居民開墾，使得森林面臨破碎化危機。

三星果藤是與海岸林樹木伴生的物種，喜歡陽光特性，因此多生長於海岸林林緣。3枚交疊的星狀果實爲其最大特色，也是命名由來。

三星果藤爲恆春半島及蘭嶼熱帶海岸林林緣的典型物種，春夏之間盛開的豔黃花朵配上鮮紅花絲，點綴了海岸林常年青綠的色調，因而廣受園藝栽培者喜愛，現在常見應用於環境綠化。其實使用扦插枝條來繁殖三星果藤十分容易，人們應盡量保護野外族群及其基因多樣性，若因人類喜歡一個物種而導致該物種的滅絕，絕非愛物之初衷。

◀星狀的果實是三星果藤命名的由來。

▲花色亮黃，雄蕊花絲是鮮豔的紅色。

桑科

越橘葉蔓榕

Ficus vaccinioides Hemsl. ex King

科名｜ 桑科 Moraceae

英文名｜ Vaccinium Fig

別名｜ 瓜子蔓榕

原產地｜ 臺灣及離島

形態特徵

匍地生長的常綠小灌木或藤本，節處常生不定根。葉互生，葉小，厚紙質，倒卵狀橢圓形，兩面疏被毛。雌雄異株。榕果被毛，幾乎無柄。

地理分布

臺灣特有種。分布於本島低至中海拔及綠島、蘭嶼等離島。

▶多年生的越橘葉蔓榕，匍匐生長於海邊礁岩上。

▲越橘葉蔓榕質感細緻又易養護的特性，近年來常被利用來美化牆角和邊坡。

▲越橘葉蔓榕的隱花果被毛，幾乎無柄。

▲成熟的隱花果為黑色。

肥豬豆

Canavalia lineata (Thunb. ex Murray) DC.

科名｜ 豆科 Fabaceae　**英文名｜** Narrow Knifebean

別名｜ 肥豬刀、海岸刀豆、小果刀豆　**原產地｜** 東亞

豆科

形態特徵

蔓性草本。三出複葉，卵狀或長橢圓形，具小托葉。總狀花序；花粉紅色。莢果長條形，外果皮厚。種子 2-7 顆。

地理分布

東北亞至東南亞，如印尼、中國大陸、菲律賓、琉球、日本及韓國等地。臺灣全島皆有分布。

▲海岸林緣、沙灘或較為內陸的林緣皆可發現肥豬豆的蹤跡。

肥豬豆這個逗趣的中文名稱乃起因於它厚實而圓肥的果莢，看到肥豬豆全株滿是渾圓的葉片及果莢，常會令人不禁莞爾，喜嘆當初命名者幽默並帶著充滿豐富的想像力，另有一說是過去人們曾用其豆莢來餵食豬隻而得名。

肥豬豆與濱刀豆同屬，地理分布上多有所重疊，濱刀豆也常被俗稱爲肥豬豆，因此兩者常被誤認爲同一種植物。兩者的區別在於種子上的種臍長度，肥豬豆種臍約1公分或略長，濱刀豆則短些；兩者豆莢形狀也有所不同，成熟的肥豬豆果實寬胖微彎，濱刀豆則是細長而直，豆莢也較長。肥豬豆的分布除了海濱地區外，也見於較爲內陸的林緣、開闊地帶。

肥豬豆通常生長於海岸地區的灌叢林內，或分布於沙灘或礫石灘上，由於此類區域的土壤貧瘠且保水力不佳，因此豆科植物固氮且耐旱的特性能在此環境中獲得生長上的優勢。果莢與種子的詳細區別請見本書第426頁。

◀下垂的總狀花序。

▲短而厚實的豆莢。

濱刀豆

Canavalia rosea (Sw.) DC.

科名｜ 豆科 Fabaceae　　**英文名｜** Jackbean,Bay Bean

別名｜ 海刀豆、水流豆、小肥豬豆　　**原產地｜** 泛熱帶地區

形態特徵

多年生攀緣性草本。有根瘤。葉互生，三出葉，具葉枕；頂小葉寬卵形，先端凹。總狀花序。花萼筒狀，二唇化。花瓣蝶形，粉紅色至紫色。莢果扁平。

地理分布

分布於泛熱帶地區。臺灣分布於海邊開闊沙地。

▲濱刀豆的總狀花序。

▲生長在沙灘上的濱刀豆。

▲濱刀豆直長的豆莢，成熟時為褐色。

三葉魚藤

Derris trifoliata Lour.

科名 | 豆科 Fabaceae

英文名 | Trifoliate jewelvine

別名 | 魚藤、毒魚藤

原產地 | 東亞地區

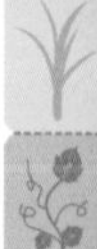

形態特徵

攀緣性的木質藤本植物；奇數羽狀複葉，小葉 3-7 片；葉基略心形，長尾尖，全緣。總狀花序，小花白色至淡粉紅色。莢果圓盤形，3-5 公分長，2-3 公分寬，外果皮乾燥後呈膜質。種子 1-2。果實可浮水傳播。

地理分布

廣泛分布於熱帶地區，從東非、亞洲到澳洲皆有分布，是沼澤紅樹林環境的藤本植物。臺灣偶爾可見於沿海地區及離島海岸邊。

▲雖命名為三葉魚藤，小葉數量常多於 3 片。

▲成熟散落的果實，內有空腔可隨海流傳播到遠方。

▲銅錢般的果實，內有種子 1-2 粒。

小豇豆

Vigna minima (Roxb.) Ohwi & Ohashi

科名｜ 豆科 Fabaceae

英文名｜ Mini Cowpea

別名｜ 臺灣小豇豆、臺灣藤紅豆、細葉小豇豆

原產地｜ 東亞

形態特徵

一年生藤本植物。頂小葉卵形至三角形，先端漸尖至銳，近無毛，托葉盾狀著生。花密生於花序枝頂，花黃色，花梗上具 1 腺體；花萼鐘形；花瓣蝶形，龍骨瓣彎曲成喙狀；2 體雄蕊。莢果線形，無毛。

地理分布

菲律賓、中國大陸南部、日本及琉球。臺灣分布於海拔 100 公尺以下的開闊草原、道路旁及森林邊緣。

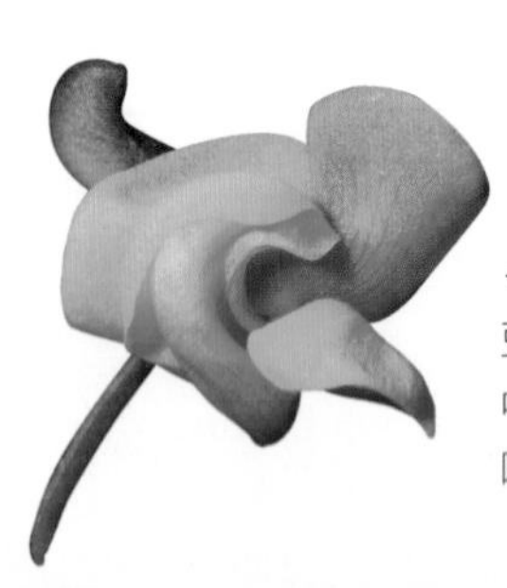

◀開著黃花的小豇豆，其花冠呈蝶形，中間的龍骨瓣彎曲成喙狀，相當特別。

▲成熟的莢果黑褐色，開裂後呈捲曲狀。

▲尚未成熟的莢果呈綠色。

◀葉為三出複葉。

濱豇豆

Vigna marina (Burm.) Merr.

科名｜ 豆科 Fabaceae

英文名｜ Notched Cowpea

別名｜ 豆仔藤、海豆

原產地｜ 泛熱帶地區

豆科

形態特徵

多年生草質藤本。三出葉，具葉枕；頂小葉卵形，無毛。花瓣蝶形，黃色；花柱在柱頭下叢生毛。莢果窄長橢圓形，無毛。種子 5-6 顆。

地理分布

分布於泛熱帶地區。臺灣主要分布於沙地與開闊海濱。

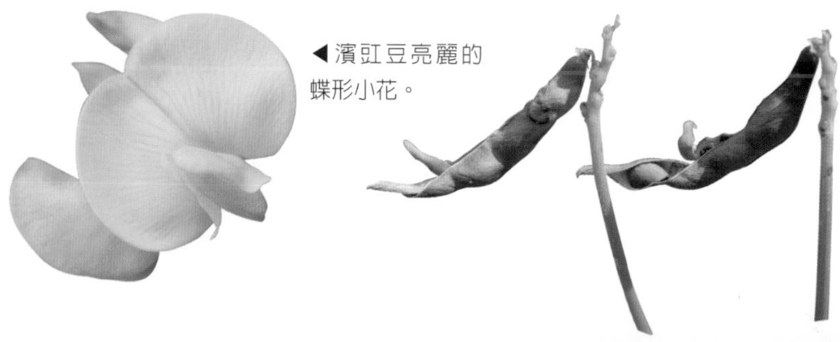

◀濱豇豆亮麗的蝶形小花。

▲沙地上蔓延生長的濱豇豆。

▲濱豇豆的果莢，初呈綠色，成熟時開裂呈褐色。

三裂葉扁豆

Dolichos trilobus L. var. *kosyunensis* (Hosokawa) Ohashi & Tateishi

科名 | 豆科 Fabaceae

英文名 | Hengchun Dolichos

別名 | 三裂葉豇豆、恆春扁豆、鐮莢扁豆

原產地 | 臺灣

形態特徵

多年生纏繞性草本，枝條被毛。三出葉，頂小葉卵形至橢圓形；托葉宿存，披針形。花單生或數朵簇生腋間；花萼鐘形，萼片 5 齒裂，二唇化，上方兩片合生；花瓣蝶形，白色、粉紅色至紫色；旗瓣具附屬物。莢果長橢圓形、扁平、稍彎，具喙。

地理分布

僅分布於恆春半島海拔 100 公尺以下乾而陽性的路邊、草地與海濱的灌叢中。

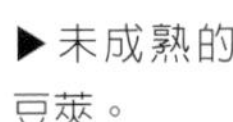

▶未成熟的豆莢。

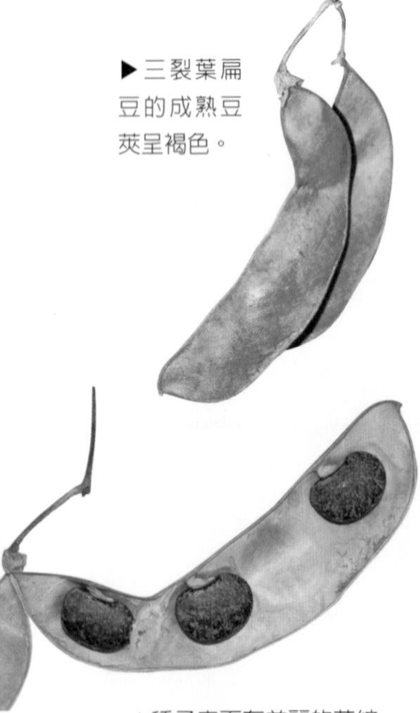

▶三裂葉扁豆的成熟豆莢呈褐色。

▲種子表面有美麗的花紋。

▲三裂葉扁豆的花。

田代氏乳豆

Galactia tashiroi Maxim.

科名｜ 豆科 Fabaceae

英文名｜ Tashiro Milkbean

別名｜ 琉球乳豆、臺灣乳豆

原產地｜ 琉球群島、臺灣及離島

豆科

形態特徵

纏繞性草本，全株被毛。三出葉，頂小葉圓形，先端凹，背面密被伏毛。總狀花序，花節通常膨大；花萼鐘形，上方二片癒合，微裂，下方三片中裂，最底一片最長；花瓣蝶形。莢果線形，扁平。

地理分布

琉球群島及臺灣。臺灣生長於和平島、蘭嶼和恆春半島海拔 100 公尺以下的開闊地和海濱岩石地。

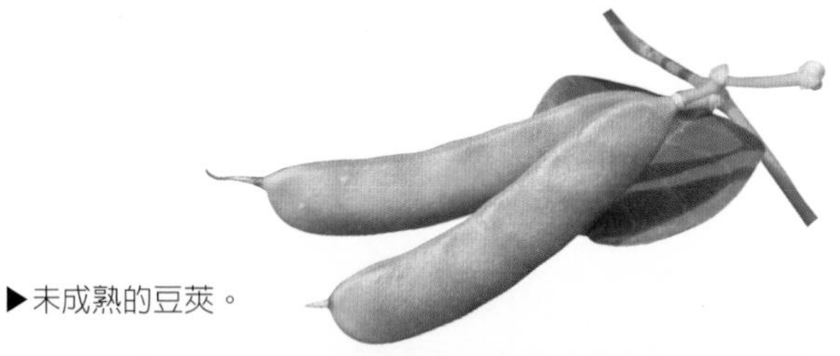

▶未成熟的豆莢。

▲葉片為三出葉，花序為總狀，花冠為蝶形。

▲田代氏乳豆又稱為「琉球乳豆」。

小葉括根

Rhynchosia minima (L.) DC. f. *nuda* (DC.) Ohashi & Tateish

科名｜ 豆科 Fabaceae

英文名｜ Least Snoutbean

別名｜ 小鹿藿

原產地｜ 熱帶、亞熱帶地區

豆科

形態特徵

一年生蔓性草本植物，莖細長且多分枝。托葉細小早落，三出複葉，小葉似菱形，葉面側脈深凹，葉子看起來皺皺的。直立總狀花序具6-12朵花；花黃色，龍骨瓣與旗瓣等長。果莢成熟時黑褐色，腹部收縮捲曲開裂像羊角狀，將內部2粒種子彈出去。

地理分布

廣泛分布於熱帶及亞熱帶地區，在全世界各大洲及小島皆有分布。臺灣常見於臺南以南區域與澎湖等外島。

▲小葉括根廣泛生長在礁岩、草生地或路旁。

豆科植物大部分喜好乾燥及多陽光的區域，因此海邊開闊的環境很適合豆科植物生長，加上豆科植物根部有根瘤菌，具固氮的能力，在土壤貧瘠的環境比其他種類植物擁有更有利條件可以生存及競爭。

小葉括根屬名*Rhynchosia*指花朵的龍骨瓣與翼瓣長度相當，張開的時候形似鳥嘴的造型。由於此種植物廣泛分布於世界各大洲，沒有毒性且營養價值高，因此在許多地區如澳洲被當作是餵食牛羊的牧草。其植物體可耐高鹽分，又可適應地力貧瘠的環境，其能生長的生態幅度寬廣，海岸前線常見於珊瑚礁岩縫隙間、沙灘避風處，後岸則常出現於灌叢、道路旁等地。

▶小葉括根開著鮮豔的黃花。

▶豆莢成熟後會捲曲以將種子彈出去。

◀未成熟的果莢。

大血藤

紅皮書等級 CR

Mucuna gigantea (Willd.) DC.

科名 | 豆科 Fabaceae

英文名 | Hengchun Mucuna

別名 | 恆春血藤

原產地 | 太平洋諸島

豆科

形態特徵

大型木質藤本。三出複葉，光滑無毛，小托葉針狀。花為下垂的總狀花序，淡綠色。莢果寬扁，側邊具內凹的縫，縫線延伸成翼狀，內具種子 1-5 顆。

地理分布

澳洲、大洋洲、琉球群島、夏威夷等。臺灣分布於恆春半島、臺東海岸。

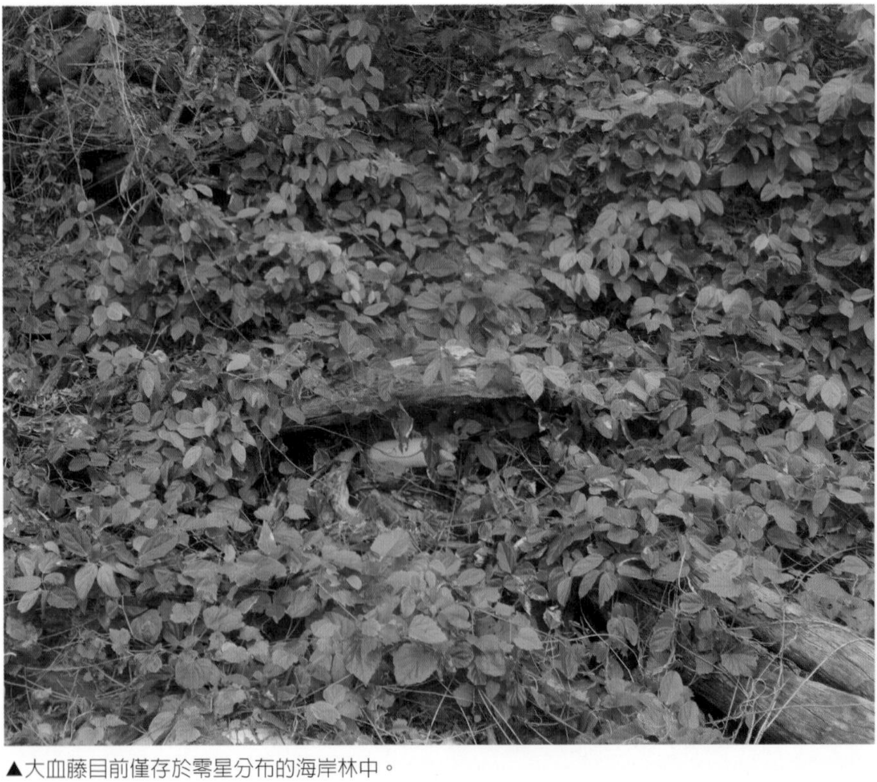

▲大血藤目前僅存於零星分布的海岸林中。

大血藤在臺灣是相當稀有的大型木質藤本，與血藤、蘭嶼血藤爲同屬植物，前者爲臺灣全島山地森林內可尋之物種，後者則僅見於蘭嶼的海岸林內。大血藤目前所知僅分布於恆春半島及臺東海岸，數量十分稀少。根據筆者放置自動相機的觀察紀錄，大血藤在香蕉灣海岸林內的授粉動物爲松鼠。由於種子具有又硬又厚的外殼不易發芽，再加上藤本植物對陽光的需求性又高，小苗不易在林下生存，與其他植物競爭力相對較弱，因此大血藤族群數量不易增加及擴散。

大血藤寬扁的豆莢內有2-4粒種子；種皮硬且厚，表面有不規則的斑狀花紋，有些則無。豆科植物的種臍常爲短線形，但大血藤的種臍長度可長達種子圓周的3/4以上；種子內有氣室，因此可漂浮於水面，靠海水傳播。在臺灣或離島的沙灘可撿拾到種子，也偶爾可見剛發芽的小苗。

▲大血藤成熟的果莢。

▲大血藤的花序，小花萼片外布滿金黃褐色的毛。

◀大血藤果莢常數個為一串，成熟時轉為黑色。

蘭嶼血藤

Mucuna membranacea Hayata

科名 | 豆科 Fabaceae　　**英文名 |** Membranous-Leaf Mucuna

別名 | 薄葉血藤、紅頭血藤　　**原產地 |** 琉球群島、臺灣

形態特徵

大型木質藤本。三出複葉，小葉膜質，葉卵形。總狀花序腋生；花萼鐘形，5 淺裂，花酒紅色。豆莢扁平，表面多溝，覆有許多硬剛毛，內具種子 2-3 顆。

地理分布

琉球群島及臺灣。臺灣見於蘭嶼及綠島海岸林內。

▲從莖上長出的花序有一長梗，小花酒紅色。

▲果實表面具有橫狀的溝紋及粗硬的剛毛。

▶見於海岸林緣的蘭嶼血藤。

海漂種實

何謂海漂種實？

果實、種子、胎生苗，或繁殖體以海流進行散布的植物材料，統稱爲海漂種實。全世界250,000種陸生維管束植物種類中約有0.1%比例的植物果實或種子可行水力傳播。這些植物能夠成功登陸，並且順利生長的機會其實是微乎其微，不只因爲種實本身狀態，許多外在因子，如氣候、土壤、溼度、物種競爭以及動物的啃食等等也影響其生長成功與否。由於海水浮力較大，加上海漂種實具有特殊的漂浮構造，能隨著洋流散布到其他地方，也因而在相似的環境或棲地會有同質性高的植群組成。

果實或種子漂流於海上一段時間，沖刷或擱淺於陸地後，若環境合適且還具有發芽力的情況下，才能夠成長發育。多數的種子上岸時就已經陣亡，有些則埋在沙堆裡永不見天日，或者在下一個浪潮來時又回到海裡繼續流浪，僅有少數得以在沙灘上倖存並且發芽。沙灘上不乏常見到這些橫越海洋來的植物幼苗，但陽光曝晒，水分蒸發散量大，淡水供應有限，加上風力強勁等種種的不利條件，讓這些小苗僅能存活數周或幾個月，甚至幾天，成功存活的機會微乎其微。觀察發現能夠定殖成功的海漂種實，通常是被大浪送到沙灘內線基質穩定的地區，土壤層相對較厚保水力佳，發芽後的小苗還能受到其他周邊植物的保護。

由於海水含有鹽分，雖然增加了浮力，但其滲透壓會造成細胞傷害，因此一般植物的組織泡在海水中短時間內會失去活力，但海漂種實具有防止海水影響的構造。此外，植物上岸的環境必須適合它的生長，因此紅樹林植物的胎生苗漂流至沙灘地只有乾死一途，相對的熱帶植物種實漂流到高緯度地區也不會成長。通常海漂種實被海浪推至潮線以上後，待位置固定且棲地適合，雨季來臨才會發芽

▲海茄冬種子在漂上岸後雖然已是發芽狀態，但在高溫又無淡水的沙岸上還是不能成活。

▲可可椰子是海漂種實的代表性植物。由於廣泛栽植和垃圾傾倒問題，到處皆可見到可可椰子的蹤跡。

扎根，或在河口有淡水的泥灘地環境下，成長為新的植株。

浮力構造

不是所有能漂浮的種實都可以在海上漂流一段時日後還能保持活力，需具有特殊結構或組織才能漂浮並避免鹽害，歸納其機制有以下幾種：

1.種子或果皮有孔隙：鴨腱藤、血藤屬的種子內有孔隙，前者孔隙位於兩片子葉之間，後者孔隙則在種皮與子葉間。

2.子葉密度小：鐵木和刀豆類是因為子葉密度小而能漂浮。

3.具有纖維或木栓質外層：欖仁、海檬果之果皮由纖維組成，銀葉樹果皮則是木栓質。

4.結構輕盈者，如：海茄苳。

5.棋盤腳和可可椰子是綜合以上特徵者。

海漂種實的流向

北太平洋地區有一順時針循環的海流，由東向西流經赤道時稱為北赤道洋流，流到太平洋西邊的陸界後大部分北轉，從菲律賓呂宋島附近北上，主流距離東部海岸約30-120公里不等，蘭嶼、綠島則位於黑潮帶上。黑潮海流速度強且快，舉例來說：蘭嶼到臺灣的距離約為49海浬，到菲律賓巴丹島為57海浬，但達悟族人卻認為臺灣比較遠，原因是拼板舟要橫越北流的黑潮不易。

海漂種實並不是毫無方向性的

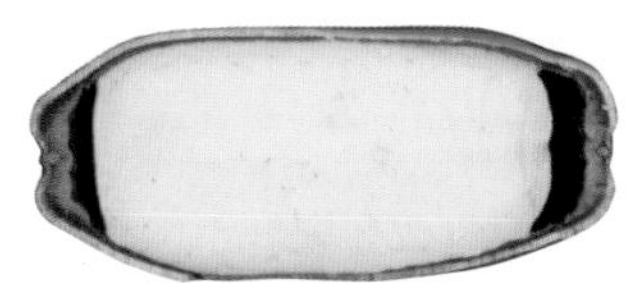

▲大血藤有堅硬的種皮可保護種子，且兩側有氣室，因此可漂浮於水面。

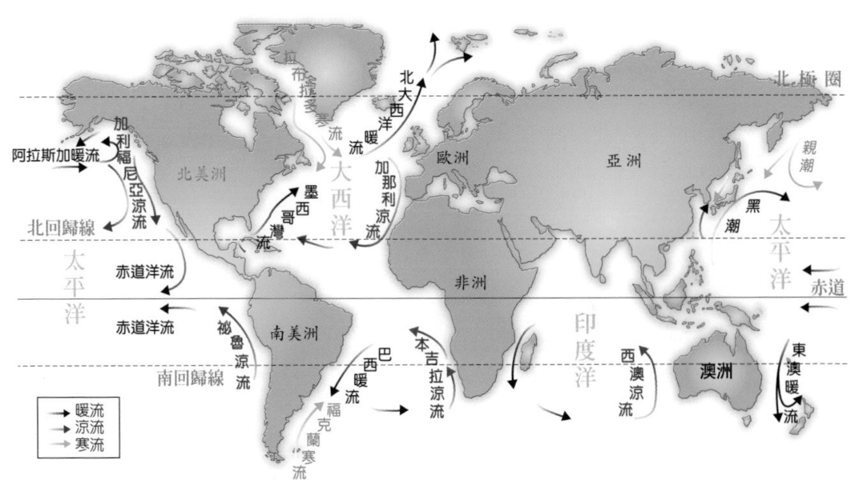

▲洋流示意圖。

在海上漂流、隨處上岸，影響因子包括洋流、颱風、季風、潮汐流及岸浪。在臺灣海岸附近或經由河川溪流進入海洋的種實會在北太平洋環流上漂浮旅行，雖說大海有主要的洋流路徑，但仍有許多的次要海流與地區性海流，全世界的海洋是互相連通的，因此北太平洋中的海漂種實可能來自世界各地。洋流是植物種實長距離移動的動力，自然的力量把植物推送到遠方；颱風及季風爲海漂種實運送上岸的助力，潮汐及岸浪則扮演臨門一腳，尤其是颱風過境，海岸地形與局部水流則是次因。

夏季時，颱風可帶來充沛的雨量，將山區及海濱具有漂浮能力的種實沖入水中，河流的巨大水量將這些種實帶離海岸加入洋流，經由洋流運送到更遙遠的地方。颱風的強風也能將洋流中的海漂種實吹向陸地而有機會上岸。除了颱風之外，海漂種實能夠上岸的另一項因素是季風，季風的方向會影響上岸地點。在臺灣，夏季盛行西南風，冬季吹東北季風，根據風吹流理論，在北半球背對風吹來的方向，水面上的物體並不會順著風向直線前進，會因爲地球自轉科氏力的影響向45度右前方移動，因此夏季吹西南風時，西部海岸較容易看見剛沖上岸的海漂植物，10月分東北季風開始後在恆春半島東側才有較多的海漂物上岸。

▲由恆春半島遠眺蘭嶼，其間的黑潮正是海漂植物傳播的主力。

▲在蘭嶼所撿拾的海漂種實。

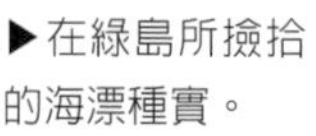

▶在綠島所撿拾的海漂種實。

臺灣的海漂種實

海漂種實並不全都是海岸植物，山區型的植物若種子具漂浮力，經河流帶至大海後，一樣會漂浮至海岸，在海邊常看到的鴨腱藤、油桐種子皆屬這一類，只是在不適合的環境下，即使發芽了也難有成長的機會。

一般海灘可見的大型種實約有20餘種，部分是山區植物的種實。常見的物種來自當地的植物或者來自菲律賓、東南亞地區；少見或罕見者則來自更遠的地方，甚至可偶見來自美洲的種子。沖刷上岸的種實難以追蹤其眞正來源，但可概略分爲四大類別：人爲垃圾（醃漬的橄欖、水蜜桃、龍眼、荔枝種子）、內陸植物（血桐、蟲屎、油桐）、海濱植物以及海外漂來等。

恆春半島東岸是臺灣海漂種實最爲豐富的地區，這些地點的海岸植物和其他地方相較之下有其獨特性，也與菲律賓的同質性高，不少植物本就源自於菲律賓，藉由黑潮傳播至臺灣後落地成爲原生植物。

▲夏季颱風過後，臺南海濱有很多海浪打上來的雜物，包括許多海漂種實。

夏、秋季節於海邊散步，沿著海漂物堆積的潮線行走時不難發現海漂種實，其中有些來自於鄰近海岸，有些則由更南或更遠的地區漂過來，水椰及木果楝這兩種植物並未見於臺灣野地，但在恆春東岸卻很容易撿到它們的果實，有些還呈現發芽狀態，顯示它們具有成長能力；然而在臺灣不見其生長，原因是這兩種植物的生育環境需在河口泥灘地才能順利成長，且冬季的低溫會讓這熱帶來的植物死亡；其餘可適應臺灣氣候條件的植物則能存活下來並成爲原生植物，恆春半島的海岸林就是海漂種實所形成。

▲沙灘上所撿拾到的呂宋青藤幼苗，在日本石垣島是海岸林的藤本植物。

▲臺灣本島並無野生的橙花破布子，但在恆春半島曾記錄其發芽的小苗。

海漂種實

海漂種實中豆科植物的多樣性最高，發芽力也最佳，以鴨腱藤屬、血藤屬最多，但同屬種子外觀相似難以區別。比起植物的辨識，種子的鑑定相當不易，海漂種實的困難度更高，由於在海上漂流許久，外觀不完整、褪色、或者覆上了石灰藻與海生物，又更增鑑定的難度；或許將撿拾到的種子播種發芽，等待植物成長後開花結果，屆時有明確的資料將可予以鑑定。沙灘上也能記錄到許多發芽的小苗，會發現許多鄰近種植的作物，例如：絲瓜、番薯等，甚至是意料之外的植物。分布於菲賓賓、琉球群島以及臺灣南部山區的呂宋青藤，日本漂流物學會深石隆司提出它可能也會透過海流來進行島嶼之間的傳播這個想法，而後來筆者2014年在恆春半島沙灘上曾經紀錄呂宋青藤發芽的幼苗。

海流、鳥類及風是植物子代藉以長距離傳播的方式，但對於許多產生大型種子或果實的熱帶植物而言，海洋則是唯一可進行長距離的散播方法；海漂植物的散播對海洋中的偏遠島嶼來說，是維持生物多樣性重要的來源。

▲在恆春半島東岸撿拾的海漂種實。

▲細小不顯眼的海漂種實混於沙礫中。

▲在臺南安平撿拾的海漂種實。

/ 大戟科 Euphorbiaceae

油桐 *Vernicia fordii* (Hemsl.) Airy Shaw

油桐的種子為扁橢圓形，上有間斷的條狀突起，褐色或黑色，質地輕，以手用力捏即破碎。在海邊撿拾到的油桐種子通常不具發芽力，因種殼內部空心而具有浮力。油桐是臺灣引進栽植樹種，多生長於山區或丘陵地，並非海濱植物，海邊的種子是山區大雨後由溪流沖入海中，再被吹送上岸，在臺灣全島沙灘相當常見。

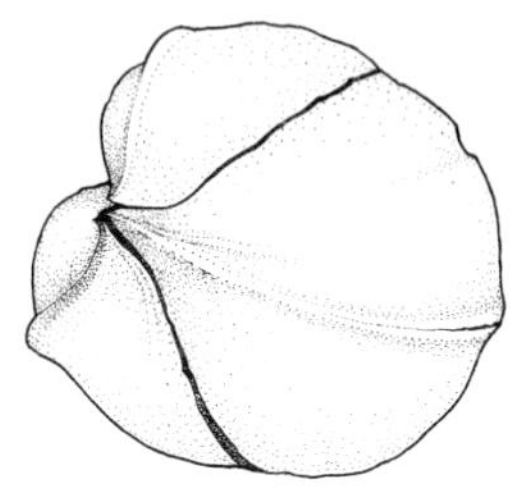
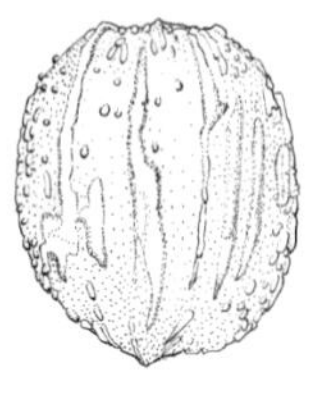

/ 玉蕊科 Lecythidaceae

穗花棋盤腳 *Barringtonia racemosa* (L.) Spreng.

穗花棋盤腳果實較棋盤腳小，長 4-5 公分、徑 2-3 公分、外表 4 稜，果實外皮較棋盤腳果實薄容易脫落，纖維亦較細緻，中果皮纖維布滿海綿質果肉而具有浮力。植株多生長於湖沼或溪流淡水充足處，海濱鹽分高並不適合其生長，漂浮的果實在臺灣東北部與恆春半島較為常見，特別是在出海口附近溪流上游，若有穗花棋盤腳族群，整體數量不多。

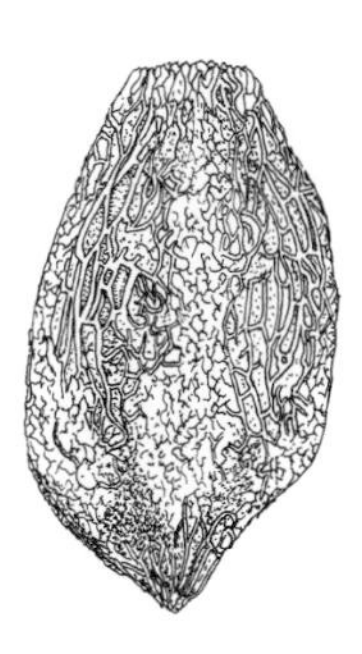

棋盤腳 *Barringtonia asiatica* (L.) Kurz

棋盤腳果實 4 稜，部分 5-6 稜，外皮革質光滑，海水侵蝕後，露出布滿纖維的果肉，中心處為種子，直徑 12-15 公分，是臺灣原生植物果實最大者，其中果皮纖維形成具有浮力的氣室而能漂浮，海邊撿拾到的果實多具發芽力。棋盤腳廣布於熱帶地區海岸，果實常見於海濱，在冬季溫度低於 15℃以下時易受寒害死亡，因此在臺灣的天然分布僅限於恆春半島及綠島、蘭嶼等地。人工種植者也限於臺南以南，中、北部地區發芽或栽植者不易存活。

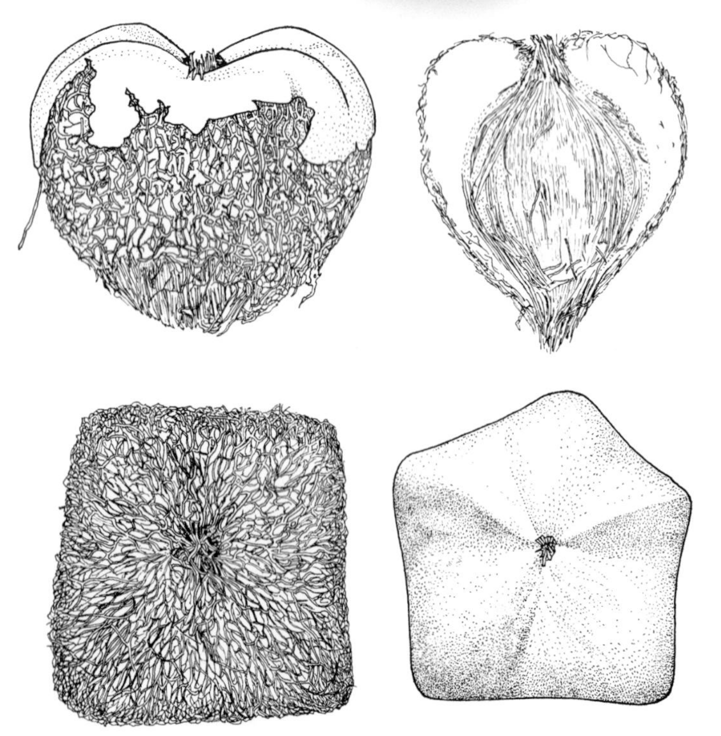

草海桐 *Scaevola taccada* (Gaertn.) Roxb.

草海桐種子很小，約 0.5-0.8 公分，常和小型的垃圾碎屑混在一起，因為種子是黃白色至白色，與沙子顏色相近不容易被發現。新鮮的草海桐果實有一層多汁柔軟的果肉，白色果肉下是木栓質，木栓層內側還有堅硬的種皮，可以防阻海水進入，在海中漂浮可保護胚珠不受鹽分的損害而影響發芽。草海桐是泛熱帶地區廣布的物種，因此各地海灘常見其種子和小苗。有研究指出，在澎湖、琉球群島、小笠原群島等地少數的草海桐另有一型沒有木栓層的種子，因此也失去了漂浮能力，推測可能是由鳥類來進行種子傳播。

/ 豆科 Fabaceae

老虎心 *Guilandina bonduc* L.

老虎心種子徑 1-2 公分，外表呈灰白色，細看有緻密的環紋，種臍圓形，質地輕，子葉間有空隙形成氣室而能漂浮，外皮光滑堅硬，破皮後吸水能迅速發芽。種子偶見於臺灣海岸，外觀似石礫而不易被發現。老虎心分布於亞洲南部及太平洋島嶼海岸地區，臺灣有天然分布，植株生長於近海地區。有時候在臺灣海邊也可以撿拾老虎心近緣種的種子，顏色呈黃色或咖啡色，也有大小不一的種類。

/ 豆科 Fabaceae

搭肉刺 *Caesalpinia crista* L.

搭肉刺果實橢圓形，長 3-5 公分，先端尖突，黑色，內含一粒種子，扁圓形。搭肉刺為蔓性灌木，果實成熟後由果柄處斷裂，掉落後能漂浮於水面，常隨水流漂送至大海，果實飽滿且因內含空氣而能漂浮海上，果莢上岸後，經陽光或風力乾燥後開裂，種子散落而傳播。搭肉刺分布在熱帶亞洲，臺灣生長在海岸林或近海山麓，種子於臺灣北部、恆春半島、蘭嶼與綠島等地海岸可見，但數量不多，多是在地植株所散布。

/ 豆科 Fabaceae

三葉魚藤 *Derris trifoliata* Lour.

本種為豆科植物之果實，長約 3-5 公分，外表淡褐色，內含 1-2 粒種子，沿著邊緣處有一條明顯的筋脈，果莢內子室含空氣而能海漂。在恆春半島、蘭嶼及綠島可見海漂果實，海邊偶爾可看到植株，但不會生長在沙灘上，而生於珊瑚礁岩或河口旁的高岸上，羽狀葉 3-7 片，小葉卵形或橢圓形，莖細而堅韌。

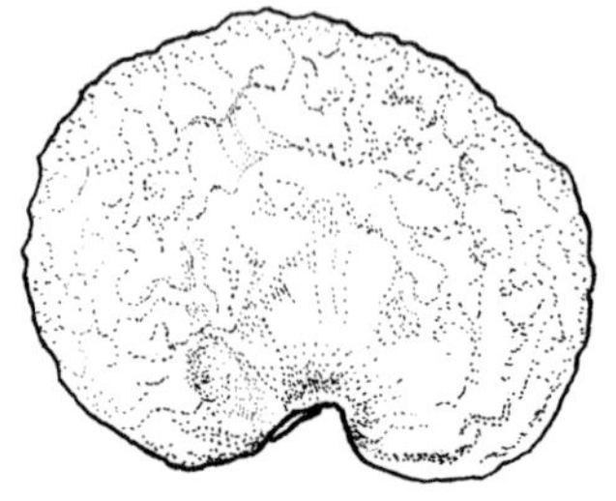

太平洋鐵木 *Intsia bijuga* Ktze

印茄樹 *Intsia palembanica* Miq.

太平洋鐵木的種子外表略呈不規則之扁圓形，黑色或暗紅色，大小相差甚多，長 3-5 公分，寬 1.5-3 公分，表面光滑，具細橫紋光澤，子葉間具氣室而能漂浮。太平洋鐵木樹形高大，是亞洲雨林中木材最堅硬者，原生於馬達加斯加、東南亞、新幾內亞、日本西表島、石垣島等地，臺灣並無天然分布，海漂種子均是由赤道附近地區漂送而來，相當罕見，以恆春半島、蘭嶼與綠島等地較有機會發現。日本石垣島海邊已有一小族群。所有撿拾的種子中可以看見兩種外形略有相異的種子，薄而扁平的是太平洋鐵木，另一種雖扁但略有厚度的是同屬的印茄樹種子。

印茄樹

太平洋鐵木

刺桐 *Erythrina variegate* L.

刺桐種子長 1-1.5 公分，腎形，表皮呈紫紅色或淡咖啡色，種臍橢圓形，兩端稍尖或平，依生長在莢節的位置而異，子葉組織輕而能漂浮水面。刺桐屬植物有許多不同的種類，在臺灣海邊最常撿到的漂浮性種子為刺桐種子，以恆春半島、蘭嶼與綠島等地較有機會發現，數量不多，其外形大小近似濱刀豆，但刺桐種子較圓胖，顏色偏紅，不易分辨。刺桐廣泛分布於熱帶亞洲，海邊撿拾到種子常具有發芽力，但需在內陸有淡水的環境才會發芽。

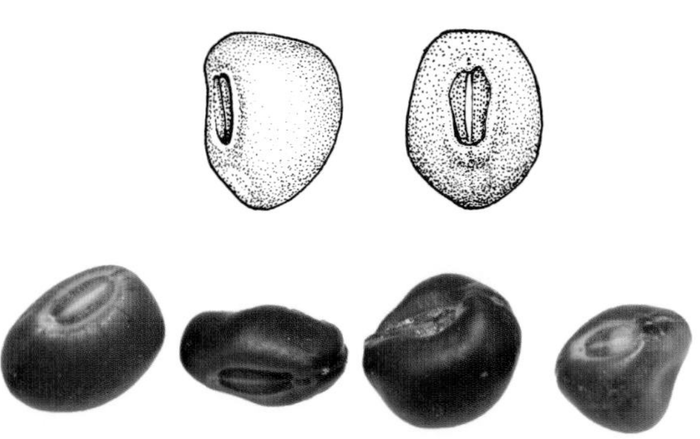

鴨腱藤 *Entada* spp.

越南鴨腱藤 *Entada tonkinensis* Gagnep.

恆春鴨腱藤 *Entada phaseoloides* (L.) Merr.

厚殼鴨腱藤 *Entada rheedei* Spreng.

小葉鴨腱藤 *Entada parvifolia* Merr.

臺灣鴨腱藤屬為大型藤本植物，常綠性，生長於山區，常橫亙整個山谷，主幹最粗可達 50 公分，莢果大型，長可達 1 公尺，筆直或扭曲，每一莢節內具一粒種子，莢節數量依生育狀況而異，最多十餘個，發育時間約 1 年。成熟時，外果皮因乾燥收縮先分離而掉落，接著每個莢節由莢果尾端依序脫落之後，種子再和內果皮分離，隨著雨水漂送至海中。

臺灣原生鴨腱藤屬植物有三種，分別是越南鴨腱藤、厚殼鴨腱藤以及恆春鴨腱藤，越南鴨腱藤的種子只有少數會漂浮，其他兩種皆會浮水。在臺灣海濱可以撿拾到許多不同種類的鴨腱藤種子，有些是臺灣山區的種子經由溪流沖刷漂送入海，再由海浪推送上岸，另一些種子則是洋流由其他地區所帶來。

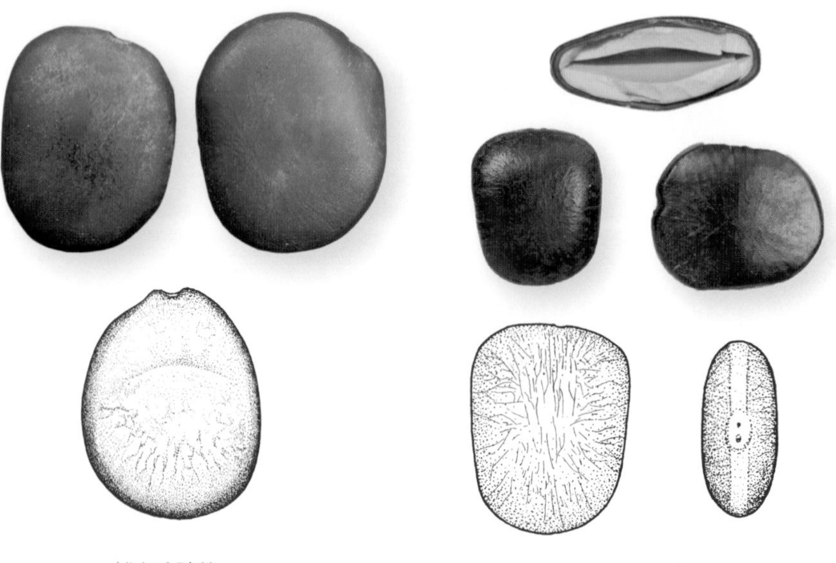

越南鴨腱藤　　恆春鴨腱藤

在臺灣西海岸，夏季颱風過後常能撿拾到兩種種子，較常見者為厚殼鴨腱藤，扁圓形，直徑 3-4 公分，偏紅色；另一種為越南鴨腱藤，數量較少，卵圓形，直徑 5-6 公分，顏色較黑。在恆春半島東側與蘭嶼、綠島等地海邊，形狀及尺寸更多樣，小的約 2 公分，大的可達 5 公分，顏色從黑色或褐紅色皆有，還有圓柱形或圓球形，最常見者是恆春鴨腱藤。

鴨腱藤屬植物雖多生長於山區，但種子卻常被發現在海濱的雜物堆中，其主要藉由子葉間的空隙形成氣室來增加浮力；種子大型且表面細緻油亮，是海漂種子中很引人注目的類群。在北美及歐洲海岸可撿拾到 *E. gigas* 種子，略呈心形，英文稱為 sea heart。在臺灣，鴨腱藤類的種子常被視為裝飾品，或當成健康用品用來刮痧使用，在離高潮線較遠的海岸處偶爾可見到發芽的鴨腱藤植物，但在不適合的環境下往往生長不良，或在發芽後很快枯死，能有淡水持續供應的才有機會生長茁壯。

沙灘也會撿拾到一種小型的鴨腱藤種子——小葉鴨腱藤，種子長度 1.3-2 公分，有點厚度，圓盤形或橢圓形；宿根性的藤本，秋天會落葉，地下根膨大，隔年再新生莖葉；極少數的機會也能撿到圓果鴨腱藤（*E. glandulosa*）種子。這兩種分布於中南半島、菲律賓等地區。

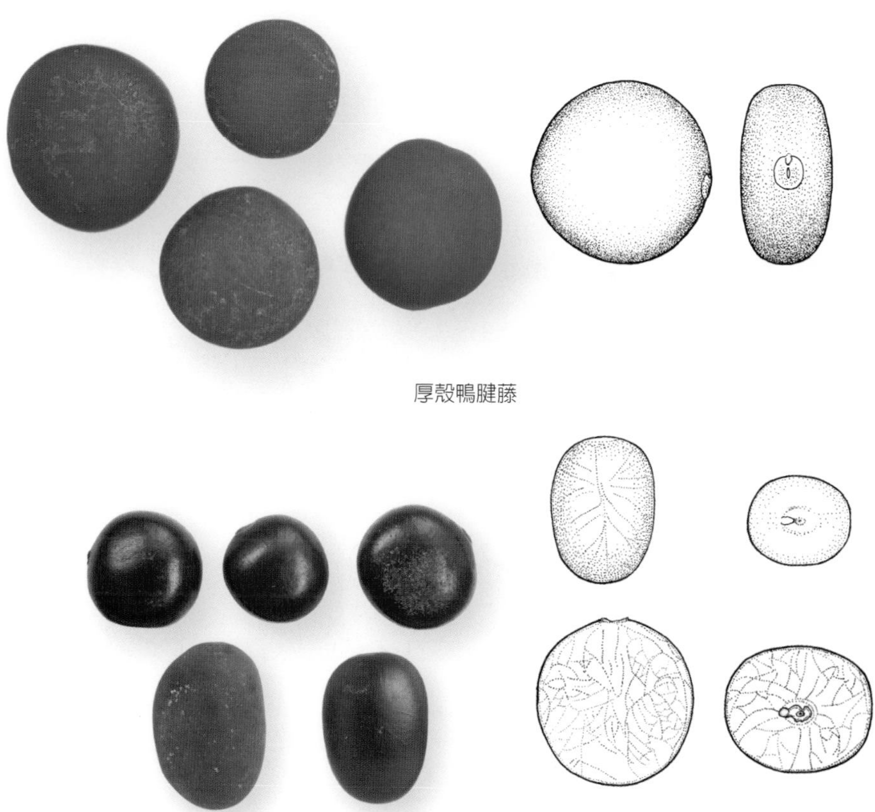

厚殼鴨腱藤

小葉鴨腱藤

血藤屬 *Mucuna* spp.

大血藤 *Mucuna gigantea* (Willd.) DC.

蘭嶼血藤 *Mucuna membranacea* Hayata

漢堡豆 *Mucuna sloanei* Fawc. & Rendle

全世界血藤屬植物約有 100 種，其中在海濱能撿到的血藤屬種子有數個種類，多數無法僅憑種子外觀來分辨，最好能將種子播種發芽，生長至開花結果方有機會鑑定出種類。這一群血藤屬種子之共同特徵為扁圓形，直徑從 1-2 公分不同大小皆有，種臍特長，幾乎達周長之 4 / 5，種皮從黑色、淡咖啡色到暗紅色，有些具黑色斑紋。其漂浮機制是子葉間之氣室可使種子漂浮，以恆春半島、蘭嶼與綠島等地海岸較易發現，數量並不多，外表細緻且顯眼。

臺灣原生的種類有大血藤與蘭嶼血藤，以及產於山區的血藤（*M. macrocarpa*），僅有前兩者種子會漂浮，生長於內陸森林的血藤不能漂浮，很少出現在海岸沙灘。大血藤是典型海漂的種類，分布從南太平洋至夏威夷群島皆有，沙灘上種子偶見；蘭嶼血藤種子形狀似錢包，種臍窄壓扁狀，會下沉，但能靠著輕質化的果莢，在臺灣與琉球群島的島嶼間短距離傳播。

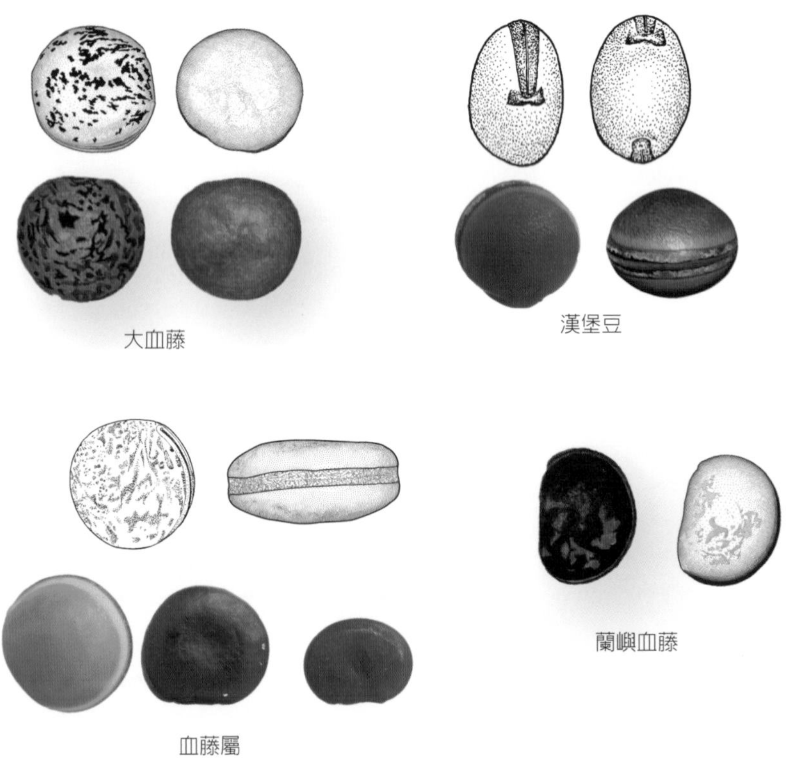

大血藤

漢堡豆

血藤屬

蘭嶼血藤

迪奧豆屬 *Dioclea* spp.

海錢包 *Dioclea reflexa* Hook.f.

迪奧豆屬約有 30 種，主要分布在新熱帶地區，其植物的種子外形與血藤屬種子相似，在海濱偶可撿拾到，但臺灣並無本屬植物的天然分布。由其外形可看出其分屬許多不同的種類，但難以鑑定，種子大小由直徑 2 至 2.5 公分均有，顏色有紅、黃、咖啡或黑色，部分具有花紋，該屬植物的種子因子葉間之氣室可使漂浮。

血藤與迪奧豆這兩屬種子外形相近，不易鑑別，可區分之特徵大致參考如下：血藤屬種臍較寬，種子表面光滑或稍粗糙，種子較圓，英文被稱為 sea bean；迪奧豆屬種臍較窄呈線形，表面光滑具有脈紋或脈紋隆起，種子整體造型像是一邊具有扁平開口的錢包，英文稱之 sea purse。兩者最顯著的差異是血藤屬種子在種臍末端有一條微笑形的花紋，而迪奧豆屬沒有。在植株外形上，血藤屬頂芽新稍細毛較少，花朵較大，花色有白綠、橙色及暗紅色均有，凋謝時花瓣呈黑色；迪奧豆屬頂芽新稍細毛多且密，花朵較小，花色以紫紅色為主，花瓣凋謝不變黑。

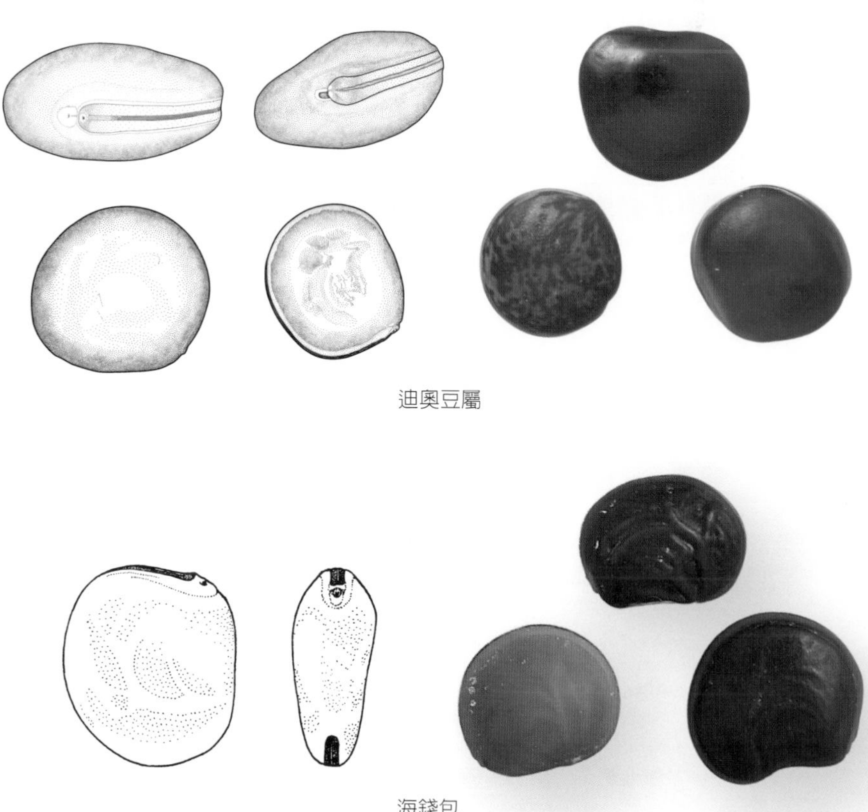

迪奧豆屬

海錢包

刀豆屬 *Canavalial* sp.

濱刀豆 *Canavalia rosea* (Sw.) DC.

肥豬豆 *Canavalia lineata* (Thunb.) DC.

本屬植物之種子並無空腔，能漂浮水面是因為子葉質地輕，且種皮不透水。海邊可同時撿拾到兩濱刀豆及肥豬豆的種子，其外形相似，植株的葉片、花朵也是難以區分。以生長分布來說，濱刀豆僅見於海岸地區，肥豬豆不僅生長於海濱外，內陸平野亦常見。

濱刀豆和肥豬豆兩者的成熟果莢外觀不同，前者筆直細長，後者短胖，尾端略有彎曲；雖種子外形類似，仔細端看兩者還是有不少差異。濱刀豆種子長 1-1.5 公分，寬約 1 公分，種臍長度約為種子的 1 / 2，種子皆可漂浮於水面；肥豬豆種子長約 1.5-2 公分，寬約 1-1.2 公分，種臍長為種子的 3 / 4 或以上，多數種子下沉，少數可漂浮。不論是濱刀豆還是肥豬豆，沙灘上的種子有相當好的發芽力，應是附近植株所掉落。在文獻紀錄中，小果刀豆（*Canavalia cathartica*）也會漂浮，種子大小、外觀、上述兩者也十分雷同。

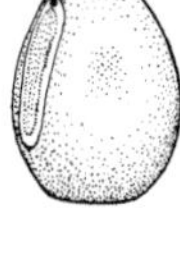

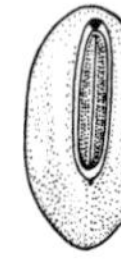

濱刀豆

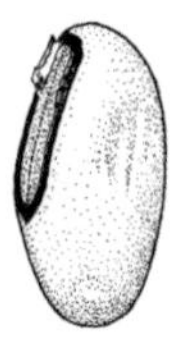

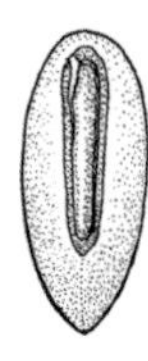

肥豬豆

水黃皮 *Millettia pinnata* (L.) Panigrahi

水黃皮的果莢扁平，長約 4 公分，著生果柄處與果莢先端稍尖，果莢內有 1 或 2 粒種子，因為種子不耐海水浸泡，而以果莢為傳播體。果莢成熟後由果柄基部脫離，堅硬密實，經風吹日晒後才會開裂，種子紅褐色，子葉常因乾燥縮小而使種皮呈鬆脫狀，果實富含木栓質而能漂浮於海上。本種植株分布於東南亞及太平洋熱帶海岸林與內陸地區，臺灣有天然分布，海漂果實與種子在臺灣各地海邊偶爾可見。

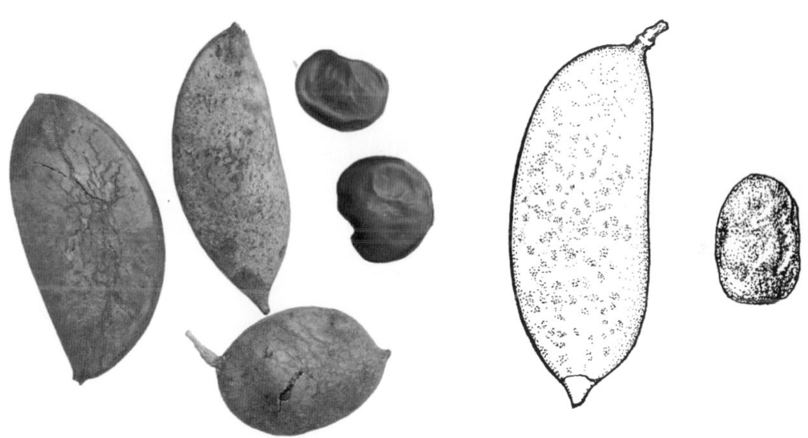

蓮葉桐 *Hernandia nymphaeifolia* (J. Presl) Kubitzki

蓮葉桐果實造型別緻如水缸狀，果實外覆苞片發育成的黃色氣囊，僅露出前端小洞，重心在果柄處可保持洞口向上，適宜在海上漂浮，時間經久待肉質苞片腐爛後，木質化的種子仍具浮力可繼續漂浮，漂浮一段時日後，種子外皮磨損、褪色，或者藻類生物附著，外表交雜灰白顏色。種子徑約 1 公分，有如彈珠渾圓大小，腰身一圈的突起是重要辨識特徵。本種廣泛分布於舊世界熱帶海岸，墾丁香蕉灣等地有原生植株。

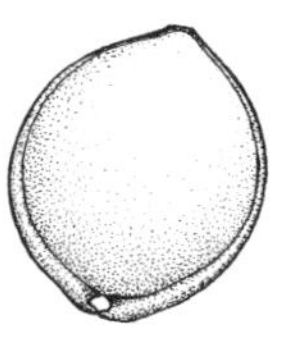

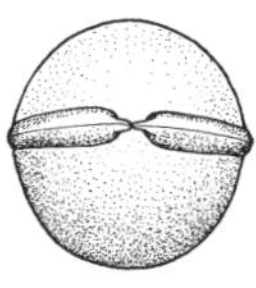

海檬果 *Cerbera manghas* L.

海檬果的果實長約 5-6 公分，寬約 4-5 公分，外表黃白色，由粗纖維所包覆，內含海綿質果肉而能在海上漂浮，表面具一明顯的縱裂，發芽時胚芽由此長出。海檬果植株廣泛分布於印度洋至太平洋海岸，在臺灣北部與南部海岸常見其海漂種子，但漂浮壽命不長，因海水易從縱裂處侵入，導致種子失去發芽力。沙灘也撿過與海檬果相似的果實，但表面的條狀纖維並不緊緊貼附，而是像微捲的髮絲般，那是同科玫瑰樹屬（*Ochrosia*）的海漂果實。

玫瑰樹屬

葛塔德木 *Guettarda speciosa* L.

葛塔德木的果實徑 1-2 公分，扁圓形，具有 5-6 稜，果實浸泡過海水後，最外層的果皮腐爛消失，外觀包覆許多粗細不一絲狀的纖維，更內層是木栓化的果肉，內有種子多粒。本種廣泛分布東非至太平洋島嶼海岸，在墾丁、蘭嶼與綠島等地為極常見的海漂果實，但因外觀不顯眼而常被忽略。

銀葉樹 *Heritiera littoralis* Aiton

銀葉樹的果實長 5-6 公分，寬 3-4 公分，淡褐色，有一明顯的突脊，剛成熟時具光澤，浸泡過海水後光澤褪去，果肉為木栓質，種子與果肉間有空腔而能漂浮。銀葉樹植株廣泛分布於西非至太平洋島嶼等地海岸，海漂果實常見，各地沙灘上也常見到發芽小苗。

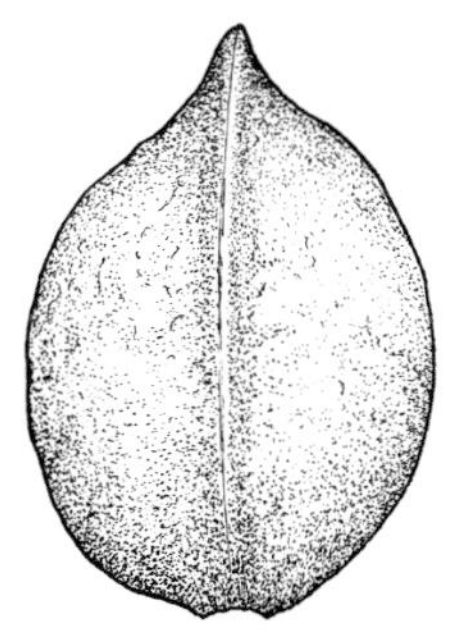

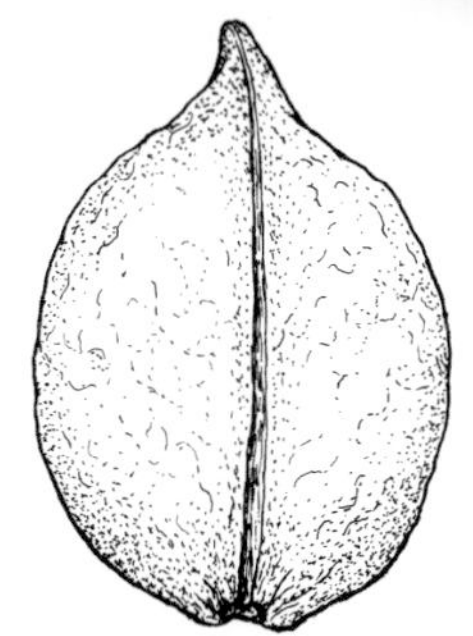

/ 胡桐科 Calophyllaceae

瓊崖海棠 *Calophyllum inophyllum* L.

瓊崖海棠種子徑約 1-2 公分，圓球形，黃白色，木質堅硬，蒂頭常殘存果皮之纖維絲，種子與內果皮間具間隙而能漂浮，將其木質外殼敲裂後容易發芽。本種植物從非洲東岸到夏威夷等地之海岸都有分布，臺灣在恆春半島、蘭嶼及綠島有天然分布，種子在各地海岸常見，渾圓細緻。園藝上以發芽的小苗作成種子盆栽，供觀賞，商品名為龍珠果。

/ 棕櫚科 Arecaceae

水椰 *Nypa fruticans* Wurmb.

水椰原生於東南亞，生育地為受潮汐影響的河口水岸，與紅樹植物生育環境相近。水椰植株葉片為大型的羽狀葉，叢生，雌雄花各生長在不同花序上；雌花授粉後，扁長形的小果合生成球，成熟時一粒粒脫落，長約 10 公分，黑色，表面有一條條的溝稜，基部果皮撕裂露出深褐色的纖維絲，果實內有空腔形成氣室而能漂浮。

水椰在臺灣海濱是常見的海漂果實，尤以墾丁、蘭嶼與綠島常見。夏天撿到的果實常具有發芽力，也有不具發芽力的小果或是發芽過果實，在人為培養的環境下可順利發芽。這些都來自於東南亞地區，雖然常見又具有發芽力，但在臺灣未見野生族群，可能是因為臺灣東部並沒有大型河口，且冬季溫度太低不利其生長之故。

/ 棕櫚科 Arecaceae

可可椰子 *Cocos nucifera* L.

可可椰子是沙灘上最常見的果實，也是大型的海漂果實，主要是來自於廢棄垃圾，但從果實表面的藤壺或其他附著生物知道有些是海外漂來。由於可可椰子有厚實的中果皮構造，可以保護內部的發芽組織，長期漂流後，仍保有活力，因此常可見到沙灘上抽發新芽的果實。去掉外殼的可可椰子，可以看見三個發芽孔，像是個猙獰的猴臉，這也是其屬名 *Cocos* 的意思與由來。可可椰子是人類帶著到世界各地的水果，也能靠著海水的傳播力量到各地海岸，因此其自然的分布範圍常不易釐清，一種說法是從東印度洋至東南亞之間，被廣泛栽植後已成為許多海島國家重要的經濟作物，也培育出許多的品種，沙灘上可見到長卵形、卵圓形或者三角等各種形狀的可可椰子。

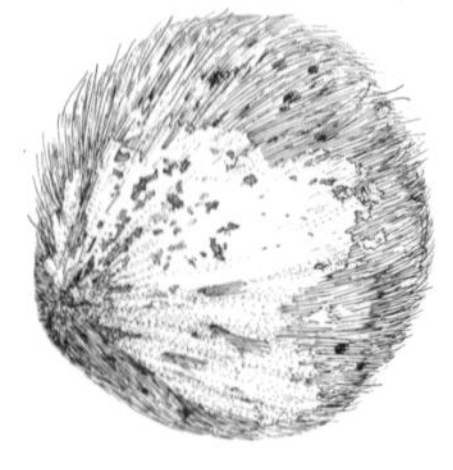
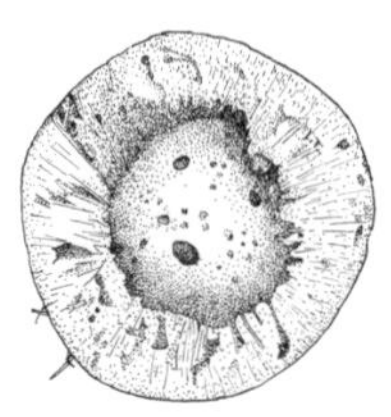

馬鞍藤 *Ipomoea pes-caprae* (L.) R. Br. subsp. *brasiliensis* (L.) Ooststr.

馬鞍藤種子長約 0.5 公分，橫斷面略三角形，淡褐色，表面具光澤，子葉比種皮小，形成空洞而能漂浮海上。本種廣泛分布於熱帶海岸，由於種子細小不易被發現，海邊可撿拾到者多為當地植株所掉落，僅少數為海漂而來。

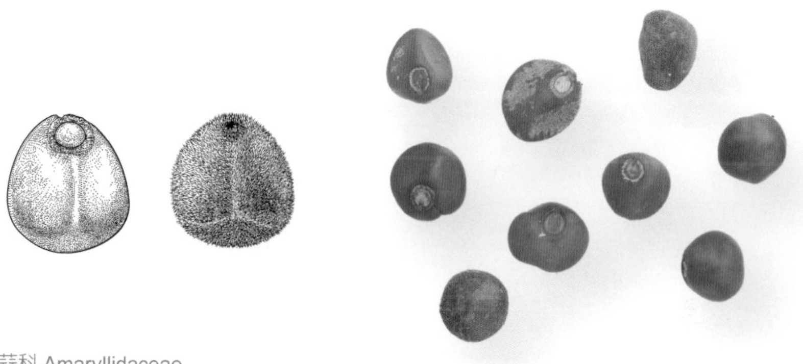

/ 石蒜科 Amaryllidaceae

文珠蘭 *Crinum asiaticum* L.

文珠蘭果實果徑約 2-5 公分，成熟時果皮開裂，散出 1 至數顆不規則扁圓的種子。種子表面光滑，灰白色，質雖稍重但可漂浮於海面，海漂上岸後常能快速發芽，即使被漂送到海濱礁岩上也常能發芽生長。文珠蘭廣泛分布於熱帶地區，臺灣南部海岸較常見，種子易受海水侵蝕而失去發芽力，不能在海上長期漂流，只能短距離的散播，採收的種子不耐久放，常於貯藏期間發芽。

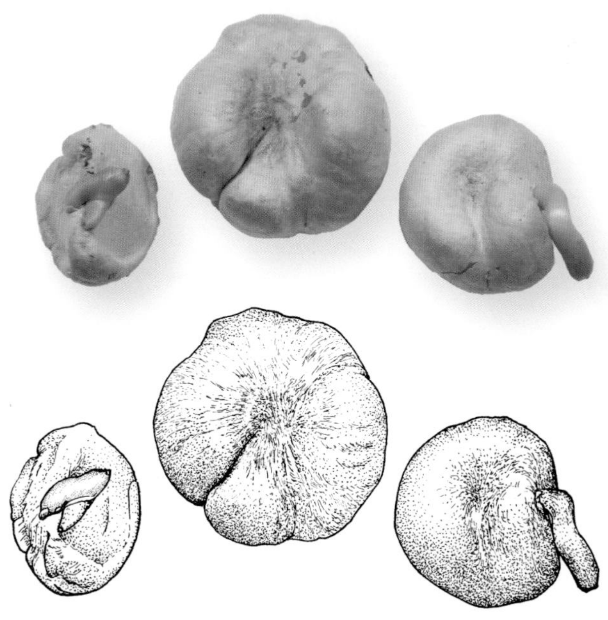

林投 *Pandanus odorifer* (Forssk.) Kuntze

林投的果實是有如鳳梨大小的聚合果，成熟時一個個小核果會陸續掉落，果肉水分不多，充滿纖維。每個小核果狀如放大的臼齒，長 3-4 公分，寬 2-3 公分，果面具龜甲狀刻紋，基部開裂露出纖維絲，整粒小果為纖維質因而能漂浮海上。林投在臺灣海岸地區數量相當多，種子易於沙灘上發芽，且對海濱惡劣環境適應力強，因此在全世界熱帶海岸地區均相當常見。

/ 大戟科 Euphorbiaceae

亞買加海大戟 *Omphalea diandra* L.

巴布亞海大戟 *Omphalea papuana* Pax & K.Hoffm.

這兩種在臺灣都是極少的撿拾紀錄，外觀皆與油桐種子十分相似，都是失去發芽力的空粒種子。亞買加海大戟原生於熱帶中南美洲，從亞馬遜森林到海岸的環境皆可生長；其種子卵形壓縮扁平狀，一端略尖，約 3.2 公分長，3 公分寬，種皮褐色，表面光滑有淺淺的不規則紋路。在資料有限下對此種子的描述有不同的說法，筆者建議對於鑑定結果仍持保留態度。

巴布亞海大戟種子尺寸較大，約 3-4 公分長，從種子背面看幾乎是球形的，腹側看是卵形略帶扁平，種子外表是油亮的黑色或因漂流久而帶灰色，有時滲出油脂，堅硬的種皮表面有波浪的溝紋。種子來自於南太平洋巴布亞新幾內亞與澳洲地區。

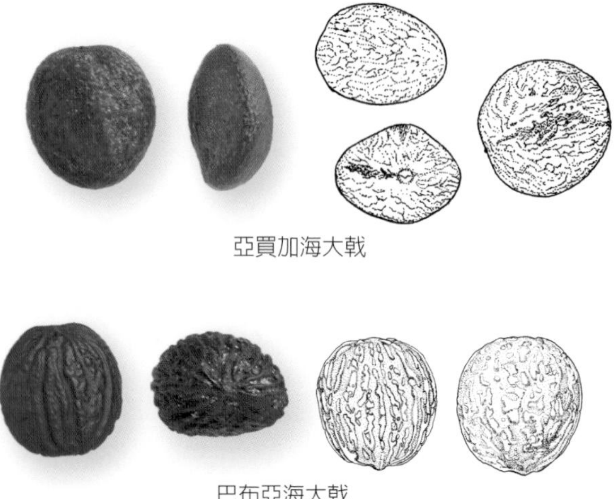

亞買加海大戟

巴布亞海大戟

印尼黑果 *Pangium edule* Reinw.

印尼黑果的種子扁圓形或略三角形，長 3-6 公分，厚約 1 公分，外表初熟時灰白色再漸漸轉為黑色，表面具筋絡狀凸起之脈紋，種臍部分光滑似唇，質地輕，外殼堅硬，常是胚部發育不良的空種殼才會在海上漂浮。印尼黑果種子在臺灣海濱並不常見。印尼黑果分布於東南亞及太平洋熱帶地區，並非海濱植物，在原生地通常在內陸沿著河岸生長，果實長達 30 公分，成熟後開裂散出種子，質輕者由河水帶至海洋海漂至他處。種子富含油質且具毒性，加熱後毒質分解，可食用，擁有類似洋蔥的風味，在印尼常用於料理調味料，印尼黑果雞即是麻六甲地區著名的風味餐。

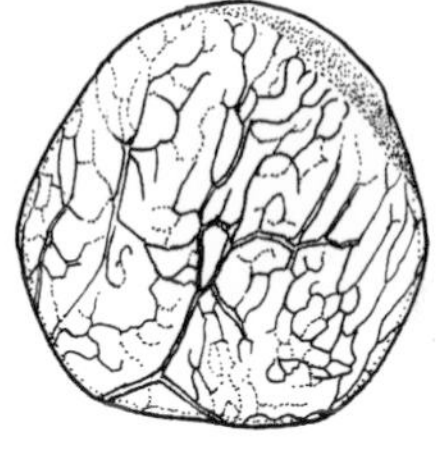
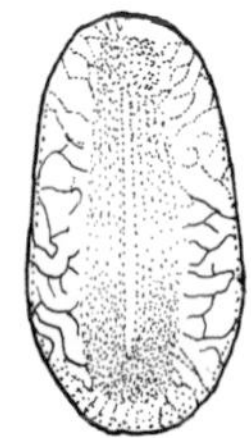

/ 紅樹科 Rhizophoraceae

細蕊紅樹 *Ceriops tagal* (Perr.) C. B. Robins
紅茄冬 *Bruguiera gymnorhiza* (L.) Savigny
水筆仔 *Kandelia obovata* Sheue, H.Y. Liu & J. Yong
紅海欖 *Rhizophora stylosa* Griff.

沙灘上可撿拾到的胎生苗有數個種類，最常見的是水筆仔。因天然分布的緣故，水筆仔最常出現在北海岸地區，其他海岸也偶爾可見，尤其是北海岸常見到新鮮大量的水筆在胎生苗。紅茄冬與細蕊紅樹是東南亞熱帶地區的紅樹林成員，在臺灣已不見天然族群，紅皮書中已被列為區域性滅絕（RE），但在沙灘上可偶爾撿拾到它們的胎生苗，多數已乾燥失去活力。紅茄冬胎生苗短筆形，兩頭漸尖，長度約 5-6 公分；細蕊紅樹則纖細如枝，長度 10-20 公分；紅海欖長度最長，有些可超過 30 公分。

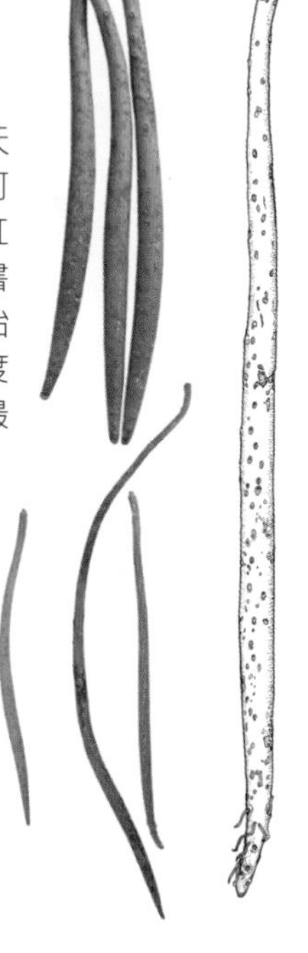

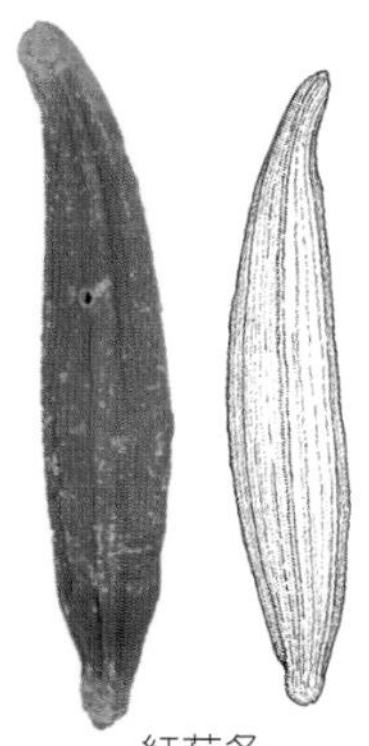

紅茄冬

水筆仔

細紅蕊樹

紅海欖

/ 無患子科 Sapindaceae

無患子 *Sapindus mukorossi* Gaertn.

無患子果實形如彈珠，徑約 2 公分，褐或澄黃色的硬質果肉構造其實是由假種皮發育而來，乾燥時堅硬，表面因乾燥而凹凸不平，大型的果臍是由另外兩個未發育的小果所留下的痕跡。種子黑色光亮，約 1 公分大小，質地堅硬，在假種皮和種子間之空隙形成氣室而具漂浮力。無患子為內陸森林樹木，海岸地區發現的果實都是山區植株的果實經流水傳布至海中再漂送上岸，全島海岸偶爾可見，雖有發芽能力但不能在海濱環境下存活。

/ 漆樹科 Anacardiaceae

太平洋榲桲 *Spondias dulcis* Parkinson

太平洋榲桲的種子長球形，長 2-3 公分，寬約 2 公分，灰白色，因具粗纖維絲與木栓質而有浮力。太平洋榲桲原生於太平洋赤道地區，臺灣並無天然分布，但海岸地區偶可撿拾到其海漂種子。該樹種在原生地生長於內陸地區，樹高可達 10 公尺以上，果實可供食用，具有特殊酸味，可製成飲料或醃漬，或做酸味料理，臺灣因新移民人口增加，現已到處可見栽培及販售。

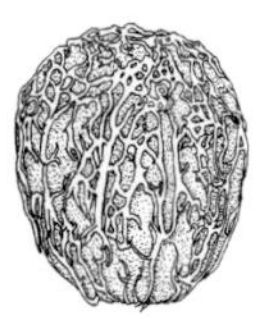

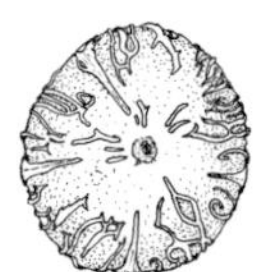

/ 使君子科 Combretaceae

欖仁 *Terminalia catappa* L.

欖仁樹的果實形狀似橄欖的果核，長 4-6 公分，寬約 3 公分，兩側有龍骨狀突起，成熟時果皮肉質，內果皮富含纖維及木栓質，具有完美的海漂結構，形狀如同一艘小船，兩側有稜狀木栓構造幫助漂浮。由於果實適合海漂傳播，使得這個物種能廣泛分布於熱帶及亞熱帶海岸。欖仁在臺灣各地海岸數量相當多，海水浸泡後常呈灰白色。植株適應力強，是東部及南部海岸林的主要組成樹種。

/ 破布子科 Cordiaceae

橙花破布子 *Cordia subcordata* Lam.

破布子屬是熱帶廣泛分布的種類，與具臺灣風味的醃漬破布子是同屬植物，尤其堅硬的內果皮更是讓人難以抹滅的印象；橙花破布子也同樣有著十分堅硬的內果皮，為木栓質結構，能保護內在的種子於海水裡漂流一段時間。很偶然地機會才能撿到橙花破布子的種子，其外觀是木質退化偏白的顏色，有幾條深色如葉脈的條紋，卵形的四裂果。橙花破布子屬海濱植物，生長在沙地或海岸林內，分布甚廣，由中國南方、印尼、中南半島、非洲至太平洋島嶼，臺灣西南方的東沙島上也有原生族群。

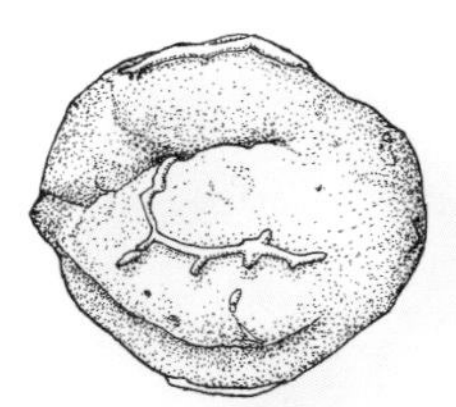
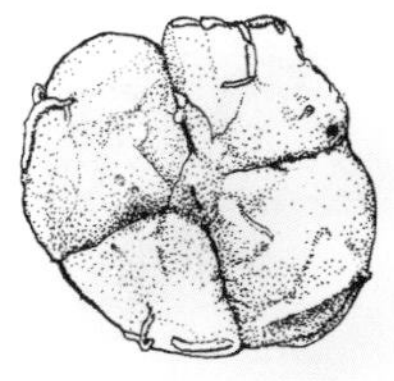
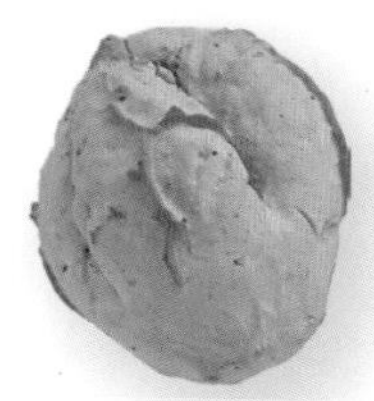

木果楝 *Xylocarpus granatum* J. Koenig

木果楝的果實球形，成熟時外殼裂開，內部約有 8-20 顆種子散落，整個球形果實宛如一個立體拼圖。種子是不規則狀，具有稜角之多邊形，約 3-7 公分，表面為濃淡不一的灰褐色，由木栓質所構成因此具浮力，有些種子的外表附有果實殘留的纖維絲。木果楝分布於南亞及太平洋熱帶地區河口的沼澤地，是當地紅樹林植物之一，在臺灣並無天然分布，在恆春半島、蘭嶼與綠島等地海邊偶爾可見，均由熱帶地區海漂而來，有時可撿到少數發芽的種子，部分胚根已長出，但常因上岸地點非沼澤地而發育失敗，即使在河口地區上岸，臺灣的冬季低溫對木果楝的生長不利。所漂來這一群類似的種子堆中，也混有麻六甲木果楝（*Xylocarpus moluccensis*）的種子，這兩種都是熱帶紅樹林中生長的植物。

/ 爵床科 Acanthaceae

海茄冬 *Avicennia marina* (Forssk.) Vierh.

海茄冬雖是紅樹林環境的植物，但並不是胎生型種子，種子掉落離開母株後才開始發芽生長。種子形狀像蠶豆，撿到的時候通常不見種皮，種子吸了水，子葉很快就變肥胖，也長出了細白的根毛。夏天的時候比較容易撿到海茄冬的種子，尤其西海岸沙灘或河口，但也會見到發芽後失水乾掉的果乾。

海濱植物的保育

海洋是福爾摩沙最珍貴的自然資產之一，守護海洋的海岸與海濱植物亦相當珍貴，然而臺灣整體的海岸環境卻是殘破不堪。任意開發海岸的結果，導致海域生態變動、濱海生物相改變，也破壞了海岸景觀。例如：東北角許多美麗的天然潮池與潮溝被砌上了水泥，建成魚塭或九孔池，破壞了原本天然美麗的景致，這些人工建物像是一塊塊的大補釘，讓萬年以上歲月形成的海蝕地形變得滑稽。西部與西南海岸被過度開發也是海岸環境的傷口，未經詳盡規劃的土地政策，令海岸顯得破碎，密密麻麻的人工地景，讓大地無法喘息，濱海工業區、港口與魚塭等開發行爲雖帶來了些許的經濟價值，卻換來土地環境難以回復的損失。

讓人感到灰心的還有海岸邊到處堆置的消波椿，這些水泥大肉粽花了納稅人大把鈔票，改變了海流，卻反而使得某些地區的沙灘消失，海岸受到侵蝕，堆堆疊疊的水泥塊醜化了海景，卻未必善盡保護海岸的功能。此外，新聞報導旗津地區部分海岸曾被堆置工業棄置的電石爐渣，在廢棄物上面鋪層土、種些草就包裝成公園，任海水侵蝕將這些毒物捲入海洋中，毒殺海洋生物也毒害人類自己與後代，這些對海洋環境的不尊重與破壞行爲令人心寒。

環境開發使得生育地消失

海濱植物在本島所遭遇最大的問題是環境開發使得生育地消失。漁港的開發，使得紅樹林植物細蕊紅樹與紅茄冬相繼在本島滅絕，環島公路沿海岸修築，將海濱植物的生存家園開膛破肚，使得生育地面積減少也呈破碎化，殘存的個體也少了基因交流的機會。

▲東北角許多海岸地區美麗的天然潮池與潮溝被砌上了水泥建成魚塭或九孔池。

▲海岸邊到處堆置的消波椿醜化了海景，卻未必善盡保護海岸的功能。

臺灣北部東北角、北海岸地區假日遊憩人口衆多，爲了滿足民衆的需求，公路一再拓寬，海濱公園與停車場等設施的闢建，使得許多美麗的植物如翻白草、綿棗兒、基隆蠅子草、細葉剪刀股、細葉假黃鵪菜與矮形光巾草等植物逐漸減少。

西南海岸地勢較平，這種環境原本應該較適合海濱植物生存，但因多數地區被闢建爲工業區、休閒漁港、魚塭或鹽田等，植物種類減少而單調，只有一些適合於魚塭土堤上的物種，如海馬齒、馬氏濱藜、裸花鹼蓬與鹽地鼠尾粟等，像是假葉下珠與海南草海桐等不適合生長在這類環境的植物卻日漸稀少，只有在人煙罕至的荒地或墳墓邊土堤上苟延殘喘地過活。

外來植物的競爭

除了生育地的消失外，外來植物的競爭是造成原生海濱植物日益稀少的另一關鍵。隨著交通運輸的發達，各種生物被有意無意的引入，有些植物帶來了人們生活上的便利，有其經濟效應，如五穀雜糧、蔬菜、園藝與藥用植物等，但許多世界上著名的惡草和入侵性極強的樹種也跟著侵入寶島。墾丁國家公園的許多臨海山坡、東部地區的海岸林、河灘地與太魯閣國家公園的道路沿線等地區都被銀合歡占領。最令人惋惜的是墾丁香蕉灣海岸林珍貴的原生海岸林遭步步進逼，蓮葉桐、棋盤腳、三星果藤等珍貴美麗的植物日益稀少，幾年後恐怕難以維持該地原有生命繽紛多樣的熱帶海岸林。

▲皺葉菸草來勢洶洶，不僅城市、平野，也入侵海岸威脅到原生濱海植物的生存。

除了入侵樹種外，草本的入侵植物種類更是不計其數，皺葉菸草、銀膠菊、毛車前草、牛筋草、蒺藜草、紅毛草、大花咸豐草與長柄菊等外來植物大舉入侵，這些植物通常是對生活環境適應力極廣的陽性植物，海岸、農田、河灘地與道路兩旁都有它們的蹤跡，具有繁殖力強與生長迅速的優勢生存能力，競爭搶奪了原生海濱植物的生育空間。

除了上述不經意引進散播的入侵植物外，有些外來植物卻是人爲刻意栽培而來，像是海岸地區大面積種植的木麻黃就是一個例子，木麻黃原產澳洲，枯枝落葉分解後會產生毒害他種植物的化學物質，使得其他植物難以在其林下生長，本島海岸地區被大量栽植木麻黃的結果，造成海岸植物相貧乏，廣闊的防風林下僅有入侵性的大黍等植物能生長，形成了名符其實的黑森林，陰陰慘慘，原生植物與動物的家園被剝奪殆盡。原本生長於這種環境的濱旋花、濱剪刀股、濱蘿蔔、茵陳蒿與其寄生植物列當等物種也跟著減少或消失，特別是像列當，沙灘的消失造成寄主植物的減少，導致列當在北部海岸逐漸步入滅絕。

木麻黃雖然具有改變海岸環境有其攔截風沙的功能，但其實寶島臺灣也有許多抗風、耐鹽的原生樹種也兼具這些功能，例如黃槿、水黃皮、草海桐、白水木與林投等樹種，都有一身對抗海岸嚴苛環境的好本領。構築以原生樹種爲組成的海岸複層防風林，才是解決濱海風沙問題的良策，既保存了許多海岸原生動、植物的生存環境，也解決了海濱惱人的鹽害與風沙等問題。

此外，外來種的問題不僅存在於大尺度的地理空間之間，只要是原本該植物沒有分布的地區而經人爲引進的植物都可稱之爲外來植物，外來植物與原生物種間存在著資源競爭、基因混雜、影響昆蟲群聚與改變生態環境等潛在問題，近年來，新北市八里區挖仔尾紅樹林自然保留區被栽植了

▲木麻黃林物種單純，陰陰慘慘，形成了名符其實的黑森林。

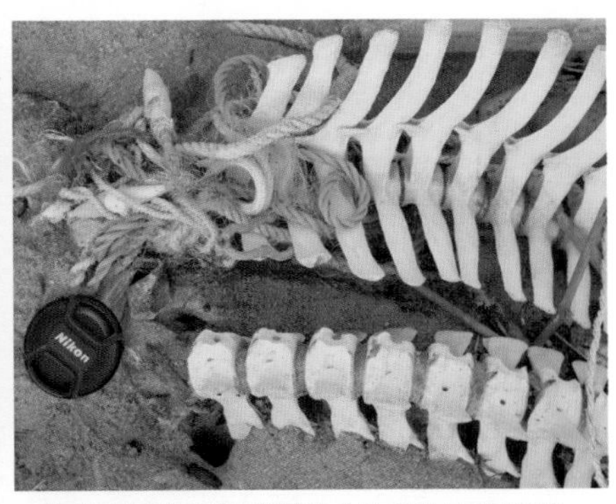

▲海洋環境的品質與其他生物的生存息息相關。

許多臺灣北部原本不存在的紅樹林植物，像是本島不產的蠟燭果與原產於臺灣南部的欖李、海茄冬、土沉香等物種，蠟燭果已在該地開花結果，產生小苗，改變了當地原有的水筆仔純林景觀，可能會因此造成當地動植物生態系的動盪不安，貿然引入外來物種存在著許多風險，不可不慎。

而在許多濱海護堤或進行綠化工程時也常引入外來種南美蟛蜞菊與蔓花生等植物，這類植物無性繁殖力強，走莖生長快速，雖能很快達到綠化與保護土坡的功能，但大面積覆蓋的結果也阻礙了原生植物發芽生長的機會，同樣也造成海濱生物多樣性的降低，使生態系功能不健全。其實有許多臺灣原生的海濱植物，像是天蓬草舅、蟛蜞菊、雙花蟛蜞菊與馬鞍藤等物種均可以走莖快速繁殖，既可綠美化海岸環境，且不排斥其他原生植被的進入，能與四周的海岸環境有著景觀上的協調，這些原生的植物才是海濱綠美化的最佳選擇。

臺灣海岸環境與海濱植物保育的問題錯綜複雜，總歸來說，對自然環境的不了解與不友善，使得許多海濱植物日益稀少，任意棄置的垃圾破壞景觀也影響海濱植物生長。而某些海岸地區著名的越野吉普車飆沙活動在沙灘上競速競技，驚險刺激，娛樂了人們，卻苦了生物，龐然大物侵入家園的結果，或是慘死車胎下，或是家園驟變；車輛輾過的海岸，土壤變得密實，透水、通氣性變差，植物的

▲不當的除草方式與時機也是導致入侵種更加繁盛，增加與原生種競爭的機會。

根部難以深入，阻礙生長。而許多海濱綠地的除草工作有時也會傷害稀有植物，除草應該要有更清楚的工作規範，不防礙環境衛生的野生植物不應齊頭砍除，許多除草工作除去了原生種，令環境更開闊也給了外來植物絕佳的入侵機會，例如造成大花咸豐草等陽性外來草本大量繁生。在自然環境中留點綠意常能換來奼紫嫣紅、滿地春意，爲野生動、植物留些生育地，讓本島眞正的原生子民能夠無憂無慮地衍生子嗣，也算是積善、積功德。

▲任意棄置的垃圾破壞景觀也影響海濱植物生長。

▲來來去去的塑膠垃圾，在海邊無所不在。

▲越野吉普車在沙灘上活動讓海濱動植物家園驟變。

A

B

C

D

E

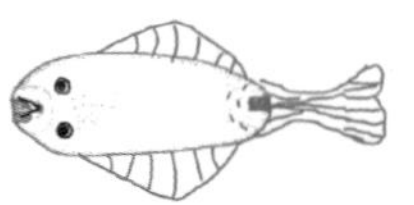

致謝

本書作者們經兩年的時間在臺灣及部分外島海岸四處尋覓海濱植物的芳蹤終於完成。特別感謝晨星出版社讓我們的興趣和專長有發揮的舞臺，讓更多人有機會認識臺灣繽紛多彩的海岸植物，特別是社長陳銘民先生，感謝他對自然圖鑑與自然文學的重視，讓臺灣更可愛，徐惠雅小姐與及許裕苗小姐的大力促成，使本書能付諸實現。感謝呂勝由、高智穎、朱珉寬、張雅雯與施郁庭先生小姐提供部分珍貴的植物相片，中央研究院梁慧舟先生協助部份莎草科及禾本科植物之鑑定、臺大森林環境暨資源學系鍾國芳老師協助部分菊科植物的鑑定，感謝林業試驗所808研究室的朱珉寬、張雅雯、邱子芸協助整理物種形態及分布文稿，黃浩銘、王偉聿、林子方、謝依靜、楊侑錚等學弟妹協助採集。 特別感謝鍾明哲先生提供小金梅葉相片並給予許多專業的建議，細心地為本書校稿；感謝好友郭鳳琴老師帶作者去找尋矮形光巾草、翻白草、地錢草等植物，並鼓勵筆者多創作並不厭其煩地潤文、校稿。感謝你們的幫忙本書才能順利誕生。2023年增訂一版特別感謝林奐慶、施郁庭協助拍攝海漂種實精美照片，許天銓審訂，劉政宏、胡嘉穎協助校對，以及提供照片的朋友劉政宏、劉恩豪、林建融。女兒硯淳是個有創意的孩子，謝謝她為種子圖畫漫畫，以她飛翔的想像力來鼓勵她的媽媽。

參考文獻

呂福原。2006。臺灣鹽溼地綠美化植物解說手冊編撰計畫期末簡報。行政院農業委員會林務局。

君影。2004。臺灣海岸植物。人人出版股份有限公司。

陳玉峯。1990。墾丁國家公園研究論叢之一，墾丁國家公園海岸植被。內政部營建署墾丁國家公園管理處。

陳俊雄、高瑞卿。2004。臺灣行道樹圖鑑。貓頭鷹出版社。

陳永芳、徐育仁、劉淑惠、陳漢明、楊美惠、張瑛玿。2006。南瀛植物探索（濱海植物）。臺南縣本土教學資訊網: http://ltrc.tnc.edu.tw/modules/tadbook2/index.php

郭智勇。1995。臺灣紅樹林自然導遊。大樹文化事業股份有限公司

郭孟城。1997。臺灣維管束植物簡誌第一卷。行政院農業委員會。

楊遠波、劉和義、呂勝由。1997。臺灣維管束植物簡誌第二卷。行政院農業委員會。

楊遠波、劉和義、施炳霖、呂勝由。1999。臺灣維管束植物簡誌第四卷。行政院農業委員會。

楊遠波、劉和義、林讚標。2001。臺灣維管束植物簡誌第五卷。行政院農業委員會。

劉和義、楊遠波、呂勝由、施炳霖。1998。臺灣維管束植物簡誌第三卷 。行政院農業委員會。

劉棠瑞1991 臺灣木本植物圖誌。國立臺灣大學農學院。

漢光文化編輯部。2000。婆娑之洋美麗之島臺灣海岸之美，西部篇、北部篇、東部篇、南部篇。20000。漢光文化事業股份有限公司

鄭元春。1984。臺灣的海濱植物。渡假出版社有限公司。

鐘詩文。2016-2018。臺灣原生植物全圖鑑（第一至九卷）。臺北，貓頭鷹出版社。

中西弘樹。2018。日本の海岸植物図鑑。トンボ出版。

Huang, T. C. et al (eds.). 1993-1998. Flora of Taiwan 2nd. ed. Vol. I-IV. Editorial Committee of the Flora of Taiwan, Taipei.

Shih-Huei Chen & Ming-Jou Wu. 2007. A Taxonomical Study of the Genus Boerhavia (Nyctaginaceae) in Taiwan. Taiwania52(4):332-342

Gunn, C. R. and Dennis, J. V. 1999. World guide to tropical drift seeds and fruits. 240p. Krieger publishing company, Malabar, Florida.

Perry E. and Dennism J V. 2003. Sea-Beans from the Tropics: A Collector's Guide to Sea-Beans and Other Tropical Drift on Atlantic Shores. Krieger Publishing Company Malabar, Florida.

國家圖書館出版品預行編目（CIP）資料

臺灣海濱植物圖鑑 / 伍淑惠、高瑞卿、張元聰作．--
增訂一版．-- 臺中市：晨星出版有限公司, 2023.01
面； 公分．--（臺灣自然圖鑑；12）

ISBN 978-626-320-264-1（平裝）

1.CST: 植物圖鑑 2.CST: 臺灣

375.233　　111015547

詳填晨星線上回函
50 元購書優惠券立即送
（限晨星網路書店使用）

台灣自然圖鑑 012

臺灣海濱植物圖鑑

作者　伍淑惠、高瑞卿、張元聰
主編　徐惠雅
執行主編　許裕苗
版型設計　許裕偉
海漂種實繪圖　柯倩玉

創辦人　陳銘民
發行所　晨星出版有限公司
臺中市 407 西屯區工業三十路 1 號
TEL：04-23595820　FAX：04-23550581
http：//www.morningstar.com.tw
行政院新聞局局版臺業字第 2500 號
法律顧問　陳思成律師
初版　西元 2010 年 01 月 10 日
增訂一版　西元 2023 年 01 月 10 日
讀者專線　TEL：（02）23672044 /（04）23595819#212
FAX：（02）23635741 /（04）23595493
E-mail：service@morningstar.com.tw
網路書店　http：//www.morningstar.com.tw
郵政劃撥　15060393（知己圖書股份有限公司）
印刷　上好印刷股份有限公司

定價 850 元

ISBN 978-626-320-264-1
Published by Morning Star Publishing Inc.
Printed in Taiwan